高等学校电子信息类"十三五"规划教材　　　★ 国家自然科学基金资助项目

★ 西安电子科技大学立项教材

计算机导论与程序设计

主编　王俊平

参编　孙德春　沈　中　李　勇

梁刚明　郭佳佳　胡　静

U0394337

西安电子科技大学出版社

内 容 简 介

　　本书以计算机解决问题的规律为驱动来组织内容，涵盖了计算机导论、基础算法、程序设计语言基础、C 语言程序设计、数据结构和基本的软件工程知识，以期填补现有的独立学科单元内容与读者开发软件项目所需知识之间的鸿沟。这样以解决问题为导向来组织内容，不仅符合计算机解决问题的规律，同时也会提升读者的学习兴趣。

　　除上述特点外，本书在理论上加入了超图这样的非线性数据结构，在应用上加入了作者在人工智能领域图像处理方向上的图像森林变换和图像质量评价的最新研究成果，使读者对计算机的应用有更深入的了解。

　　本书既可作为高等院校本科生计算机类课程的基础教材，也可作为专业人员的参考书，同时还可作为非计算机专业学生学习计算机编程的教材。

图书在版编目（CIP）数据

计算机导论与程序设计 / 王俊平主编. —— 西安：西安电子科技大学出版社，2018.11
ISBN 978-7-5606-5135-4

Ⅰ. ① 计… Ⅱ. ① 王… Ⅲ. ① 电子计算机—理论—高等学校—教学参考资料 ② 程序设计—高等学校—教学参考资料 Ⅳ. ① TP3

中国版本图书馆 CIP 数据核字(2018)第 236269 号

策划编辑　李惠萍　高　樱
责任编辑　师　彬　阎　彬
出版发行　西安电子科技大学出版社(西安市太白南路 2 号)
电　　话　(029)88242885　88201467　　　邮　编　　710071
网　　址　www.xduph.com　　　　　　　电子邮箱　xdupfxb001@163.com
经　　销　新华书店
印刷单位　陕西日报社
版　　次　2018 年 11 月第 1 版　　2018 年 11 月第 1 次印刷
开　　本　787 毫米×1092 毫米　1/16　印　张　17
字　　数　402 千字
印　　数　1～3000 册
定　　价　38.00 元
ISBN 978-7-5606-5135-4 / TP
XDUP 5437001-1
***** 如有印装问题可调换 *****

前　言

目前，计算机的应用广泛、深入。同时，利用计算机解决实际问题的技术也是我国加快制造业和推动互联网、大数据、人工智能与实体经济深度融合的重要技术支撑。此外，培养学生高水平地利用计算机解决实际问题的能力也是我国"建设创新型国家、加快一流大学和一流学科建设、实现高等教育内涵式发展"的重要组成部分。

本书为西安电子科技大学 2018 年立项支持教材，是西安电子科技大学新的人才培养方案确立的本科公共大类课程之一。新的课程标准开课思路先进，大纲制定与国际接轨，但目前市面上还没有对应的中文教材。基于此，作者精心编写了本书。书中涵盖了"计算机导论与程序设计"课程大纲要求的必修内容，阐述了利用计算机解决实际问题的基础理论与基本技术。编写中，作者以计算机解决问题的规律为驱动来组织内容，从而填补了现有的以内容为单元编写的书籍与读者开发项目所需知识之间的鸿沟。另外，本书作为大一学生的第一门计算机系统认知和应用课程教材，在内容上涵盖了基础算法、程序设计语言基础和 C 语言程序设计、数据结构和软件工程基础。这样以解决问题为导向组织教材内容的方式不仅符合计算机作为工具来解决问题的规律，同时也会提升读者的学习兴趣。这也正是本书特色所在。

用计算机解决问题涉及的层面很多。本书从计算机系统、问题、计算机和问题相结合三个方面来考虑，最终达到培养学生利用计算机解决问题的目的。

(1) 从计算机系统层面上来看，本书阐述了编程人员对计算机系统应该有的认知：计算机系统工作原理和内存特性，它们是解决问题的最基本的计算机理论基础，该部分及相关内容构成本书第 1 章。从问题解决并考虑到问题在计算机上解决的特性，本书对解决问题的基础算法及描述工具等进行了详细系统的阐述，这部分内容安排在本书第 2 章。有了解决问题的算法后，如何将这些算法在计算机上实现？结合问题和计算机系统知识，在第 3 章中讨论了实现算法的计算机语言及其特性，并对目前教学与应用中常用的 C 语言及其语法规则进行了系统介绍，尤其对问题对应的数据如何选择内存空间大小做了重点说明，它们是高质量程序设计的基础。在本书中，我们也对简单的 C 程序设计所涉及的函数、程序、文件、构造数据类型、库函数的功能和使用进行了详细系统的描述，同时配有详细的应用举例，该部分内容安排在本书的第 4 章。以上第 1 章至第 4 章内容可以完成简单问题的计算机求解。

(2) 从问题角度来看，计算机解决问题时需要抽象出数据的结构特性。数据的结构特性从逻辑上分为线性结构和非线性结构，其中部分线性结构对应于本书的第 5 章。在第 5 章中，包括最经典的线性表、队列和堆栈三种结构的逻辑定义、特性、运算及其结合 C 语言的计算机程序实现。在此基础上，作为线性结构的应用范例，第 5 章中还实现了图像森林变换。这样安排，一方面体现了线性结构的应用，另一方面也让读者对当前人工智能领域中的计算机应用场景有所接触，为将来在工作中应用计算机打下基础。

非线性数据结构——树、图和超图等内容安排在本书第 6 章，其中超图部分是国家自然基金项目(61173088，618724331，61671348)资助的最新研究成果。此章同样包括了两种结构的逻辑定义、运算及其物理实现。值得指出的是：此章加入了超图这种数据结构及其简单的应用，该部分是对于现有的经典非线性数据结构的适当扩充，而这种超图的数据类型在当前人工智能领域的图像处理领域中得到了应用。可以预期的是，随着计算机科学等相关技术的不断发展，这些应用还会进一步推广。通过该部分内容，希望读者能够体会到解决问题的思路——需要创新性地结合不同学科的理论和技术，因此其他学科的专门知识积累也是需要的。

(3) 本书将软件作为解决问题的产品。从软件产品开发角度来看，本书系统论述了软件开发需要的技术、方法和规则。以这些内容为指导，可以开发出专业的软件产品。该部分内容安排在本书第 7 章。

本书第 8 章是与软件实现相关的计算机操作系统的操作和软件集成环境及调试方法的介绍。在此章中首先介绍了 DOS 常用命令和 Windows 的主要设置，重点给出了四种平台上的软件实现环境及使用说明。基于此，可以实现软件的编辑、编译、链接及运行，直到软件产品的生成。此外，一些软件开发所需的基本知识作为附录放在了本书的最后部分。

值得一提的是，本书还尝试将我国的一些优秀传统文化与计算机编程内容相结合，以期使读者在学习计算机软件开发的同时感到生动有趣，激发学习兴趣，拓宽知识面，转换思维方式。

总之，用计算机解决问题涉及内容较多，本书使解决问题的思路与书的内容安排相一致，同时在书中融入了作者多年来用计算机完成项目的部分成果。因此，本书既可作为本科生计算机类课程的基础教材，也可作为专业人员的参考书，同时还可作为非计算机专业学生学习计算机编程的教材。

温馨提示

本书可按不同的课时选取不同章节内容学习：

(1) 第 1～8 章对应于程序设计与软件开发课。

(2) 第 1～4 章和第 7～8 章对应于计算机导论与程序设计课(学校公共大类基础课)。

(3) 第 2 章和第 5～7 章对应于算法设计与软件开发课。

本书由王俊平主编。第 1～3 章由王俊平编写，第 4～7 章由王俊平、孙德春、李勇、郭佳佳、梁刚明、胡静编写；第 8 章和附录由沈中编写；孙德春、万波参与了本书的内容组织。全书由王俊平统稿。在编写过程中我们还得到了西安电子科技大学许多同事的关心和指导，2015 级、2016 级和 2017 级的许多同学对于本书的应用成果研发付出了辛勤的劳动，还有王文瑞、李艳波、张亚琼、高兆华等参与了本书的校对及部分程序的调试，在此一并表示诚挚的谢意。

本书在编写过程中参考了有关图书和资料，在此向其作者表示由衷的感谢。由于编者水平有限，书中难免有不妥之处，敬请读者指正。

编 者

2018-9-6

目　录

第1章 认知计算机

 **学习目标**

　　计算机系统由软件系统和硬件系统组成。随着微电子技术和软件技术的不断发展，计算机系统也得以不断发展且被广泛应用。作为计算机的软件设计人员，需了解计算机系统的组成，明确计算机存储器的特性。尽管计算机系统涉及的内容很多，为了便于学习程序设计与软件开发，本章仅对与其相关的计算机系统知识予以阐述。

1.1　计算机的硬件组成及工作原理

　　计算机的硬件是指计算机的物理实体，即物理设备的总称。多年来，计算机硬件的发展基本上遵循摩尔定律。摩尔定律由英特尔(Intel)名誉董事长戈登·摩尔(Gordon Moore)发现，它是指集成电路上可容纳的晶体管数目，约每隔 18 个月便会增加一倍，性能也将提升一倍。戈登·摩尔与摩尔定律的图片如图 1.1 所示。

图 1.1　戈登·摩尔与摩尔定律的图片

1.1.1　计算机的硬件组成

　　以计算机硬件作为物质基础，依据图 1.2 所示的计算机之父冯·诺依曼提出的存储程序概念和在计算机中采用二进制的计算机体系结构，就可形成各种类型的计算机系统。尽管计算机系统各不相同，但是都与高级语言编程相关。计算机的硬件分为五大部件，这也是基于冯·诺依曼计算机系统中对于硬件的分法。

图 1.2　冯·诺依曼的照片及计算机体系结构特点

基于冯·诺依曼计算机系统体系结构，计算机的硬件由控制器、运算器、存储器、输入设备及输出设备组成。其各部分功能如下：

控制器： 就像人的大脑一样，它控制计算机中的所有操作。

运算器： 负责各种各样的运算，主要包括算术运算和逻辑运算。从问题的角度上讲，计算机解决的问题千变万化，但是这些问题在计算机上实现时最终都转化为算术运算和逻辑运算。

存储器： 是程序和数据的载体，要处理的程序和数据需要放在存储器中。

输入设备： 能够将程序和数据输入到计算机中。键盘、鼠标均为输入设备。

输出设备： 输出计算机在运行中产生的数据。显示器、投影仪和打印机等均为输出设备。

计算机的硬件组成如图 1.3 所示，五大部件和软件系统相互配合，解决了各种各样的问题。

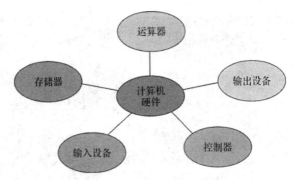

图 1.3　计算机的硬件组成

上述计算机的五大部件中，运算器和控制器合称为计算机的中央处理单元(CPU)，如图 1.4 所示。在实际的计算机系统中，不同类型 CPU 有不同的指令系统，计算机解决问题时，程序设计人员编写的程序最终通过指令系统即指令的执行解决问题。

同时，CPU 也是体现计算机计算能力的核心部件，通常用字长和计算速度来衡量其性能。字长越长、计算速度越快，则 CPU 的性能越好。字长和计算速度的定义如下：

字长是指 CPU 同时处理数据的二进制位数，如微机中字长有 16 位、32 位、64 位等。运算速度是指 CPU 每秒执行加法指令的数目，单位是 MIPS，即每秒处理的百万级指令数。

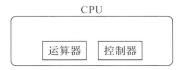

图 1.4 计算机的中央处理单元

另外，在上述计算机的五大部件中，存储器又分为内存和外存，CPU 只能直接存取内存的信息，外存只有调到内存才能和 CPU 进行信息交换。

除了上述硬件外，CPU、存储器和输入输出设备间还需要通过公共信号线——总线来传递信息。根据总线传送信息的类型不同，总线通常分为地址总线、控制总线和数据总线，它们分别用于传送地址、控制指令和数据信息。总线的性能指标通过总线宽度、总线数据传送速率和总线工作频率来体现。总线宽度是指总线的数量，用位表示如 8 位、32 位、64 位等；总线工作频率是总线工作快慢的重要参数；总线宽度乘以总线工作频率就是总线数据传送速率，表示每秒总线上传送的最多字节数。

1.1.2 计算机的工作原理

计算机的工作过程实质上是指令的执行过程。计算机中的指令是二进制代码的组合，一般指令的格式如图 1.5 所示。由图 1.5 可见，指令通常由操作码和操作数组成，其中操作码规定了指令的功能，操作数是 CPU 执行该功能所需要的数据。在有些指令中，操作数部分可以缺省。多条指令则构成了 CPU 的指令系统，指令系统中的每一条指令执行过程如图 1.6 所示。

计算机解决问题时，需要程序设计人员编写好程序，然后将程序转化为一系列指令。CPU 对这些指令的执行过程就是如图 1.6 所示的取指令、分析指令、执行指令的不断重复过程，直到解决问题对应的所有指令执行完毕为止。值得注意的是，在重复过程中，图 1.6 描述的程序计数器的变化确保了不同指令的顺利执行，而程序计数器是一般 CPU 的必要组成部分。

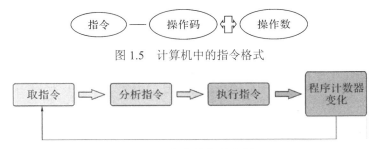

图 1.5 计算机中的指令格式

图 1.6 指令的执行流程

下面假定程序设计人员已经编好程序并且已经将其成功转化为可以执行的指令序列。那么进一步地，结合 1.1.1 小节中介绍的计算机的五大硬件，来看已编好的程序如何在计算机中执行，以明确计算机的工作原理。

计算机的工作原理示意图如图 1.7 所示，其工作过程由以下步骤组成：

第一步，在控制器的作用下，利用输入设备将程序/数据输入到计算机中，存储在内存储器上；

第二步，从内存储器上取指令到控制器，进行分析、识别并发出命令；

第三步，在控制器的作用下，从内存储器上取数据到运算器进行运算，将运算结果存在内存储器，或者输出到输出设备；

第四步，在控制器作用下，由输出设备输出结果。不断重复第二到第四步直到程序运行完所有指令为止。

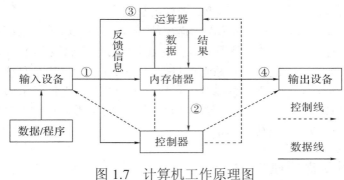

图 1.7　计算机工作原理图

1.2　计算机的存储器

1.2.1　计算机存储器的作用

在讨论计算机存储器的作用之前，有必要先了解一下可计算性和图灵机模型。

数学上，可计算性是函数的一个特性。定义域为 D 和值域为 R 的函数 f 有一个确定的对应关系，通过这个对应关系使 R 范围的单个元素 f(x) 和 D 定义域的每个元素 x 相联系。如果存在这样一种算法，给定 D 中的任意的 x，就能给出 f(x) 的值，就称函数 f 是可计算的。

在计算机中，可计算性是把复杂问题分解为一个个可操作的解题步骤，经过分步计算，最后得出结果。能够这样"在有限步骤内解决的问题"，就称该问题是可计算的，否则就是非可计算的。

为了判断问题的可计算性，图灵提出了如图 1.8 所示的逻辑上的计算模型（也称为图灵模型或者图灵机），并从理论上证明了这种抽象计算机的可能性。在模型中，程序是指令的集合，它用于控制计算机所做的处理；输出数据是程序和输入数据共同作用的结果。

图 1.8　可编程数据处理器

图灵机由逻辑上的控制器、传送带和读写头三个部分构成：控制器内部存储着有限个状态程序，包括初始状态、终止状态等，并可对读写头发出的指令进行控制；传送带是无限长的带子，带子有单元格，单元格上可以写上特定的符号，也可以是空白的；读写头可以在传送带上读符号、改写符号、左移和右移。

图灵机可以表示为一个五元组(K，∑，δ，s，H)，其中：

K 是有穷（有限）个状态的集合；

∑ 是字母表，即符号的集合；

s∈K，是初始状态；

H∈K，是停机状态的集合，当控制器内部状态为停机状态时图灵机结束计算；

δ 是转移函数，即控制器的规则集合。

图灵机的计算就是由控制器控制执行的一系列动作，其计算结果可从图灵机停止时传送带上的信息得到。实际上，只要提供合适的程序，这样的图灵机能做任何可以计算的计算。这样的图灵机也是对现代计算机在逻辑上的首次描述。

基于以上的图灵机模型实现的物理计算机中，存储器是用于存储数据的。在 1944—1945 年期间，冯·诺依曼指出，程序和数据在逻辑上是相同的，因此程序也可以和数据一样存储在存储器中。因此，在现代的计算机体系中，存储器相当于图灵机中的传送带，不仅存储数据，而且存储程序。

由此可见，计算机存储器的作用就是存储程序和数据。计算机系统加电后，设计好的程序和数据存储在存储器中，随后程序就可以运行了。另外，为了计算机处理结果的安全性并考虑到物理实现上的方便性，现代计算机系统中存储器有两种状态，分别对应数字 0 和 1，而 0 和 1 恰好是二进制计数系统中采用的两种符号，这也就是计算机系统中采用二进制的原因。

1.2.2 计算机存储器的操作

我们已经知道计算机存储器是用于存储信息的，那么程序设计人员如何在存储器中保存信息呢？存储器的操作有写(存)和读(取)：将信息保存到存储器中称之为写(Write)或者存操作，在存储器中查看信息称之为读(Read)或者取操作。

存储器的读写操作类似于对教室中灯管的操作过程。我们知道灯的状态有两种：亮和灭。规定亮时代表 1，灭时代表 0。那么不管灯原来的状态是什么，将灯的状态置为亮，这就相当于对存储器写 1 的操作；同理，不管灯原来的状态是什么，将灯的状态置为灭，这就相当于对存储器写 0 的操作。而如果我们只是查看灯当前的状态，这就相当于对存储器进行读操作，灯亮则读到 1，灯灭则读到 0。

1.2.3 计算机存储器的分类

为了在程序中正确引用存储器的信息，有必要学习存储器的分类。

存储器分为两类：内存储器(也称内存、主存)和外存储器(也称外存、辅助存储器)。

内存的存取速度快，容量小，价格贵，通常主要存储正在运行中的程序和数据。有些内存储器的状态及存储的信息在计算机系统运行期间是不可改变的，这一类存储器称为只读存储器(Read Only Memory，ROM)；其特点是断电后所存储的信息不变，因此可用于存储系统启动程序等。有些存储器的状态可以变化，这一类存储器称为随机存取存储器(Random Access Memory，RAM)；其重要特点是在计算机系统运行结束电源关闭后，其存储的信息就消失了。

和内存相比较，外存的存取速度更慢，容量更大，价格更便宜，系统断电后外存上的信息不变。我们经常使用的 u 盘，以及计算机系统中经常分区的 c 盘、d 盘等就属于外存。值得注意的是，在 Windows 操作系统下的微型计算机系统中，经常看到的文件信息就是外存上存储的信息。

存储器的分类及其所存储信息的类别如图 1.9 所示。

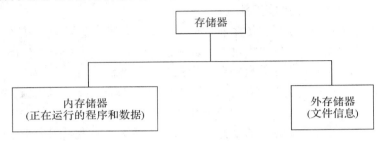

图 1.9　存储器的分类及其所存储信息的类别

1.2.4　计算机内存储器的编址

存储器是用来存储信息的，那么内存储器所存信息的单位和大小及其地址是什么呢？下面就回答这个问题。

(1) 位(bit)：是存储器存储信息的最小单位，其所存储的信息是 0 或者 1。

(2) 字节(Byte)：定义 8 位(8 bit)为一个字节(1 B)。

(3) 在计算机系统中，内存容量以字节为单位表示，有千字节(KB)、兆字节(MB)、吉字节(GB)、太字节(TB)，它们之间存在以下关系：

$$1 \text{ TB} = 1024 \text{ GB}, \quad 1 \text{ GB} = 1024 \text{ MB}, \quad 1 \text{ MB} = 1024 \text{ KB}, \quad 1 \text{ KB} = 1024 \text{ B}$$

(4) 内存储器的地址：内存储器按照字节编址，其编址方式为一维线性的编址形式。

一般地，计算机系统中内存的最小编址为 0，然后是 1，2，3，4，…，直到内存的最大容量减 1。如内存容量为 8 个字节，其地址就为 0，1，2，3，4，5，6，7，如表 1-1 所示。

表 1-1　内存容量与编址

地址	内存单元中存储的数据							
0	0	0	1	1	1	1	0	1
1	0	0	1	1	1	1	0	1
2	0	0	1	1	1	1	0	1
3	0	0	1	1	1	1	0	1
4	0	0	1	1	1	1	0	1
5	0	0	1	1	1	1	0	1
6	0	0	1	1	1	1	0	1
7	0	0	1	1	1	1	0	1

内存的编址，就像教室的编号一样，如表 1-2 所示为部分教室的编号。有了编号后，如通知学生在 A 楼 102 教室上课，那么到上课时间大家会去找该教室上课。实际上编号普遍存在，如宿舍编号、酒店房间编号、车辆牌照编号等。

表 1-2　教室房间编号

A101	A102	A103	A104	A105	A106
教室	教室	教室	教室	教室	教室

(5) 在程序设计中，通过名字来引用内存的内容。如我们想给表 1-3 中的地址 0005 的存储器存入 01100101 时，是通过与该单元对应的名字 X 来存的。这是因为我们在编程时，正在编写的程序还没有运行，因此无法知道程序与数据存在内存中的哪个地址对应的存储空间里，也就无法知道这些内存空间的地址值。

表 1-3　内存的地址及内容引用

单元名字	地址	存 储 内 容							
X	0005	0	1	1	0	0	1	0	1
Y	0006	1	1	1	0	0	0	1	1
Sum	0007	1	0	0	0	0	0	0	0
Y	0008	0	0	0	0	0	0	1	0

1.2.5　存储器存储数的范围

为了便于理解，下面我们以整数为例说明存储器中存储数字的范围。明显地，存储器中的一位有两种状态：0 和 1；两位则有四种状态：当第一位第二位看成数据位时，其表示数的范围为 0、1、2、3，如表 1-4 所示；当第一位第二位看成补码时，其表示的数的范围为 0、1、−1、−2，如表 1-5 所示。内存位数更多时，可以以此类推以确定其中所存储的数字的范围。关于数制转换及补码的相关知识可参见附录一和附录二。

表 1-4　两位存储器中存储的数字及其对应的十进制数

第一位(数据位)	第二位(数据位)	十进制数
0	0	0
0	1	1
1	0	2
1	1	3

表 1-5　两位存储器按补码存储的数

第一位(符号位)	第二位(数据位)	十进制数
0	0	0
0	1	1
1	0	−2
1	1	−1

同理，十六位的存储单元存储不带符号的数的范围从 $0 \sim 2^{16}-1$，存储带符号数的范围为 $-2^{15} \sim -2^{15}-1$，如表 1-6 所示。在表 1-6 中，从左到右第 1 列～第 4 列为 16 位内存单元存储的数，第 5 列为将存储单元所存的数看成带符号数时对应的十进制数，第 6 列为将存储单元所存的数看成不带符号的数时对应的十进制数。

表 1-6　十六位存储单元存数及其对应的十进制数的范围

高四位	次高四位	次低四位	低四位	带符号的十进制数（补码）	不带符号的十进制数（最高位为数据位）
0000	0000	0000	0000	0	0
0000	0000	0000	0001	1	1
…	…	…	…	…	…
0111	1111	1111	1111	$2^{15}-1$ (32 767)	$2^{15}-1$
1000	0000	0000	0000	-2^{15} (−32 768)	2^{15}
…	…	…	…	…	…
1111	1111	1111	1110	−2	$2^{16}-2$
1111	1111	1111	1111	−1	$2^{16}-1$

可以看出，由于计算机系统中内存位数的有限性，导致了计算机能处理的数的范围的有限性。作为编程人员，在运用计算机解决实际问题时，应学会根据问题的规模选择合适大小的存储单元，从而使系统资源得到合理有效的使用。至于在程序设计中如何选取合适大小的存储空间，我们将在后续程序设计部分继续讨论。

1.3　计算机软件

在计算机系统中，硬件确定后，软件就确定了系统的性能和质量。随着硬件发展受到摩尔定律的限制，软件在计算机系统中的价值所占的比重越来越大，因此作为软件开发人员应明确软件的相关质量度量指标，以便于开发出高质量的软件。

1.3.1　软件的应用及发展

软件的应用领域越来越广泛。图 1.10(a)和图 1.10(b) 中示出了软件的几个应用案例。图 1.10(a)所示是软件在移动终端领域的应用，图 1.10(b)所示是软件在各种电脑上的使用。实际上，随着计算机硬件后摩尔时代的到来，社会对软件的需求量越来越大。

(a) 手机　　　(b) 计算机系统

图 1.10　软件的应用

1.3.2 软件的分类与特点

软件的应用多种多样，但是从程序设计角度看，软件可以用以下概念来定义：按照特定顺序组织的计算机数据、程序和文档资料的集合，即

数据＋程序＋文档＝软件

对于特定的计算机系统，当硬件确定后，软件的不同可以完成不同的任务。程序设计与软件开发的主要目标，就是设计并实现不同的软件。为了有效地进行软件开发，有必要了解软硬件的层次关系，也就是计算机的体系结构。计算机的体系结构如图 1.11 所示，在图中，除了裸机和用户外其他部分即为软件。

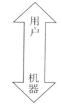

| 用户 |
| 应用软件 |
| 系统软件 |
| 操作软件 |
| 硬件(裸机) |

图 1.11 计算机的体系结构

1. 软件的分类

由软件在计算机系统中所起的作用划分，软件分为系统软件和应用软件。

系统软件中最重要的是操作系统。操作系统是加在硬件(裸机)上的第一层软件，它对硬件进行直接的管理。操作系统软件和其他系统软件一起对应用程序提供接口，以便于系统软件和应用软件的开发。成功开发操作系统软件的优秀代表当属比尔・盖茨(Bill Gates，见图 1.12)。他 31 岁就凭借开发的操作系统软件——磁盘操作系统(Disk Operating System)成为世界首富，而后又成功开发了 Windows 操作系统。在 2017 胡润全球富豪榜发布中，比尔・盖茨以 5600 亿元财富蝉联世界首富。关于操作系统软件 DOS 和 Windows 7 的基本操作见第 8 章。

图 1.12 开发操作系统软件的代表人物

应用软件是基于应用需求和系统软件的支持而开发的各种各样的软件，如办公处理软件 office、qq 软件、邮件收发软件 foxmail、手机上的各种 app 软件、美图秀秀软件，等等。

2. 软件的特点

由软件的定义可以看出，软件是一些程序、数据、文档资料的集合，通常软件的程序

数据和文档资料可以保存在计算机的外存储器上，也可以通过操作系统提供的命令方便地进行再复制(生产)，从而形成软件的副本。另外受摩尔定律的影响，外存容量越来越大，价格越来越低，由此导致存储软件的副本所需的成本较低。由此可见，与硬件相比，软件具有如下特点：

(1) 软件是非物理的。

(2) 再生成本低。

(3) 质量问题难以发现。

3. 软件的质量

为了开发出高质量的软件，应明确软件质量的度量标准。通常从可用性、可靠性、有效性、可维护性、可重用性几个方面来衡量。可用性是指用户可以使用并快速学会软件的使用；可靠性是指软件失效率低；有效性是指开发的软件占用较少的计算机运行时间和内存存储空间；可维护性是指便于修改升级；可重用性是指其部分可用于其他功能的软件中。关于软件质量的深层次讨论见第 7 章。

1.3.3　软件编程语言概述

软件的开发与实现依赖于计算机编程语言。计算机编程语言如同汉语、英语一样，我们通过汉语可以写文章，类似地我们通过计算机语言可以编写及开发软件。总体来讲，计算机语言是随着计算机系统的发展而发展，经历了从最早期的 0、1 代码编程的机器语言，到后来依赖计算机中央处理单元的汇编语言，再到更加便于程序设计人员使用的高级语言。正因为存储器中只有两种状态，因此无论何种计算机语言编写的程序，最终都必须转化为 0、1 代码才能执行。

在本书的后续章节中，我们将主要学习 C 语言及程序设计。C 语言尽管是高级语言，但是由其编写的程序效率较高，它既可用于系统软件的开发，又可用于应用软件的开发。尤其是 C 语言中设置的地址类型数据，使程序设计人员更便于对硬件进行控制和操作。

本 章 小 结

本章简单介绍了与初级编程相关的计算机系统知识，包括计算机的硬件组成、计算机的存储器特性、计算机的软件分类和体系结构及软件开发语言的相关内容。作为初级程序设计人员，希望重点掌握计算机的工作原理及计算机存储器编址的相关知识，它们是后续 C 语言学习的基础。

练 习 题

一、翻译与解释

结合计算机系统知识英译汉并解释下列词汇的含义(其解释用中英文均可)。

Hardware，software，memory，computer address，bit，Bytes

二、简答题

1. 简单叙述计算机系统的五大硬件，并叙述程序运行期间其是如何协调工作的。

2. 计算机中内存储器是如何编址的？位数固定长度的内存所存数据的大小如何确定？

3. 计算机软件的质量如何衡量？是否占内存空间越小的软件质量越好？请说明原因。

4. 结合所用的与计算机有关的系统，如手机、笔记本计算机等说明你所用系统中哪些软件是系统软件，哪些软件是应用软件。

三、思考题

1. 考虑对于带有小数的数，在存储器中如何存储。假如给定内存的位数，如 2 个字节 16 位，所能存储的小数范围是多少？

2. 能否设计一个 16 位的存储系统，其中 8 位存数的整数部分，8 位存数的小数部分，小数点不占存储位数，那么这样的存储系统所存数的范围如何确定？请分别以无符号和有符号(补码)形式讨论。

第 2 章　算　法　基　础

学习目标

计算机解决问题的质量主要取决于对应问题的算法设计，可以说算法是软件系统的灵魂。Donald E. Knuth 曾指出："计算机科学就是算法的研究"。本章给出算法的概念及性质和设计算法的工具及描述算法的结构，并介绍常用的经典排序算法、查找算法、迭代算法和递归算法。

2.1　算法定义及其性质

算法在计算机解决问题时，起着控制质量的重要作用，同时算法也是问题和计算机实现问题解决间的桥梁。为了便于理解算法的定义，本节从问题出发，给出算法的非正式定义和设计过程，并由此引出算法的正式定义和性质。

2.1.1　算法的非正式定义

现实中各种各样的问题，可通过列出其解决步骤达到问题的有效解决。比如描述学生早上第一节课前的活动就有：起床、洗脸、刷牙、吃早点、去教室；再比如手工画一张 2019 年的日历，步骤可以是画第一个月的日历、画第二个月的日历……画第十二个月的日历。显然，不同的问题有不同的解决步骤，且这些步骤要具体能够实现。

同样地，在计算机中解决问题时，也需要描述问题解决的步骤，并且要考虑计算机是否能够实现这些步骤。描述计算机解决问题的步骤时，可以在不同的层次上进行。如从 CPU 执行指令的层面上我们可以将步骤描述为有限指令的集合；从解决问题或者完成任务的层面上，可以将步骤描述为逐步解决问题的过程或者方法。无论在哪一种层面上描述的步骤，最终是需要能在计算机上实现的。

在计算机中算法的非正式定义：算法是一种逐步解决问题或者完成任务的方法。

通过第 1 章的计算机工作原理可知，计算机解决问题时需要将程序和数据通过输入设备存在存储器上，然后才能进行各种各样的运算，运算时可将结果输出到显示器或者文件上。对于上述算法的非正式定义，在描述计算机解决问题的方法时，可以借助于输入设备输入数据到内存，在内存取数据进行运算，并将运算结果存入内存或者输出到显示器及外存的文件上。为此，与内存相关，下面给出变量的定义及赋值操作，它们是算法的有效组成部分。

(1) 变量：在算法中，指的是内存中的空间，可用于存放(写、存)值，以字母形式出现，如 n 等。

(2) 赋值：把具体的值存放(写、存)到空间中，表示为 n = 10 或者 n<-10。其中，n = 10 或者 n<-10 就表示把 10 放到空间 n 中。

下面例子给出了按照上面的算法定义和变量及赋值，在计算机上解决问题的步骤。

[例 2.1] 实现 2 加 3 运算。

分析：设用变量 x 放 2，变量 y 放 3，用变量 sum 放相加的结果，则实现 2 加 3 的算法步骤如图 2.1 所示。

```
做 2 加 3 这个加法运算的三个步骤：
步骤 1：x = 2，y = 3;
步骤 2：sum = x+y;
步骤 3：输出加的结果 sum。
```

图 2-1 2 加 3 的算法

在 2 加 3 的步骤 1 中，输入 2 和输入 3 实际上就是通过输入设备将 2 和 3 写(存)到内存 x 和 y 的存储器中；步骤 2 做 2 + 3 这个运算时从内存 x 和 y 读出 2 和 3，然后进行加运算并将加的结果写到内存 sum 中；步骤 3 是把内存 sum 中的值输出(显示设备)。

在现实中，多个数的相加普遍存在，比如求高考成绩的各门课的总分，求班级的某门课的平均分，等等。对多个数的相加问题，在上述两个数相加的基础上，可通过下面的例 2.2 完成这样稍稍复杂的任务。

[例 2.2] 设计算法，求多个正整数的和。要求算法具有普遍性，且不依赖正整数的个数。

分析：对于这一问题，因为不知道正整数的个数，我们可以假定较少的几个正整数，如 5 个正整数(9，7，8，10，23)，将其称为表，然后将其扩充到多个正整数。

1) 算法步骤

对于 5 个正整数(9，7，8，10，23)，设用变量 x1～x5 放 5 个正整数，用变量 sum 放相加的结果，则实现 5 个正整数相加的步骤如图 2.2 所示。

```
五个数(9，7，8，10，23)相加的步骤：
步骤 1：输入表(x1=9，x2=7，x3=8，x4=10，x5=23);
步骤 2：将五个数相加，结果放到 sum 中;
(sum=x1，sum=sum+x2，sum=sum+x3，sum=sum+x4，sum=sum+x5);
步骤 3：输出加的结果 sum。
```

图 2.2 求 5 个数和的步骤

2) 算法中用到的操作

上述步骤 2 中所做的计算机操作具体如下：

(1) 给 sum 赋第一个数 x1，赋值后 sum 的值为 9;

(2) 从 x2 中取第二个数 7，与 sum 中的数 9 相加，将加的结果 16 放入 sum 中;

(3) 从 x3 中取第三个数 8，与 sum 中的数 16 相加，将加的结果 24 放入 sum 中；

(4) 从 x4 中取第四个数 10，与 sum 中的数 24 相加，将加的结果 34 放入 sum 中；

(5) 从 x5 中取第五个数 23，与 sum 中的数 34 相加，将加的结果 57 放入 sum 中。

可以看出，这几个步骤在计算机系统中所做的工作相同。

3) 逐步一般化算法

希望算法能处理其他值的五个数相加。设要处理的数为当前数，则上述算法演化为图 2.3 所示步骤。可以看出，在图 2.3 中步骤 2～步骤 5 做同样的事情。

```
五个数相加的步骤：
步骤 1：sum=第一个当前数；
步骤 2：sum=sum+当前数；
步骤 3：sum=sum+当前数；
步骤 4：sum=sum+当前数；
步骤 5：sum=sum+当前数；
步骤 6：输出加的结果 sum。
```

图 2.3 算法逐步一般化

4) 一般化算法

因为在图 2.3 中步骤 2～步骤 5 做同样的事情，所以可以简化算法为图 2.4 所示的形式。在图 2.4 中，步骤 1 置 sum 为第一个数。那么，对于求多个数(假设为 n 个数)的和，只需要步骤"sum = sum + 当前数"重复 n−1 次即可。

```
n 个数相加的步骤：
步骤 1：sum = 第一个当前数；
步骤 2：sum = sum + 当前数；
重复 n−1 次步骤 2；
步骤 3：输出加的结果 sum。
```

图 2.4 算法的一般化

可以看出，通过逐步的一般化可获得问题解决的方法，它是算法非正式定义的体现。然而，这些方法还要求能够在计算机上实现，这正是下面算法的正式定义和性质提出的依据。

2.1.2 算法的正式定义及性质

根据算法的非正式定义，我们从问题解决的层面进行了算法的设计讨论，由此引出算法的正式定义，并给出性质以体现在实际解决问题时对算法的设计要求。

1. 算法的定义

算法是一个明确步骤的有序集合，这些步骤能产生结果，并在有限时间内终止。

2. 算法的性质

由算法的定义，可以看出算法具有以下性质：

(1) 有序集。必须是定义好明确步骤的有序集合。

算法的步骤间有一定的顺序性，这些顺序有时是不可改变的，有时是可以改变的。如做两数加法，可有算法：Add1T、Add2T 和 Add2F，如图 2.5 所示。算法 Add1T 是正确的相加算法：首先输入两个数，然后相加，最后输出结果；算法 Add2T 也是正确的相加算法：因为在 Add1T 中，输入 2 和输入 3 的顺序不会对运算结果产生影响；算法 Add2F 是一个错误的算法：因为对于内存应该先存入数，才能进行数相加的运算。显然，算法 Add2F 的错误在于步骤 1 和步骤 2 的顺序颠倒。

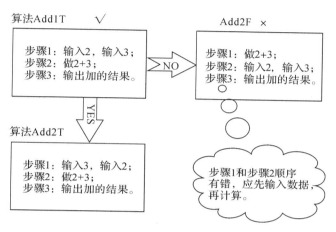

图 2.5　算法步骤的顺序

(2) 确定性。算法的步骤是明确无二义的。如 + 代表加，而不能用于其他的运算中。

(3) 输入和输出。算法有一定的输入数据；算法也有输出结果：该结果或者是产生的数据，或者有某种效果(如打印结果)。

(4) 有限性。在特定时间内算法必须能结束(与程序相比的特性，程序可能出现无法停机的现象)。

值得指出，因为同样的问题会有不同的解决方案，因此解决同样问题的算法会多种多样，如计算机中排序的算法就有多种。那么，如何衡量算法的性能呢？一般地，可以从空间复杂度和时间复杂度两方面来度量算法，同时这两者之间又有一定的矛盾性。空间复杂度指算法所需要的空间开销，当然空间复杂度越少越好；时间复杂度指算法在执行时所占系统时间的多少，显然时间复杂度也越少越好。

2.2　算法的表示

有了算法的定义和性质，如何表示算法呢？下面首先给出算法中经常采用的结构，然后讨论描述算法的工具。

2.2.1　算法的三种结构

算法中可以使用顺序、分支和循环三种结构，如图 2.6 所示。计算机相关的理论和实践表明，以上三种结构可以解决有解的问题。

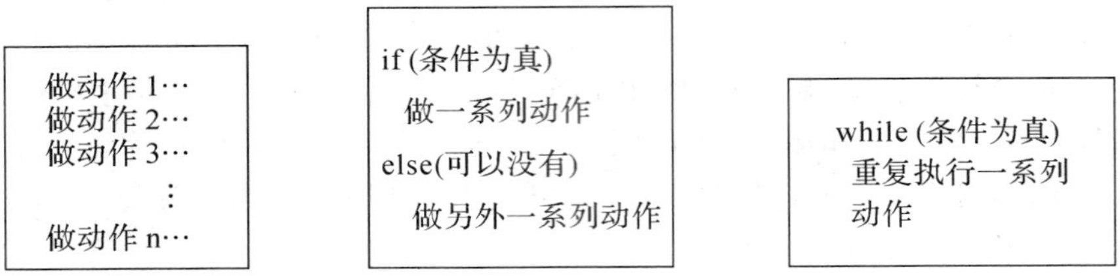

（a）顺序结构　　　　　　（b）分支结构　　　　　　（c）循环结构

图 2.6　算法的三种结构

1. 顺序结构

现实中有很多问题需要按顺序步骤进行，算法中使用顺序结构与之对应，如图 2.6(a)所示，以便于在计算机上解决顺序问题。如早上学生上四节课，这四节可以按顺序进行，即先上第一节课，再上第二节课，然后上第三节课，最后上第四节课。实际上，算法中的顺序结构就是描述现实问题中具有顺序关系问题的解决步骤，当然在算法描述上需要考虑计算机的特性。值得说明的是，这种算法中采用的顺序结构在计算机中实现时，也是按顺序执行的。

2. 分支结构

现实中有很多问题按条件进行，算法中使用分支结构与之对应，如图 2.6(b)所示，以便于在计算机上解决类似问题。如课表安排周二上午第一、二节是程序设计课，那么某天是否上该课，需要看当天是否为周二的第一、二节，如果是就上该课，如果不是就不上该课。这里就有一个条件判断问题，这个上课的条件就是当天"是周二第一、二节课吗？"。如果是，那么条件为真，否则为假，从而形成了两个分支。实际上，算法中的分支结构就是描述现实问题中具有条件判断问题的解决步骤，当然在算法描述上需要考虑计算机的特性。值得说明的是，这种算法中采用的分支结构在计算机中实现时，也是按分支执行的。

3. 循环结构

现实中有很多问题需要按条件重复进行，算法中使用重复结构与之对应，如图 2.6(c)所示，以便于在计算机上解决类似问题。如课表上排的课是从第八周到第十八周每周二上午第一、二节上程序设计课，这就表明从第八周到第十八周的每周二的第一、二节的上课这个活动要重复多次。可以看出，重复是与条件判断结合使用的，如本例中重复上课的条件为 "周是在第八周到第十八周，同时是周二的第一、二节课"。如果条件满足则进行循环操作，不满足退出循环。实际上，算法中的循环结构就是描述现实问题中具有重复问题的解决步骤，当然在算法描述上需要考虑计算机的特性。值得说明的是，这种算法中采用循环结构在计算机中实现时，也是按循环执行的。

2.2.2　描述算法的工具

算法是一个明确步骤的有序集合，如何有效地表达这些步骤以利于计算机解决问题？

现在经常使用的算法描述工具有盒图、流程图、伪代码等。下面介绍常用的描述算法的流程图和伪代码两种工具。

1. 流程图

1) 流程图的主要成分

(1) 开始和结束用圆形矩形表示，如图 2.7(a)和图 2.7(b)所示。

(2) 判断用菱形表示，如图 2.7(c)所示。

(3) 操作用矩形表示，如图 2.7(d)所示。

(4) 以上各部分之间顺序用带有箭头的直线表示，如图 2.7(e)所示。

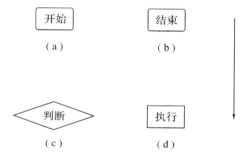

图 2.7　流程图的成分

2) 三种结构的流程图

图 2.8 所示是用上述成分描述的算法中用到的三种结构的流程图，N 表示条件为假，Y 表示条件为真。其中图 2.8(a)是顺序结构的流程图表示；图 2.8(b)是分支结构的流程图表示；图 2.8(c)是循环结构的流程图表示。

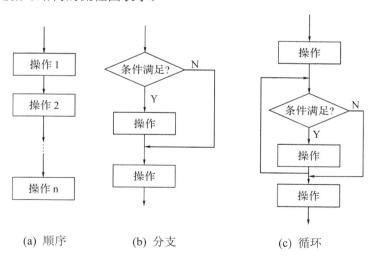

图 2.8　算法三种结构的流程图

3) 用流程图描述算法举例

[例 2.3]　两个数求和算法。

分析：求和算法具有三个步骤：步骤 1，输入数 1 和数 2；步骤 2，数 1 和数 2

相加；步骤三，输出求和结果。两个数求和的流程图如图 2.9 所示，设数为 x，y，和为 sum。

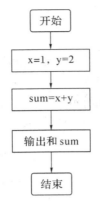

图 2.9　两个数求和的流程图

[例 2.4]　写算法求两个数中的大者。

分析：假设两个数用 x 和 y 表示，大者用 larger 表示，则两个数求大者时需要比较 x 和 y。如果 x＞y，则将 x 赋给 larger，否则将 y 赋给 larger。两个数求大者的流程图如图 2.10 所示。

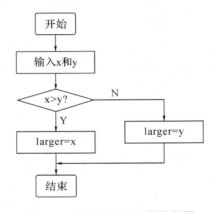

图 2.10　两个数求大者的流程图

2. 伪代码

伪代码是算法的语言化表达，没有统一的标准，可用程序语言、英语、汉语等描述。

1) 伪代码表示算法的成分

(1) 算法头：表明算法的名字。

(2) 功能：描述算法的功能，如求最大值(或者最小值等)。

(3) 输入条件：算法的预先条件。

(4) 后续结果：算法产生的影响。

(5) 返回值：算法的输出。

(6) 算法的步骤。

在算法步骤中，可以含有顺序、分支、循环结构，如图 2.11 所示。

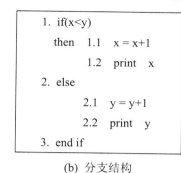

1. x = 1	
2. y = 2	
3. z = x+y	

(a) 顺序结构

```
1. if(x<y)
   then   1.1   x = x+1
          1.2   print   x
2. else
          2.1   y = y+1
          2.2   print   y
3. end if
```

(b) 分支结构

```
1. loop(文件未结束时)
   1.1   读下一行
   1.2   读下一行
2. end loop
```

(c) 循环结构

图 2.11   伪代码表示的三种结构

2) 用伪代码写算法举例

[例 2.5]   用伪代码写算法求两个数的平均数。

求两个数的平均数的算法步骤的伪代码表示如图 2.12 所示。

```
算法：Twonumave
功能：求两个数的平均数 ave
输入：数 x、数 y
后续结果：无
返回值：平均数 ave
1. sum = x+y
2. ave = sun/2
3. return ave          /*返回值为 ave*/
   END
```

图 2.12   求两个数的平均数算法的伪代码表示

2.3   基 础 算 法

计算机科学中有一些经典的算法(或基本的算法)，它们是程序设计的基础，在这里仅进行一般的讨论。本节给出最常用最基础的三种算法，即求和算法、求积算法和最大值/最小值算法。

2.3.1   求和与求积算法

尽管前面对于求和算法进行了详细的讨论，但是为了便于阅读和内容的完整性，这里给出求和的伪代码算法，同时对其稍加改动便可以得到求积的伪代码算法。下面给出分析和其伪代码描述过程。

求和算法的步骤如下：

(1) 初始化求和结果 sum 为第一个数；

(2) 循环 n−1 次，每次加一个数到 sum 中；

(3) 循环完成后，返回求和结果。

为了便于理解和描述，下面以正整数为例(非正整数的处理与此类似)给出伪代码表示的求和算法，如图 2.13 所示。

```
算法名：求和
功能：求 n 个数的和
输入：n 个数
返回：n 个数的和 sum
1. 计数器 count = 1
2. 和 sum = 第一个待加数
3. while (count<n)
    3.1  将下一个被加数加到 sum 上
    3.2  count 增 1
    end while
4. return sum
END
```

图 2.13　n 和正整数相加的算法

将图 2.13 中的加号改为乘号，可得到 n 个数相乘的伪代码算法，在此不再赘述。

2.3.2　求最大值和求最小值算法

求最大值算法的基本思想是不断取两个数中的大者，求最小值算法的基本思想是不断取两个数中的小者。

1. 求最大值算法

求最大值算法的步骤如下：

(1) 设置一个变量 max 放最大值；

(2) 对于第一、第二个数求最大值时，将其中的大者放入 max 中；

(3) 对于多于两个数后的任意一个数(第 3 个到第 n 个，共 n–2 个)，将其与 max 进行比较，如果该数大于 max 则设置 max 为该数，否则 max 不变；

(4) 返回 max。

求 n 个数的最大值算法的伪代码描述如图 2.14 所示。

```
/****************************************************************/
/****求最大值算法，max 变量放最大值，初始为第一个数********/
/***************count 为计数器，初值为 1***********************/
/****************************************************************/
算法名：求最大值
功能：求 n 个数的最大值
输入：n 个数
返回：最大值 max
    1. 计数器 count = 1
```

```
  2. if (第一个数 > 第二个数)
          then
              2.1    max = 第一个数
          else
              2.2    max = 第二个数
          end if
  3. while (count < n-1)
          3.1    if (max < 当前数)
                  3.1.1    max = 当前数
              end if
          3.2    count 增 1
          end while
  4. return max
  END
/***********************算法描述结束*****************************/
```

图 2.14   n 个正整数的最大值算法

2. 求最小值算法

在求最小值算法中，令 min 变量放最小值，其初值先将第一、第二个数中的小者放入到 min 中，然后让 min 与后面第 3 个到第 n 个数(共 n–2 个)的任意一个数进行比较，如果该数小于 min 则设置 min 为该数，否则 min 不变。基于此计数器 count 的初值为 2。

求 n 个数的最小值算法的伪代码描述如图 2.15 所示。

```
/**********************************************************/
/****求最小值算法，min 变量放最小值，初始为第一个数**************/
/***************count 为计数器，初值为 1，前两个数已比较过了***********/
/**********************************************************/
算法名：求最小值
功能：求 n 个数的最小值
输入：n 个数
返回值：min
1. 计数器 count = 1
2. if (第一个数 < 第二个数)
    then
        2.1    min = 第一个数
    else
        2.2    min = 第二个数
    end if
3. while (count < n-1)
        3.1    if (min< 当前数)          /* 当前数为从第三个数开始到后面所有的数*/
```

```
            3.1.1    min = 当前数
         end if
     3.2    count 增 1
   end while
4. return min
   END
/*************************算法描述结束*************************/
```

图 2.15　n 个正整数的最小值算法

2.4　子算法及举例

在解决问题时，可以在不同层面上列出问题的解决步骤。比如描述早上第一节课前的活动就有：起床、洗脸、刷牙、吃早点、去教室。我们还可以更细化地描述上述活动，如对于吃早点这个活动可以描述为：排队、点餐、刷卡、取餐、就座、就餐、放餐盘。当然还可以再细化地描述点餐这个活动：点汤类、点菜品、点主食等。可见，解决问题的步骤可在不同层次上描述，而且这些步骤要能够实现。同样地，在计算机解决问题时，也可在不同层面上描述问题解决的步骤，并且要保证计算机能够实现这些不同层面的步骤。实际上，不同层面的步骤描述在计算机算法中是通过子算法机制实现的。

2.4.1　子算法提出的依据

自然界中的问题复杂多样，为了便于解决问题，可以从宏观到微观在不同层次上列出问题的解决步骤。与此对应，子算法就是在不同层次上对问题解决步骤的描述，它的提出一方面使算法清晰，易于理解，另一方面也可以减少算法中的重复描述。

1. 算法清晰易于理解

下面我们通过例子对子算法问题加以说明。例如，学生早上第一节课课前的活动有：起床、洗脸、刷牙、吃早点、去教室。其中吃早点这个活动可以描述为：排队、点餐、刷卡、取餐、就座、就餐、放餐盘；点餐这个活动可以描述为：点汤类、点菜品、点主食等。上述活动用图 2.16 所示描述，层次清晰，易于理解。

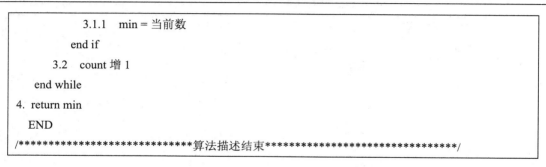

起床、洗脸、刷牙、吃早点、去教室

(a) 早上上课前的活动

排队、点餐、刷卡、取餐、就座、就餐、放餐盘

(b) 吃早点中的活动

点汤类、点菜品、点主食

(c) 点餐中的活动

图 2.16　学生上课前活动

若要求用计算机输出其活动名称，图 2.16 对应的算法和子算法的步骤如图 2.17 所示。

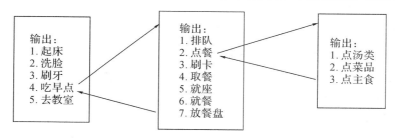

（a）算法1：学生上课前活动　　（b）子算法1：吃早点活动　　　（c）子算法2：点餐活动

图 2.17　学生上课前活动输出算法

值得说明的是：子算法在计算机上实现时，执行到相应步骤其会按照图 2.17 中的箭头顺序进行，即顺序为算法 1 中步骤 1～步骤 4，子算法 1 中步骤 1～步骤 2，子算法 2 中步骤 1～步骤 3，子算法 1 中步骤 3～步骤 7，算法 1 中步骤 5。

2. 可减少算法中的重复描述

尽管不同的问题解决的步骤不尽相同，但是有时候它们会有一些共同的步骤。如果将这些共同的步骤作为子算法，就可以减少步骤的描述量，从而减少编程人员的工作量以提高效率。另外，在同一个问题中，有时也存在相同的步骤，同样将其设置为子算法，也可以提升软件的开发效率。

如描述学生一天的活动如图 2.18 所示。假定一天活动中三餐都是去学校餐厅用餐，则用餐中的活动如图 2.17(b)和图 2.17(c)所示相同。

起床、洗脸、刷牙、吃早点、去教室、上课、吃中餐、午休、上课、晚餐

图 2.18　学生一天的活动

对应于上述活动的算法的步骤如图 2.19 所示。可以看出，子算法 1 就餐活动和子算法 2 点餐活动只需要写一次，但是可以重复使用多次。

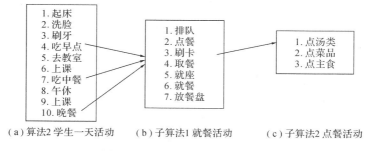

（a）算法2 学生一天活动　　（b）子算法1 就餐活动　　　（c）子算法2 点餐活动

图 2.19　学生一天活动输出算法

2.4.2　子算法举例

由以上可见，子算法的设置一方面使解决问题的算法易于理解，另一方面也提升了编程人员的效率。下面给出简单的子算法的举例。

　　[例 2.6]　写伪代码算法求多个正整数的最大值，其中要求两个数中的大者用子算法实现。

　　分析：求多个数中的最大值，可以先求两个数中的大者，然后求大者与第三个数比较后的大者，依次类推，直到和最后一个数比较完成为止。其伪代码描述的算法如图 2.20 所示。

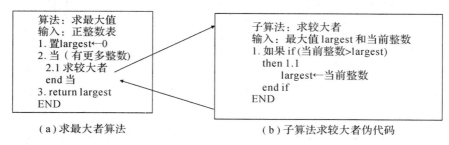

　　　　　（a）求最大者算法　　　　　　　　　　（b）子算法求较大者伪代码

图 2.20　求正整数的最大者算法

2.5　三种排序算法

　　排序是现实和计算机学科要经常完成的任务。如在人口普查中，人口按年龄排序，字典编著中内容按字母顺序排列，班级成绩按递增或递减顺序排列等都用到了排序。由于排序问题的多样性和重要性，计算机学者对排序算法进行了深入研究，目前形成的排序算法很多。以"sorting algorithm"为关键字进行搜索，截至 2018 年 2 月 9 日，发表的期刊和会议中有关排序的论文有：2018 年 100 篇，2017 年 1322 篇，2016 年 1498 篇。历年来各应用领域的分布：技术领域 2920 篇，计算机科学和信息及一般工程 2591 篇，科学 2516 篇，社会科学 941 篇，文学 134 篇，语言 108 篇，宗教 78 篇，哲学与心理学 66 篇，历史与地理 48 篇，艺术与娱乐 40 篇。

　　目前，排序算法在不同领域的应用研究方兴未艾，特别在大数据和人工智能等领域取得了显著的研究成果，且还在持续发展中。在大数据和人工智能方面，研究人员提出大数据处理的数据库排序算法、图像检索算法、两维排序算法、双哈希排序方法、基于轮廓树的避免全局排序的分布式排序算法等。在排序算法的速度提升方面，研究人员用硬件实现了选择排序算法、图形处理器(GPU)上的基数排序和选择排序相结合的混合排序算法、具有并行特征的归并排序算法、双向条件插入排序算法(BCIS)、排序网络的优化排序算法、无需比较的硬件冒泡排序算法、优化的选择排序等。

　　尽管排序算法一直处于应用和改进中，但作为初级程序设计开发人员，有必要学习一些最基本的排序算法。通常，选择排序、冒泡排序和插入排序是三种最简单、最基本的排序算法，初学者通过学习它们更易于理解排序的机制。

　　基于此，本节介绍三种基本的排序算法：选择排序、冒泡排序和插入排序算法，它们是后续应用和研究的基础。

2.5.1　选择排序

　　选择排序是最简单和最容易的排序算法。在选择排序中，表被分为两个子表，有序表和无序表,如图 2.21 所示。选择排序是在无序表选一个最小(从小到大排序)或者最大(从大到小排序)元素加入到有序表中,不断重复这个过程,直到元素全部有序为止。下面以从小到大排序为例讨论排序算法。

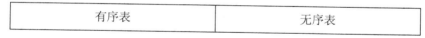

图 2.21　排序初始状态

选择排序时,给有序表中加入一个元素称为一趟排序,显然对于 n 个元素,需要进行 n−1 趟排序。从小到大排序,给有序表中加的元素为无序表中的最小者。排序时,将无序表中第一个元素与最小元素交换,交换后的无序表中第一个元素为有序表中的末尾元素;在无序表中去掉该元素后,形成新的无序表。对无序表重复上述过程即可完成排序。下面用例子说明这个过程。

[例 2.7]　对无序表进行选择排序,排序过程如图 2.22 所示。

原始数据:

有序表	无序表
	5 7 2 8 9 3

第 1 趟后

有序表	无序表
2	7 5 8 9 3

第 2 趟后

有序表	无序表
2 3	5 8 9 7

第 3 趟后

有序表	无序表
2 3 5	8 9 7

第 4 趟后

有序表	无序表
2 3 5 7	9 8

第 5 趟后

有序表	无序表
2 3 5 7 8	9

图 2.22　对无序表进行选择排序

选择排序算法的流程图如图 2.23 所示。在该算法的描述中,有序表和无序表间隔可看成"墙",并基于此描述算法。

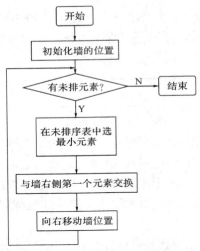

图 2.23　选择排序算法的流程图

　　不难看出，上述算法由二重循环组成，外循环是趟数，内循环是在无序表中求最小值。在下面伪代码描述的选择排序算法中，假定有 n 个同类型的数排序，这 n 个数用数组 A[0..n-1] 表示，其中 A[0], A[1], …, A[n-1]是待排序的第 1 到第 n 个数，那么选择排序算法的伪代码描述如图 2.24 所示。

```
/*****************************************************************/
    算法：选择排序
    输入：n 个元素的数组 A[0..n-1]
    输出：n 个元素的按升序排列的数组 A[0..n-1]
        1.  for i<-0 to n-2          /* 第 i 趟循环，i 取值从 0 到 n-2，共 n-1 趟循环*/
            1.1 k<-i                 /*k 记录最小值的位置，初值为 i*/
            1.2 for j<-i+1 to n-1    /*求第 i 趟循环中无序表的最小值*/
                1.2.1  if A[j] < A[k]
                           then   k<-j
                       end if
                end for
            1.3    if   k <> i (不等于)
                       then 交换  A[i]和 A[k]
                   end if
            end for
        END
/*****************************************************************/
```

图 2.24　选择排序算法的伪代码描述

2.5.2　冒泡排序

　　冒泡排序也是简单而经典的排序算法，其排序思想是以目标为驱动进行数据交换工作。如希望从小到大排序，则在冒泡排序过程中，从无序表的后面(或者前面)开始，进行相邻两个数的比较。如果后面的数小于前面的数，则两个数交换，否则不交换。这样一趟完成后，最小的数移到了最前面，该最小数形成有序表；再对去掉第一个数的无序表重复该过程，直到无序表中剩下一个元素即可完成排序。图 2.25 为冒泡排序示意图，最小元素移动到有序表，墙也移动一个位置。给定 n 个元素，n–1 趟后变为有序表。下面举例说明这个过程。

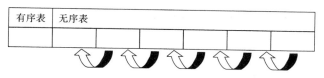

图 2.25　冒泡排序示意图

[例 2.8]　用冒泡排序法对无序表进行排序，如图 2.26 所示。

原始数据

有序表	无序表				
	5	7	2	8	9	3

第 1 趟排序过程

有序表	无序表				
	5	7	2	8	9	3

有序表	无序表				
	5	7	2	8	3	9

有序表	无序表				
	5	7	2	3	8	9

有序表	无序表				
	5	2	7	3	8	9

第 1 趟后

有序表	无序表				
2	5	7	3	8	9

第 2 趟排序过程

有序表	无序表				
2	3	5	7	8	9

第 2 趟后及最终的排序结果

有序表		无序表			
2	3	5	7	8	9

图 2.26　用冒泡排序法对无序表进行排序

第 3 趟、第 4 趟和第 5 趟中均没有数据交换，排序完毕。

不难看出上述算法由两重循环组成：外循环是趟数；内循环在无序表中选出最小值的过程是两两数间比大小，然后根据比较的结果决定是否交换两元素的值来实现的。在下面伪代码描述的冒泡排序算法中，假定 n 个同类型的数排序，这 n 个数称为数组 A[0..n−1]，其中 A[0]，A[1]，…，A[n−1]是 n 个待排序的数。冒泡排序算法的伪代码描述如图 2.27。

```
/**************************************************************/
    算法：冒泡排序
    输入：n 个元素的数组 A[0..n-1]
    输出：n 个元素的按升序排列的数组 A[0..n-1]
    1. for j <- n-1 To 1
        1.1 for k <- 0 To j-1
            1.1.1 If (A[k+1]< A[k]
                t = A[k+1])
                A[k+1]<-A[k]
                A[k]<-t
            end if
        end for
    end for
/**************************************************************/
```

图 2.27　冒泡排序算法的伪代码描述

2.5.3　插入排序

就像玩扑克牌一样，假定手上的牌按照从小到大排列，则在底牌中揭一张牌，插入到手上牌的合适位置处。插入排序也是将表看成有序表和无序表，如图 2.28 所示。插入排序在初始状态下，无序表中的第一个元素作为有序表中的第一个元素，然后每次从无序表中取一个元素，插入到有序表的合适位置，直到无序表中的元素全部插入到有序表中即可完成排序。插入排序也为两重循环，显然由于初始时，已将无序表中第一个元素看成有序表中第一个元素，因此在插入排序中外循环是 n−1 趟，每趟完成一个元素的插入。内循环完成在有序表中寻找和移动元素以寻找合适的插入位置，然后将无序表中元素放入该位置的工作。下面举例说明这个过程。

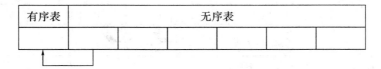

图 2.28　插入排序示意图

[例2.9]　用插入排序法对无序表进行排序，如图 2.29 所示。

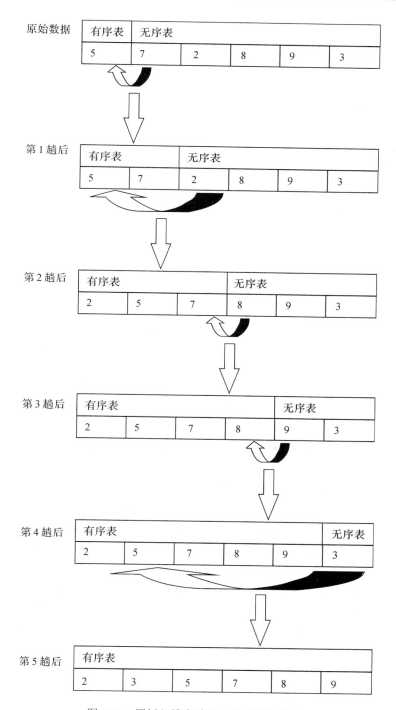

图 2.29　用插入排序法对无序表进行排序

不难看出上述算法由两重循环组成：外循环是趟数；内循环在有序表中选出合适的位置的过程是两两数间比大小，然后根据比较的结果决定将数据后移，直到在合适位置处腾出空间为止，将无序表中第一个元素放入。从第二个元素开始到最后一个元素，重复上述步骤就可完成排序。

在下面伪代码讨论的插入排序算法中，假定 n 个同类型的数排序，这 n 个数称为数组 A[0..n−1]，其中 A[0]，A[1]，…，A[n−1]是 n 个待排序的数。插入排序算法的伪代码描述如图 2.30 所示。

```
/************************************************************/
    算法：插入排序
    输入：n 个元素的数组 A[0.. n-1]
    输出：n 个元素的按升序排列的数组 A[0.. n-1]
        1. for (i<-1; i<n; i++)
            1.1    t<-A[i]
            1.2    j<-i-1
            1.3    While (j >= 0 and t <A[j])
                    A[j+1]<-A[j]
                    j<-j-1
                end while
            1.4    A[j+1]<-t
        end for
/************************************************************/
```

图 2.30　插入排序算法的伪代码描述

2.6　顺序查找和二分查找算法

在实际的计算机学科本身的问题解决中，尤其随着网络和大数据的飞速发展，对查找的需求越来越广泛。如在"百度"上搜索各种我们感兴趣的信息，这实质上就是查找的过程；又如高考后，通过考试成绩系统可以查出自己的成绩，这个实际上是在成千上万的考生成绩中查找出自己需要的信息。那么，如何设计查找算法以满足不同用户的需求，成为计算机学科需要解决的经典问题。

下面我们首先给出查找的概念，然后通过最基本的顺序和二分查找过程学习相应的查找算法。

查找，指在给定表中查找一个值首次出现的位置。例如，已知表为(23，12，56，28，89，67)，给定 28，求 28 在表中出现的位置(位置为 4)；又如，已知表为(2，12，36，38，59，67，89)，给定 59，求 59 在表中出现的位置(位置为 5)。

1. 顺序查找(表是无序的)

顺序查找：就是从给定表的开始位置，将给定值按照第 1、第 2、第 3…递增的顺序依次和表中的每一个数比较，直到相等或者没有找到为止。

例如，给定表为(23，12，56，28，89，67)，求 89 在该表中的位置，通过以下比较实现：

表 (23, 12, 56, 28, 89, 67)
　　↑　↑　↑　↑　↑
　89　89　89　89　89

可见，在表中找 89，需要进行 5 次比较。

如果找 35，因为 35 不存在于表中，因此需要比较 6 次，结果为查找失败，即没有找到。由于顺序算法描述较为简单，故不再赘述。

2. 二分查找(表是有序的)

二分查找是对已排序表的有效查找方法。为了加快查找速度，对于有序表，采用每次降低表长度一半的办法进行查找，从而形成了二分查找。

在二分查找时，需要用到表中的三个位置信息：开始位置，用 first 表示，且 first 从 0 开始编号；末尾位置，用 last 表示，它与表中的最后一个元素相对应；中间位置，用 mid 表示，mid 由开始位置 first 加末尾位置 last 除以 2 取整所得。以上三个位置信息将表分成了三部分：对应的位置信息分别为 0 到 mid−1、mid、mid+1 到 last。

例如，对于给定的有序表(2，12，36，38，59，67，89)，其三个位置及对应的三部分表的信息如图 2.31 所示。

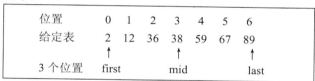

图 2.31　二分查找相关信息图示

基于以上三个位置信息，二分查找的步骤如下：

(1) 获得表的三个位置信息：开始位置 first，结束 last，中间位置 mid。

(2) 用给定值和表中 mid 位置上的值比较，比较结果有：小于、等于和大于。

(3) 处理小于的比较结果。因为表有序，说明要找的值在表的前半区，即 0 到 mid−1 区。此时，只需要改变 last 为 mid−1，形成新表。在新表中求取中间位置 mid。如果新表的 first 小于等于 last 则转到(2)；如果 first 大于 last，说明查找不成功。

(4) 对于等于的比较结果。等于表明查找成功，mid 即为所查找值的位置信息。

(5) 对于大于的比较结果。因为表有序，说明要找的值在表的后半区，即 mid+1 到 last 区。此时，只需要改变 first 为 mid+1，形成新表并求取新表的中间位置 mid。如果新表的 first 小于等于 last 则转到(2)；如果 first 大于 last，说明查找不成功。

下面用例子说明上述的二分查找过程。

[例 2.10]　给定的有序表为(2，12，36，38，59，67，89)，要求用二分查找算法分析 59 的查找过程。

步骤 1：表为(2, 12, 36, 38, 59, 67, 89)

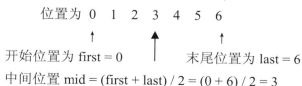

开始位置为 first = 0　　　　末尾位置为 last = 6

中间位置 mid = (first + last) / 2 = (0 + 6) / 2 = 3

步骤 2：表为(　，　，　，　，59，　67，　89)
　　　　位置为　0　1　2　3　4　5　6

因为 59 > 38　　first = mid + 1 = 4　　　last = 6

mid = (first + last) / 2 = (4 + 6) / 2 = 5

步骤 3：表为(　，　，　，　，59，　，　)
　　　　位置为　0　1　2　3　4　5　6

因为 59 < 67　　first = 4　　　last = mid – 1 = 5 – 1 = 4

mid = (first + last) / 2 = (4 + 4) / 2 = 4

59 = 59 找到成功，位置为 4。

注意：如果要找 58，进入以下步骤 4。

步骤 4 表为(　，　，　，38，59，　，　)
　　　　位置为　0　1　2　3　4　5　6

因为 58 < 59，first 不变，为 4；last 修改为 mid−1，为 3。此时 first 大于 last，因此查找失败，算法结束。

二分查找算法的伪代码如图 2.32 所示。

```
/***********************************************************/
算法：二分查找
输入：n 个升序的数组 s[0.. n-1]，待查值 x
输出：x 在 s 中的位置(mid+1)
1. first=0, last = n-1, order=0;
2. while(first <= last)
      2.1   mid = (first+last)/2;
      2.2   if (x 等于 s [mid])
         then   2.2.1 return (mid+1)
         else   if(x < s[mid])
               then   2.2.2 last = mid-1
               else   2.2.3 first = mid+1
            endif
         endif
   endwhile
3. return(-1);   /*没有找到*/
End
/***********************************************************/
```

图 2.32　二分查找算法的伪代码

2.7 递归和迭代算法

对于迭代和递归类问题的算法设计，需要先明确问题的数学描述，然后再写出相应的算法步骤。迭代是一种不断用新值代替旧值的过程，递归是算法调用自己的过程。下面通过阶乘的递归和迭代算法进行说明。

[例 2.11] n 的阶乘在数学上可以表示为迭代式和递归式的定义。

迭代的阶乘定义：

$$f(n) = \begin{cases} 1 & \text{if } n = 0 \\ n \times (n-1) \times (n-2) \times \cdots \times 3 \times 2 \times 1 & \text{if } n > 0 \end{cases} \quad (2\text{-}1)$$

递归的阶乘定义：

$$f(n) = \begin{cases} 1 & \text{if } n = 0 \\ n \times f(n-1) & \text{if } n > 0 \end{cases} \quad (2\text{-}2)$$

迭代与递归问题的算法设计：对于 n 的阶乘，其算法的伪代码实现如图 2.33 和图 2.34 所示。

```
算法：求阶乘
输入：正整数 num
输出：num 的阶乘
1. 置 N<-1
2. 置 i<-1
3. while (i<num or i==num)
     3.1.  N=N*i;
     3.2.  i=i+1;
   end while
4. return N
   END
```

图 2.33 阶乘的迭代算法

```
算法：求阶乘 f(n)
输入：正整数 num
输出：num 的阶乘
1. if(num==0)
     Then  1.1   retum 1
     else
             1.2   retum   num*F(n-1)
     end if
   END
```

图 2.34 阶乘的递归算法

由以上求阶乘的伪代码算法可以看出，递归与迭代问题的算法关键在于待解决问题的特性，如果能从数学上给出问题的递归或者迭代模型，那么很容易完成算法的转化。另外，值得注意的是，有时候递归算法在计算机上实现时比迭代算法需要更多的时间。

本 章 小 结

算法往往决定软件的质量，同时也是问题与计算机上实现问题解决的桥梁。无论在计算机系统本身还是在实际解决问题中，一些经典的算法是基础。本章首先引入算法的定义及性质，然后对于描述算法的两种工具——流程图和伪代码进行了讨论，并给出了相应的例子。在求和、求积和求最大值这些基础算法描述的基础上，引入了子算法的相关概念。此外，介绍了常用的选择排序、冒泡排序和插入排序及顺序查找和二分查找算法，同时还给出了迭代与递归的典型算法范例。值得说明的是，本章仅是有关算法的典型基础内容，是程序设计与软件开发的质量基础。那么，本章算法如何在计算机上实现，需要学习计算机程序设计语言并用之进行程序设计，这些内容将在下一章讨论。

练 习 题

一、翻译与解释

结合算法相关知识翻译并解释下列词的含义(其解释用中英文均可)。

algorithm，selection sort，insertion sort，bubble sort，binary search，recursion，iteration factorial

二、简答题

1. 简单叙述算法的概念及性质，并叙述作为算法的性质提出的依据。

2. 算法中常采用哪三种结构？给出两种描述算法的工具成分，并举例应用之。

3. 简述三种排序(选择、插入和冒泡)排序算法的共同策略。

4. 顺序查找和二分查找对于数据源的要求是什么？

5. 简述迭代和递归算法设计的步骤。多个数的求和求积问题是否适合于用迭代算法来解决？

三、思考题

查资料回答下列问题：

1. 算法质量的衡量标准是什么，都有哪些度量方式？

2. 三种排序算法的质量如何衡量？试对之进行比较。

3. 考虑迭代算法和递归算法间有无关系？是否可以对所有的递归问题都可用迭代来实现，反之如何？

第 3 章 计算机语言与 C 语言基础

学习目标

第 1 章认知了问题解决的工具——计算机系统；第 2 章基于计算机系统尤其是内存的概念，对解决问题的基础算法进行了阐述。那么设计好算法后，如何在计算机系统上实现问题的解决，这就是本章要讨论的内容。计算机语言是将算法转化为程序的工具，而由计算机语言设计程序是在计算机系统上解决问题的必需途径。基于此，本章介绍计算机语言与 C 语言的基础知识，同时学习用 C 语言进行简单问题的程序设计及实现。

3.1 计算机语言及其特点

计算机语言是用于编写程序的语法规则的集合。与计算机系统的发展相联系，计算机语言的发展经历了面向机器及面向编程人员的形成过程。编程人员、计算机和语言间的关系如图 3.1 所示。在图 3.1 所示中，机器语言、汇编语言和高级语言是计算机系统经常使用的三种语言，由它们开发出机器语言程序、高级语言程序及汇编语言程序。对于编程人员而言，机器语言编程最不方便，汇编语言次之，而高级语言最为方便；用距离来比喻：可以讲高级语言距离编程人员更近，而机器语言更远，汇编语言居中。

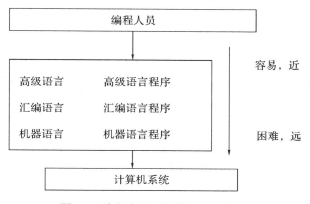

图 3.1 编程人员、计算机和语言的关系

3.1.1 机器语言及其程序特点

正如第 1 章指出，在计算机系统中存储器有两种状态，一般计算机系统中采用二进制

和存储程序的机制。计算机唯一能执行的是机器语言程序，这种机器语言程序可以看成是计算机硬件的组成部分。在早期，人们只能使用机器语言编程，因为那时汇编及高级语言还没有出现。

如何表示机器语言呢？机器语言是用二进制代码表示指令(操作)和数据的，二进制代码表示的操作与中央处理单元(CPU)相关，不同的 CPU 其指令系统不同。无论何种 CPU，由其机器语言编写的程序是一系列的 01 代码集合。

例如，某 CPU 中 01010000 是表示向屏幕上输出的指令，那向屏幕上输出"Hello"的机器语言程序如图 3.2 所示。在图 3.2 所示中，第 1、第 2 行输出"H"，第 3、第 4 行输出"e"，第 5、第 6 行输出"l"，第 7、第 8 行输出"l"，第 9、第 10 行输出"o"。该程序不需要转化直接就可以在计算机上执行。

```
01010000
00000000   01001000 /*输出 H*/
01010000
00000000   01100101 /*输出 e*/
01010000
00000000   01101100 /*输出 l*/
01010000
00000000   01101100 /*输出 l*/
01010000
00000000   01101111 /*输出 o*/
```

图 3.2   机器语言程序

由此可见，机器语言程序用 01 代码编程。显然，其程序可移植性差(依赖 CPU)、编程及修改程序都不方便。实质上，机器语言程序最主要的优点是其运行速度快。

3.1.2   汇编语言及其程序特点

正是由于机器语言程序的不易修改、不易阅读等缺点，加之随着应用需求和硬件技术的不断发展，于是汇编语言就应运而生。汇编语言是第一个有助于编程者的工具，它将每一条 01 机器语言指令用字母编码代替。如加法指令在机器语言中是 01000000 代码，在汇编语言中可能是 ADD；减法指令在机器语言中是 10000000 代码，在汇编语言中可能是 SUB。可以看出，和机器语言程序比较，由汇编语言编写的程序易于理解，更接近于自然语言。当然，汇编语言也是依赖于具体的 CPU 的，这是由于不同类型的 CPU 其汇编语言指令是不同的。

例如，某 CPU 指令系统 co 用于表示向屏幕上输出的汇编语言指令，那么向屏幕上输出"Hello"的汇编语言程序如图 3.3 所示。在图 3.3 所示中，第 1 行输出"H"，第 2 行输出"e"，第 3、第 4 行输出"l"，第 5 行输出"o"。该程序中，0x 表示十六进制数，关于不同数制及其转化见附录一。**注意：**该程序不能在计算机上直接执行。

```
co    0x0048, i;
co    0x0065, i;
co    0x006c, i;
co    0x006c, i;
co    0x006f, i;
stop
end
```

图 3.3　汇编语言程序

　　然而，由于计算机只能执行机器语言程序，这就需要一个程序将汇编语言程序转化为机器语言程序，然后在相应的计算机上执行。将汇编语言程序转化为机器语言程序的程序称为汇编程序，将这个转化过程称为汇编。汇编过程如图 3.4 所示。

图 3.4　汇编过程

　　由此可以看出，汇编语言程序用字母编码编程，无论对于编写还是阅读程序都比机器语言方便，但其运行速度比机器语言程序运行较慢，可移植性差(依赖 CPU)。

3.1.3　高级语言及其程序特点

　　尽管汇编语言为编程人员提供了基本的方便工具，但是由于汇编语言依赖的指令系统与 CPU 相关，因此汇编语言程序的可移植性及可读性还有待进一步提升。此外，应用需求也越来越广泛，于是面向不同应用需求及不同开发模式的高级语言便产生了。如早期的面向过程的、用于科学计算的 FORTRAN 语言，适用于商用的 COBOL 语言，用于人工智能的 LISP 语言，广泛使用于教学和应用领域的 PASCAL 语言，BASIC 语言及用于编制系统软件的 C 语言，更加易于编程仿真的 MATLAB 语言等。

　　高级语言是比汇编语言更加有助于编程者的工具，其语法规则更加接近于自然语言。如加法指令在机器语言中是 01000000 代码，在汇编语言中可能是 ADD，在高级语言中是＋。实际上，由高级语言编制的程序更加容易理解，更加接近于自然语言，并且高级语言是不依赖于具体 CPU 的，即不同类型的 CPU 可以运行相同的高级语言程序。

　　由高级语言编制的程序不能直接在计算机系统中运行，需要将其转化为机器语言程序才可以运行。目前有两种高级语言程序转化为机器语言程序的形式：一种为编译，另一种为解释。

　　所谓编译，是编译程序将整个高级语言程序翻译为机器语言程序，然后再运行该机器语言程序。编译的转化过程如图 3.5 所示(C 语言程序就是采用图 3.5 所示的编译过程)。高级语言源程序经过编译程序的编译(Compile)检查源程序中的词法语法及语义错误，无错时转化源程序为目标代码程序，该目标代码程序以文件形式存在，通常文件的扩展名为 obj；目标代码程序还不能直接运行，需要连接程序将库函数等和目标代码程序进行链接(Link)；链接通过后形成可执行文件(其扩展名为 exe)，该文件就可以在计算机上运行(Run)了。

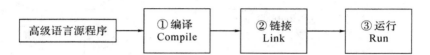

图 3.5　高级语言源程序翻译为机器语言程序及执行的过程

所谓解释，是将高级语言程序中的一句源程序翻译为机器语言指令，执行该指令，然后再翻译高级语言程序的下一句，再执行，以此类推，直到完成为止。其过程如图 3.6 所示。

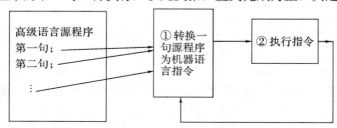

图 3.6　高级语言源程序的解释执行过程

基于高级语言(这里以 C 语言为例)，编程向屏幕上输出 "Hello" 的程序如图 3.7 所示。在图 3.7 中，通过 printf 语句，直接在屏幕上输出了 "Hello"。可见，高级语言编程更加面向程序员。当然，这一段 C 语言程序不能直接执行，需要编译、链接，形成可执行代码，然后才能运行。具体的操作实现见第 8 章。

```
#inclide    <stdio.h>
main()
{
     printf("Hello");
}
```

图 3.7　高级语言 C 程序示例

3.1.4　C 语言程序及其特点

C 语言程序的结构如图 3.8 所示(图 3.7 所示是 C 语言的一个程序)。关于 C 语言的程序结构，需要注意以下几点：

(1) 全局变量可以有也可以没有，现代编程中尽量少用。此外，C 程序由一个称为主函数的 main 函数和其他函数组成，其中其他函数可以有也可以没有。

```
# 编译预处理命令
全局变量说明
int main(void)
{   局部变量说明；
     语句；
} /*main 函数结束*/
其他函数(如果需要)
```

图 3.8　C 语言程序的结构

(2) 在主函数 main 中，int 和括号内的 void 可以缺省(如图 3.7 所示)，是否缺省由不同的调程环境定。更完整的函数定义及说明见第 4 章。

(3) int main(void)下面的一对花括号 {} 是主函数 main 的函数体，{} 内是局部变量说明和其他语句序列，每一条语句用分号 "；" 作为结束标记。

(4) 在程序中，为了易于阅读，可以有注释，注释开始于 "/*"，结束于 "*/"。注释在编译时忽略。

(5) 编译预处理命令以#开始，典型的如 #include <stdio.h>命令，它告诉编译预处理器，在自己的程序中要用到库文件 stdio.h，其中 stdio.h 写在< >内或者 " " 内，具体区别见附录及第 8 章相关章节。

(6) C 语言程序中，一行可以写几条语句，一条语句也可以写在几行上。

以上是 C 语言程序的结构，关于其程序在计算机上的实现，因集成的调程环境而不同，具体见第 8 章。

3.2　C 语 言 要 素

计算机语言由一些规定好的规则组成，学习这些规则，并用其进行程序设计是编程人员的基本任务。目前，大多数高级语言都满足同样的编程范式。关于高级语言编程范式，在文献中指出有过程式、函数式、面向对象式及说明式。像 Fortran、Basic、C、Pascal、Cobol、Ada 语言属于过程式语言；而 C++、C#、Java、Visual　Basic 及 Smalltalk 属于面向对象式语言；Lisp、Scheme 等是函数式语言；Prolog 属于说明式语言。从严格意义上来讲，它们在功能上是等价的，即用一种语言完成的功能也可以用另一种语言完成。同时，由于 C 语言无论在教学上还是在实际应用中有其独特的优点，因此本节介绍 C 语言编程时需要明确的要素，以便于从宏观上对于高级语言编程有个整体的把握。

3.2.1　标识符和关键字

在解决实际问题时，需要描述问题的各个方面，如对于学生而言，就有姓名、年龄、班级等。另外，对于计算机系统而言，需要将问题的各方面如数据等放到内存中，正如第 1 章所讲的，内存是用名字引用的。那么，在 C 语言中起名字有何限定呢？标识符的规定就可以达到为内存单元起名字这样的目的。

1. 标识符

标识符： 由字母或下划线开头，其后跟随由字母、数字或下划线任意组成的字符序列 (Identifier：letter，under-score，digit)，如 count，PI，i，max，test_value 都是标识符。

注意：

(1) C 语言中的标识符要区分大小写。如 Sum 和 sum 就是两个不同的标识符。

(2) 所有计算机语言中都有标识符。

(3) 标识符用于给变量或者函数等命名，它们在内存中有唯一的地址。

2. 关键字

在高级语言系统中已用了一些名字，其具有特定的意义，称为关键字或者保留字。

C 语言系统已用的名字有 50 个。其中 ANSI C 规定了 32 个关键字，其含义见附录五 (keywords or reserved words)，如 if、int、for，等等。

另外 12 个称为编译预处理命令，由 # 开头，如 #include、#define 等。

注意：以上关键字和编译预处理命令程序员起名字时不能再用了。

3.2.2　数据类型、常量和变量

在我们处理实际问题时，问题对应的数据值大小各不相同。比如：描述某人身高是 1.60 米，年龄是 18 岁；描述全国人口总数是 13 亿 9 千万；描述一年的月份是从 1 月到 12 月；圆周率则是 3.1415926，等等。可见，实际处理的数据多种多样，那么在计算机高级语言(C) 中如何表达这些数据呢？

1. 数据类型

数据类型：定义了值的集合和算子的值集合。为了节省空间，高级语言给处理的数据分类，不同类型的数据在内存中占据不同的空间大小，这样在编程时可以根据处理的数据大小选取不同的数据类型。

例如：在微机中一个整型数，对应的关键字为 int，占空间大小为 2 字节；

一个长整型数，对应的关键字为 long　int，占空间大小为 4 个字节；

一个字符型数，对应的关键字为 char，占空间大小为 1 个字节；

一个较小的实型数，对应的关键字为 float，占空间大小为 4 个字节；

一个较大的实型数，对应的关键字为 double，占空间大小为 8 个字节。

数据类型的域：类型对应的值的集合称为类型的域，域中值的个数称为域的大小。

下面给出不同数据类型对应的关键字、占用的空间大小及值域，如表 3-1 所示。

表 3-1　数据类型的域

类型	占内存的存储位数	值域(补码形式)
char	8	$-128 \sim 127$
int	16	$-32\ 768 \sim 32\ 767$
long int	32	$-2\ 147\ 483\ 648 \sim 2\ 147\ 483\ 647$
float	32	$3.4e-38 \sim 3.4e+38$ (绝对值)
double	64	$1.7e-308 \sim 1.7e+308$ (绝对值)

由此可见，在用高级语言编程解决问题时，不仅要为处理的数据命名，同时还要为该数据选择合适的数据类型。如描述身高的量，可以起名为 height，选类型为 float 型，其在内存中占 4 个字节，但是如果为身高这个量选为 double 型，显然是浪费空间。

2. 常量

在程序运行过程中值不变的量为常量。因为在 C 语言中，数据按类型划分，因此常量也有类型之分。常用的常量有整型常量、实型常量、字符型常量和字符串型常量等。整型常量是整数，包括正整数、0、负整数；实型常量称为浮点数，就是带小数点的实数；字符常量是 C 语言程序中允许出现的各种字符，主要分为大小写英文字母(52 个)、数字(10个)、键盘符号(33 个)和转义字符(见附录六)。字符与其对应的编码称为 ASCII 码表(见附录四)；字符串常量简称为字符串，是写在双引号内的字符序列。

整型常量的写法有三种，其每一种又有短整型及长整型(数后加大小字母 L)之分。

十进制 12、56 等，后面可以加大小写字母 L，如 12L、56L 等，变为长整型。

八进制 012(数字 0)，后面可以加大小写字母 L，如 012L 等，变为长整型。

十六进制 0x12(数字 0)，后面可以加大小写字母 L，如 0x12L 等，变为长整型。

实型常量的写法有两种，均用十进制。

一般形式写法：12.56，−78.3，其中整数或者小数部分可以省略。

指数形式写法：由尾数、e(E)、指数组成，如 12.345e−2 表示 0.12345。

字符常量的写法有三种：

(1) 用一对单引号将字符放在中间，如 'a'，'A'，'1'。

(2) 用一对单引号将反斜杠和字符的八进制 ASCII 码放在中间。如 '\101' 表示字符常量 A，因为 A 的 ASCII 码八进制为 101。

(3) 用一对单引号将反斜杠和字符的十六进制 ASCII 码放在中间。如 '\0x41' 表示字符常量 A，因为 A 的 ASCII 码十六进制为 0x41。

字符串常量的写法：将字符序列写在双引号内，如字符串 "1" 和字符串 "asdf"。

注意：字符常量占一个字节的空间，该字节内存的是字符对应的 ASCII 码。

字符串常量占的空间为串中字符的长度加 1，即在空间中除存串字符的 ASCII 码外，还增加最后一个字节存常量 0。

3. 变量

在程序的运行过程中，存储单元的值可以改变，这种单元对应的名字为变量。

注意：

(1) 变量如何与存储单元产生联系？在编程时，可以通过变量定义达到。

(2) 变量也是有类型的。如 int　i；则定义 i 为整型变量，其所占的字节与同类型的常量相同。一个类型的变量占的内存空间大小，可以通过表达式 sizeof(类型符)得出。

(3) 变量定义的形式：包括变量类型和变量标识符。详细定义见 3.3 节的数据类型部分。

3.2.3　运算符、表达式、语句及函数

1. 运算符

在 C 语言中，要进行各种各样的运算，因此 C 语言规定了一套运算符，并对其进行了分类。分类的运算符如下：

(1) 算术运算符：+，-，*，/，%，++，--。

(2) 关系运算符：<，>，<=，>=，==，!=。

(3) 逻辑运算符：!，&&，||。

(4) 赋值运算符：=，复合赋值运算符(如 +=，-=，/=等)。

(5) 指针运算符：*，&。

(6) 成员运算符: ., ->。

(7) 位运算符: <<, >>, ~, |, ^, &。

(8) 其他运算符: 如 ?: , [ ], ()等。

(9) 求长度运算符: sizeof。

(10) 逗号运算符:, 。

2. 表达式

在 C 语言中规定:

(1) 常量是表达式。如 2 是表达式, 5 是表达式, 3.5 是表达式, 'a'是表达式。

(2) 变量是表达式。如变量 i 是表达式, 变量 j 是表达式。

(3) 表达式运算符表达式仍为表达式。如 2+i 是表达式。

(4) 表达式加分号为语句, 称为表达式语句。如 2+i; 为表达式语句。

(5) 表达式有值, 值有类型之分。如 2 是表达式, 该表达式的类型为整型。

3. 语句

C 语言程序在执行过程中, 语句为其主要单位。C 语言中语句有:

(1) 单个语句, 如 2+3。

(2) 复合语句, 如{int i; i=0; …; }。

(3) 控制语句, 能够控制程序的走向。

　　条件 if ; 多分支语句 switch;

　　循环语句 for; while; do-while;

　　return; break; continue; goto;

3.2.4 函数、文件、编译预处理命令及数据的输入/输出

1. 函数

在 C 语言中, 函数是完成功能的单位。一般为了完成一项任务, 根据任务的难易程度, 可以写多个函数。在多个函数中, 有且仅有一个 main 函数, 程序由它开始执行, 并由它结束。

为了节约程序员的编程时间, 在 C 语言系统中, 有许多共同的常用的功能, 比如向屏幕上写信息, 由键盘向内存读入数据, 求平方根等数学运算, 等等。已由系统编好了这些函数, 称其为库函数。程序员在编写自己的程序时, 可以将需要的库函数嵌入到自己的程序中。

2. 编译预处理命令

编译预处理命令能够简化程序员的编程, 能够使某些符号具有特殊的含义。同时, 它还能控制编译的代码段。在 C 语言中, 为了与其他内容相区别, 一般由#开始, 并将这些命令放在所有函数之外, 即放在程序的开头部分。如果要调用库函数, 则要将库函数对应的头文件用 #incldue 放在程序开头部分(头文件与其对应的头文件见附录八)。

　　如典型的: #include 　　<stdio.h>

　　　　　　　#include 　　<math.h>

　　　　　　　#define…等。

3. 文件

许多数据合在一起，形成文件，存储在外存上。如果与 C 语言有关，则有数据文件、程序(代码)文件等。为了能够区分各个文件，每一个文件有名字与其对应。文件的名字由两部分组成，即文件名和扩展名，中间用.隔开，如 f1.c 文件。一般扩展名表明了文件的类型，如 .c 是 C 语言程序的源代码文件，.exe 是可执行文件，.obj 是目标文件，.bmp 是图像文件等。

注意：文件命名有一定的规则，并与操作系统管理软件有关。对于 DOS 操作系统的文件名，一般由 8 位(文件名)和 3 位(扩展名)组成。

另外，由 C 语言程序所产生的数据，除了显示在屏幕上外，也可以存在文件中，如存在文件 d.dat 等中。

4. 数据的输入

数据可以由键盘输入或者由文件输入。由键盘输入数据时，主要通过库函数 scanf 实现。它能将键盘上的数据读入，存到内存所对应的变量中。因为数据有类型，因此从键盘上读数据时，也分类型。

如 num 为整型变量，则语句 scanf("%d", &num); 的功能是等用户从键盘上键入整型十进制数，并将该数放入到变量 num 对应的空间中。若运行该句从键盘上键入 5，然后按回车键，则变量 num 中存的值是 5。其中%d 表示等待的是一个十进制整型值；&num 表示对变量 num 求地址，其结果为内存的地址。

又如 scanf("%d, %d", &n, &k);，若运行该句从键盘上键入 2、3，然后按回车键，则变量 n 和 k 中存入了 2 和 3。

注意：在键盘上键入 2 和 3 之间用逗号隔开，因为 scanf 中的两个%d 之间用逗号隔开。

另外，如果要输入八进制整数，则用%o，而实型数用%f，字符用%c，字符串用%s等(具体格式参考附录六)。

5. 数据的输出

数据的输出可以由库函数 printf 输出到显示器上，或者输出到外存的文件上。同样地，因为数据有类型，因此输出时需要类型控制符，通常用%加字母表示。%d 表示整型十进制输出，%o 表示整型八进制输出整数，%x 表示十六进制输出整型，%f 表示输出实型数，%p 表示输出地址数，%s 表示输出字符串，等等(具体格式参考附录六)。例如：

```
printf("%d", num);
```

如果 num 中存的是 5，则会将 num 的值 5 在屏幕上输出。

通过以上标识符、关键字、数据类型、常量、变量、运算符、表达式、语句、函数、编译预处理命令、文件、输入/输出 12 个要素的学习，我们对 C 语言编程中涉及的问题有了初步了解。关于其有关要素的详细使用会在后续中描述。

3.2.5　C 语言程序举例

首先我们来看第 2 章的两个数求和的算法，为了方便阅读，其流程图如图 3.9 所示。那么两个数求和的 C 语言程序如何编制呢？

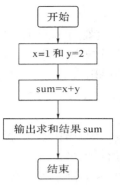

图 3.9　两个数求和的流程图

图 3.10 所示是上述算法的 C 语言程序，程序中体现了上面描述的各要素。

```
#include<stdio.h>
main()
{
    int x, y, sum;
    scanf("%d, %d", &x, &y);
    sum = x + y;
    printf("%d", sum);
}
```

图 3.10　两数相加的 C 语言程序

首先程序中 int 是关键字，表示要定义整型变量，变量的名字为 x、y 和 sum，其名字要符合标识符的规定。scanf 函数从键盘上输入值到 x 和 y 变量中，通过表达式 sum=x+y 的计算，将结果存在变量 sum 中，最后通过 printf 输出到屏幕上。

另外，程序开始的编译预处理命令#include 将输入/输出库函数对应的头文件 stdio.h 包含在本 C 语言程序中。

再之，每一个 C 语言程序由函数组成，main 函数有且只有一个，程序执行时从此函数开始，从上到下执行其 {} 内的语句。

说明：关于上述程序的编程调试及运行环境的说明见第 8 章。

3.3　C 语言的数据类型

一般需要解决的问题多种多样，解决问题时首先进行数据组织，然后转变成 C 语言的数据类型，最后完成算法和程序设计并运行出结果。因此，需要明确 C 语言系统提供的数据类型。

总体上讲，C 语言提供的数据类型如图 3.11 所示，有 void、构造、指针和基本类型。关键字 void 类型，在 C 语言中常用于一个函数没有参数中(如 main 函数)，或者一个函数没有返回值，或者函数返回一个没有类型的地址(见第 4 章)。

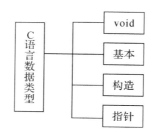

图 3.11　C 语言的数据类型

3.3.1　C 语言提供的数据类型——基本类型

C 语言的基本类型包括整型、实型和字符型。对于处理的问题简单而少量的数据，一般选用基本类型。基本类型中整型指不带小数的数；根据数的大小分为长整型和短整型；根据数在存储器中最高位的意义分为带符号数和不带符号数。基本类型中实型是带小数的数，根据数的大小分为单精度和双精度。基本类型对应的关键字如表 3-2 所示。在表 3-2 中，第三列给出了一个类型的数在微机中所占的字节数。值得说明的是，不同的计算机系统中这些基本类型所占的字节数会有所不同，其字节数可以通过运算获得。

表 3-2　基本类型与对应的关键字及微机中占的字节数

数据类型	关键字	占字节
整型	int	2
短整型	short	2
长整型	long	4
无符号整型	unsigned int	2
无符号短整型	unsigned short	2
无符号长整型	unsigned long	4
单精度实型	float	4
双精度实型	double	8
字符型	char	1

在 3.2.2 节中对于基本类型的常量在程序中的写法进行了讨论，下面主要给出程序中不同类型的变量的定义及赋值规则。

基本类型变量的定义形式为类型符加空格加变量表列，其中变量表列中有多个变量时之间用逗号隔开，变量的起名规则遵守标识符。

定义形式：

　　类型符　变量名表；

　如：

　　int　　a, b;

　　char　c1, c2;

　　float　f1, f2;

变量定义后，在运行时给该变量分配空间，此时空间中还没有值。可通过以下三种方式之一给变量赋值。

变量赋值方法一：定义同时赋值，如

int   a=1, b = 2;

变量赋值方法二：先定义再赋值，如

char   c1; c1 = 's';

变量赋值方法三：通过 scanf 函数从键盘或者文件或者函数获得值。从键盘获得初值的形式如下，而通过文件和函数获得值参考第 4 章。例如：

scanf("%d, %d", &a, &b);

则当我们从键盘键入 1、2，然后按回车键后，a 变量和 b 变量的值分别为 1 和 2。

3.3.2 C 语言提供的数据类型——指针类型

指针，即内存的地址。通过第 1 章的学习，我们已经知道计算机处理的数据要放在内存中，且内存以字节为单位编址。为了扩大寻址范围及加快对内存的存取速度，在编程时可以使用内存的地址。C 语言提供了指针类型，方便了编程人员对地址的使用。地址类型的量在定义时为了和普通类型的量相区别，通常在变量名前加*表示该变量是地址类型的。

指针类型变量的定义形式：

C 语言合法的类型符   *指针变量名 1，*指针变量名 2，*指针变量名 3，…;

例如：

int *p1,*p2;

该定义语句定义了指针变量 p1 和 p2，关键字 int 表示 p1 和 p2 要存放内存中整型量的地址。如果定义指针变量，想存放单精度实型量的地址，则要用关键字 float，其他类型类似。

指针类型变量的指向：如果指针变量存了那个变量的地址，称该指针变量指向该变量。

例如：

int i, j;

int   *p1, *p2; p1=&i; p2=&j;

指针类型变量的赋值：可以赋同类型的变量的地址，因此需要先有同类型的变量的定义。

指针类型变量赋值后的使用：

(1) 引用名字。该值是地址。

(2) 取内容运算。*p1 = 0；等价于 i = 0。   (如果指针变量指向变量 i)

(3) ++，−− 运算后其值按类型所占字节数变化。指针变量的相关特性如表 3-3 所示。

例如：

  int i=1, *p1=&i;　　/*假如 i 变量的地址为 2000，则 p1+1 为 2002*/

表 3-3　指针变量的相关特性

指针变量	2000(p1)	2002(p1+1)	2004(p1+2)
*运算	(*p1==i)	随机	随机

以上指针概念，可以通过图 3.12 所示的程序来验证。

```
int main()
{   int a,b,*p1,*p2;
    a=10; b=20;
    p1=&a; p2=&b;       /*p1 指向 a, p2 指向 b*/
    printf("%d %d\n",*p1,*p2);
    p1=&b; p2=&a;       /* p1 指向 b, p2 指向 a */
    printf("%d %d\n",*p1,*p2);
    return 0;
}
```

图 3.12　指针使用举例

3.3.3　C 语言提供的构造类型——数组

  在实际问题中，有时需要处理相同类型的多个数据。如一个 100 人班级的数学课程成绩的平均值或者某省高考成绩的统计，若用前面学习的基本类型变量，则需要定义 100 个整型变量来存储和计算班级的课程平均分，当然高考成绩统计所需的变量更多。为了简化编程，C 语言中用数组这个构造类型来处理同类型的多个量，再使用指针类型来配合，使得程序设计和执行简单而快速。

  数组是由相同类型的数据组成的有序集合。同基本类型的变量一样，数组类型的变量也需要先定义，然后再赋值使用。只不过数组在定义时，定义了多个同类型的量。多个量的区分通过数组名和索引来标识，索引值写在一对方括号内，索引值从 0 开始，依次按整型递增，如表 3-4 所示。数组在内存占用空间连续，设 S 数组占用内存空间的首地址为 2000，每一元素占两个字节。

表 3-4　数组变量名和其值

内存地址	内存中数组的值	索引值(index)	S 数组对应的变量
2000	12	[0]	S[0]
2002	34	[1]	S[1]
2004	56	[2]	S[2]
2006	78	[3]	S[3]

一维数组的定义：

  类型　数组名［整型常量表达式］；

其中整型常量表达式规定了数组中所包含的元素个数，具体如图 3.13 所示。

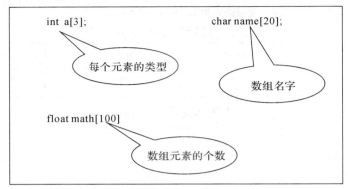

图 3.13　数组的定义说明

数组变量赋值方法一：定义同时赋值。

例如：

int a[3] = {1, 3, 5}；数组元素确定的全部元素赋值

int a[] = {1, 3, 5}；不指定元素个数的全部元素赋值，数组大小为元素个数

int a[3] = {1, 3}；部分赋值，其他元素为 0

int a[3] = {0}；所有元素赋值为 0

变量赋值方法二：先定义再赋值。

int a[3]; a[0] = 1; a[1] = 3; a[2] = 5;　　　int *p1 = a;

赋值后，数组 a 在内存中的值即地址，如表 3-5 所示。

注意：在一维数组中数组名的值为首元素的地址。

表 3-5　一维数组变量名和其值

地址	2010==&a[0]==a	2012	2014
变量	a[0]	a[1]	a[2]
值	1	3	5

两维数组的定义：

类型标识符　数组名［常量表达式 1］［常量表达式 1］；

常量表达式规定了数组中所包含的元素个数。数组元素占用的空间连续。

例如：在定义了 int　a[2][3]后，数组占用的空间如表 3-6 所示。

定义了6个整型变量
a[0][0]，a[0][1]，a[0][2]，所分空间连续。
a[1][0]，a[1][1]，a[1][2]

表 3-6　两维数组元素的空间和其值

2010==&a[0][0]	2012	2014	2016	2018	2020
a[0][0]	a[0][1]	a[0][2]	a[1][0]	a[1][1]	a[1][2]

数组—字符数组： 由于字符数组的赋值和使用有一定的特殊性，因此做一特别讨论。
字符数组定义及赋值：

　　char　数组名[常量表达式];

赋值方式及内存空间的值如下：

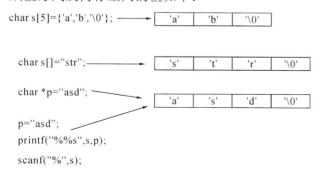

char s[5]={'a','b','\0'}; ⟶

| 'a' | 'b' | '\0' | | |

char s[]="str"; ⟶

| 's' | 't' | 'r' | '\0' |

char *p="asd"; ⟶

| 'a' | 's' | 'd' | '\0' |

p="asd";
printf("%%s",s,p);
scanf("%",s);

3.3.4　C 语言提供的构造类型——结构体类型

在实际问题中，有时需要处理同一个问题的各个不同的方面。如每一名学生有姓名、班级、性别等，每一名教师有姓名、年龄、讲授的课程名字等。如果想以同学或者老师为单位对数据进行操作，那么这样的数据类型是什么？C 语言中的结构体类型和公用体类型就可以解决该类问题。由于不同问题有不同的数据特性，因此问题对应的数据类型也不同，恰好 C 语言允许自己定义与问题对应的结构体数据类型，进而允许定义已定义好的类型的变量，然后对这些变量进行相应的操作以达到问题的解决。

结构体类型就是以具有多个量的问题为单位，并且多个量中的每一个量是同样的类型。我们称每一个量为成员。那么学生的成员就有姓名、班级、性别，教师有姓名、年龄、讲授的课程名这三个成员。在结构体类型的定义中，需要指出每一个成员的类型及名字，如学生成员姓名的类型为字符型，班级类型为整型等。成员的类型与实际问题对应，可以是基本类型，也可以是结构体类型。

不同类型的多个量需要处理时用结构体类型。结构体类型需要先定义，定义格式如下：

1. 结构体类型的定义

　　struct 结构体类型名

　　{

　　　　成员 1 的类型标识符　成员名 **1**;

　　　　成员 2 的类型标识符　成员名 **2**;

　　　　　　　　⋮

　　　　成员 n 的类型标识符　成员名 **n**;

　　};

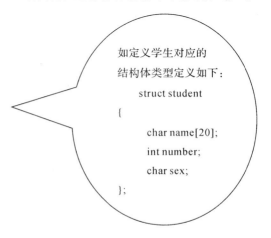

如定义学生对应的
结构体类型定义如下：
　　struct student
{
　　char name[20];
　　int number;
　　char sex;
};

其中成员的类型与实际问题对应，可以是基本类型，也可以是结构体类型或者 C 语言中其他的数据类型，即 C 语言允许的任何类型。

　　按照以上格式，定义好了结构体类型，就同基本数据类型如整型实型字符型等有类型符 int float char 一样，定义好的结构体类型的类型符为类型定义中一对 {} 以外的 struct 结构体类型名，学生类型对应的类型符为 struct student，如图 3.14 和图 3.15 所示。其中图 3.15 中的成员 bir 的类型是结构体类型 student B。

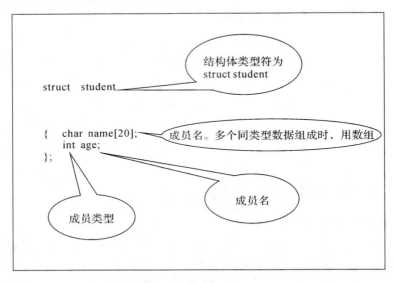

图 3.14　结构体类型的定义说明

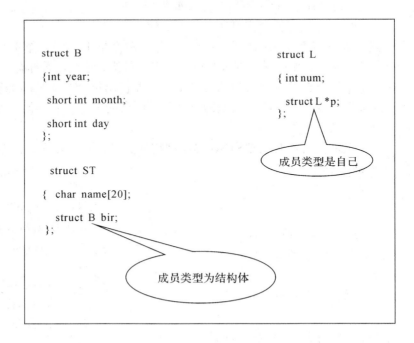

图 3.15　结构体的类型定义(成员类型是构造类型)

2. 定义变量

与以前基本类型变量的定义一样，只是用新定义的结构体类型名。

结构体类型变量定义的格式：

　　　　结构体类型符　变量名表；

　　　　struct student　　st1；

等价于

　　　　struct student

　　　　{

　　　　　　char name[20];

　　　　　　int number;

　　　　　　char sex;

　　　　} st1;

类型定义如下：
struct student
{
　　char name[20];
　　int number;
　　char sex;
};
/*类型定义*/

　　定义了变量 st1，同时与成员 name、number 和 sex 对应定义了三个成员变量，成员变量的名字用结构体变量名加上点加上成员名表示，其所占空间如表 3-7 所示，其中成员变量分配空间连续，它们也是结构体变量所分的空间。

表 3-7　结构体变量及成员变量所占空间

成员变量	所占字节
st1.name[20]	20 字节
st1.number	2 字节
st1.sex	1 字节

3. 变量赋值及变量地址

定义变量的同时赋值。如 struct student st1 = {"Zhang",90, 'f'}，是将初值放在 {}，各值间用逗号隔开。

用赋值语句赋值，此时只能给成员变量赋值。例如：

　　st1.num = 90;

用 scanf 函数赋值。例如：

　　scanf("%s　　%d　　%c", st1.name, &st1.num, &st1.sex);

变量地址 &st1 为结构体变量所占空间的首地址。

成员变量地址 st1.name, &st1.num, &st1.sex 中，name 成员是数组，因此数组成员变量名 st1.name 是该数组首地址。其概念和普通数组一样，即数组名为首地址。

4. 成员类型

成员类型可以是任意合法的类型符，包括自己或者另一个结构体类型。

　　struct　　L　　s, p;

有下列赋值语句

　　s.num = 90;

　　p.num = 80;

　　s.next = &p;

　　p.next = 0;

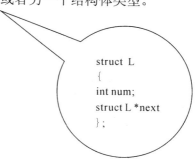

struct L
{
int num;
struct L *next
};

赋值后，变量及成员变量关系如图 3.16 所示，所占内存空间如表 3-8 所示。

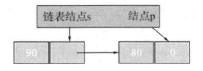

图 3.16　变量及成员变量关系

表 3-8　结构体变量及成员变量所占空间的地址

地址	成员变量名	成员变量值
16	s.num	90
18	s.next	22
22	p.num	80
24	p.next	0

5. 为已有类型名重新命名

为已有类型名起一个新名字：

```
typedef    已有类型名    新类型名;
typedef
struct student
{
    char name [20];
    int num;
    char sex;
} stu;
```

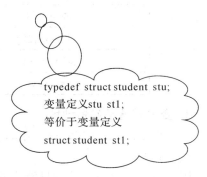

```
typedef struct student stu;
变量定义 stu st1;
等价于变量定义
struct student st1;
```

为简化描述及程序的便于移植(移植指程序不加修改的在不同计算机上运行)，可用上述语句来为已有类型起个新名字。就像我们在不同的场合叫不同的名字，比如学校叫一个名字，家里妈妈又叫我们另外一个名字。如：struct student 类型可用 typedef 重新命名为类型 stu，那么 stu 类型符就和 int 等的类型符一样，可以出现在合法的类型符出现的地方。

以上介绍了同类型量的数据类型及定义和赋值。在实际应用中，常常需要处理不同类型的数据，如共用体等在第 4 章将对其进行介绍。此外，在现实的计算机系统实现中有更复杂的数据，在 C 语言中没有相应的类型，但是可以通过运用以上类型实现处理，如树、图、 队列等。这将会在以后章节做详细的介绍。

3.4　C 语言运算符及表达式

前面学习了 C 语言的要素和数据类型，那么如何进行各种运算呢？C 语言提供了各类运算符供我们进行各种各样的运算。本节介绍运算符及由此构成的表达式求值。

为方便解决问题，并考虑到实际问题和计算机系统的特性，C 语言中规定了各种各样的运算符并赋予不同的优先级，总的运算符的介绍见 3.2.3 节。本节详细给出这些运算符的特性并学习由运算构成的表达式及其求值。下面，我们先看关于运算符的三个共同特性，它们是基础。

(1) **运算符的优先级**：在表达式中有多个运算符时，先算级别高的，再算低的。C 语言中算符的优先级分为 14 级，数字越小级别越高。

(2) **运算符的结合方向**：同级别的多个运算符出现在表达式中时，从左到右算为左结合，从右向左算为右结合。

(3) **运算符的数目**：运算符所需要的运算数的个数。

表达式：由运算符和操作数形成表达式。在学习运算符时，往往需要结合由其构成的表达式的求值来体现运算符的特性。

3.4.1　C 语言算术和赋值运算符

算术四则运算是基本的常规运算，在 C 语言中也有对应的运算。另外，C 语言还对于整型数和地址型数规定了自增自减运算，以加快程序的执行速度。赋值运算符用于给内存中的变量存值。算术和赋值运算符的相关特性如表 3-9 所示。

表 3-9　算术和赋值运算符的特性

功　能	算符写法	目数	优先级	结合方向
自增、自减、取负	++　−−　−	1	2	右结合
乘 、除、取模	*　/　%	2	3	左结合
加、减	+　−	2	4	左结合
赋值	=	2	14	右结合

说明：

(1) 除法运算符/用于两个整型数据相除时，其运算结果也是整型数据，余数被截掉。

(2) 求余运算符%仅用于整型数据，不能用于实型数据。

(3) 赋值运算符 = 是将右边表达式的值赋给左边的变量，因此赋值号 = 的左边必须是变量。

(4) ++ 和 −− 的功能是在原值上加 1 或减 1，但仅用于整型变量和指针变量，且 ++、−− 可以放在变量之前或者之后。之前时表示先对变量加减 1，再用变量的值；之后时，表示先用变量的值，再对其加减 1。

例如：

```
int   a, b, c;
a = b = c = 10;
```

表达式 c = ++b 执行完后，c 的值为 11，b 的值为 11。

表达式 c=b++ 执行完后，c 的值为 10，b 的值为 11。

另外，指针加减 1 是其值按类型所占的字节数增加或者减少，见 3.3.2 节。

(5) +，−，*，/，%可以与赋值号=组成复合赋值运算符，写成 +=，−=，*=，/=，%=。例如：a = a+b 可以写成 a += b。

3.4.2　C 语言的关系运算符、逻辑运算符和位运算符

　　C 语言中规定的关系运算：大于、大于等于、小于、小于等于、等于、不等于。关系运算常用于两个数的比较，其结果为真或者假。在 C 语言中结果真用 1 表示，假用 0 表示。

　　C 语言中规定的逻辑运算：与、或、非。与运算时，运算对象的值为真或假，运算结果也为真或假。规定运算对象非 0 为真，0 为假。结合 C 语言规则，逻辑运算的真值表如表 3-10 所示。

表 3-10　逻辑运算的真值表

运　算	逻辑量 1	逻辑量 2	结　果
与	真(非 0)	真(非 0)	1
	真(非 0)	假(0)	0
	假(0)	真(非 0)	0
	假(0)	假(0)	0
或	真(非 0)	真(非 0)	1
	真(非 0)	假(0)	1
	假(0)	真(非 0)	1
	假(0)	假(0)	0
非	真(非 0)		0
	假(0)		1

　　C 语言中规定的位运算符是对内存中的数据按照位进行的运算，包括按位左移、按位右移、位与、位或和位非。其中按位右移是按位依此向右移动，低位移出了存储器，高位用 0 来补，如图 3.17(a)所示。同理，按位左移是按位依此向左移动，高位移出了存储器，低位用 0 来补，如图 3.17(b)所示。按位与、或、非运算的真值表如表 3-11 所示。其运算时，运算对象的值为 1 和 0，运算结果也为 1 和 0。

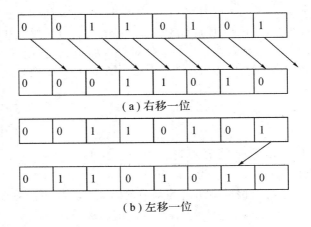

图 3.17　按位移位示意图

表 3-11　位运算的真值表

运　算	位 1	位 2	结　果
与	1	1	1
	1	0	0
	0	1	0
	0	0	0
异或	1	1	0
	1	0	1
	0	1	1
	0	0	0
或	1	1	1
	1	0	1
	0	1	1
	0	0	0
非	1		0
	0		1

C 语言的关系、逻辑和位运算符的特性如表 3-12 所示。

表 3-12　C 语言的关系、逻辑及位运算符特性

功　能	算符写法	目　数	优先级	结合方向
逻辑非	!	1	2	右结合
位非	~	1	2	右结合
按位左移 按位右移	<< >>	2	5	左结合
大于 大于等于 小于 小于等于	> >= < <=	2	6	左结合
等于 不等于	== ! =	2	7	左结合
位与 位异或 位或	& ^ |	2	8 9 10	左结合
逻辑与 逻辑或	&& ||		11 12	左结合

由以上算符的优先级可以看出，C 语言中主要运算的优先级按算术运算、移位运算、

关系运算、位运算及逻辑运算依次由高到低排列。

下面给出算符的使用举例。

[**例 3.1**]　给三个整型数 a，b，c，判断其能否构成三角形，请写出 C 语言对应的判断表达式。

表达式为：a+b > c && b+c > a && c+a > b

优先级为：　4　6　11　4　　　11　4

[**例 3.2**]　写出大写字母 'D' 转化为小写字母 'd'，小写字母 'a' 转化为大写字母 'A' 的表达式，给出判断一个用变量 cr1 表示的字符是数字、字母的表达式。

大写转化为小写：'D'+32

小写转化为大写：'a'−32

数字字母的判断分析：

　　char cr1;

　　scanf("%c", &cr1);

数字的判断式：'0' < cr1 && cr1 < '9' 为真时

　　　优先级：　6　　　11　　　6

字母的判断式：'a' < cr1　&& cr1 < 'z' || 'A' < cr1 && cr1 < 'Z'

　　　优先级：　6　　11　　6　12　6　　11　　6

[**例 3.3**]　写出判断一个整数 x 是奇数还是偶数的表达式。

偶数：　　　x%2 == 0　　为真

奇数：　　　x%2 == 1　　为真

3.4.3　C 语言的条件、逗号和类型运算符

为了 C 语言系统便于实现，C 语言中还有一些运算符，包括与数据类型有关的运算符、与地址有关的运算符、条件运算符和逗号运算符。这些运算符的特性如表 3-13。与指针有关的运算符在 3.3.2 节中已进行了讨论，故不再讨论。

表 3-13　条件、逗号和类型运算符特性

功　能	算符写法	目数	优先级	结合方向
求数据类型占字节	sizeof	1	2	右结合
强制类型转化	类型符	1	2	右结合
求地址	&	1	2	右结合
求内容	*	1	2	右结合
条件	?:	3	13	右结合
逗号	,	可变	15	左结合

1. 与数据类型有关的运算符

由于不同的计算机系统中 C 语言相同类型数据所占的字节数不同，因此 C 语言提供了测试类型所占空间大小的运算符 sizeof。此外，在运算中，C 语言还允许程序设计人员进行数据类型的转化，如将整型转化为实型，或者将实型转化为整型，等等。

sizeof 的使用格式：

　　　sizeof (类型符)

其中，类型符是 C 语言允许的任何类型，包括 char、int、float 及结构体、指针等类型。

　　[**例 3.4**]　sizeof(int)是求一个整型数据在系统中占用的字节数。

　　　sizeof(struct student)

求结构体类型 struct student 所占的字节数。

强制类型转化使用格式：

　　　(转化后数据的类型)要转化的源数据

　　[**例 3.5**]　写出将实型数转化为整型的表达式。

```
类型定义为：
struct student
{
    char name[20];
    int number;
    char sex;
};
```

　　　(int) 3.14156　　　转化结果为 3

2. 条件运算符

　　C 语言中唯一的一个三目运算符，即条件运算符？和：。条件运算符根据表达式的真假来求条件表达式的值。

条件运算符使用格式：

　　　(表达式 1)? (表达式 2) : (表达式 3)

　　其求值过程先求表达式 1 的值，若为真(非零)，则条件表达式的值为表达式 2 的值；否则为假，则条件表达式的值为表达式 3 的值。

　　[**例 3.6**]　用条件运算符求两个整型数 x 和 y 中的大者，写出对应的表达式。

　　　x > y ？ x ： y

优先级：　　6　　13

分析 x 为 2，13，−1，y 为 −2，8，2 时上述表达式的值，如表 3-14 所示。

表 3-14　条件表达式求值

变量 x	变量 y 值	表达式 x>y	表达式 x>y ？ x ： y 的值
2	−2	1	2
13	8	1	13
−1	2	0	2

3. 逗号运算符

　　逗号运算符用于连接多个表达式，从而形成逗号表达式。逗号表达式求值时从左到右依次对各个表达式求值，且最右端表达式的值为逗号表达式的值。

　　[**例 3.7**]　定义三个变量 i，c 和 f，其类型分别为 int，char，float，写出给这三个变量赋值的逗号表达式(语句)。

语句如下：

```
int i;
char c;
float f;
```

　　　　i = 1, c = 'A', f = 98.6;

　　以上介绍了 C 语言中的运算符和表达式，在实际解决问题中，可以根据问题的性质灵活选用合适的数据类型和运算符，从而构成表达式和语句以逐渐逼近于问题的解决。

3.4.4　C 语言的 1 级运算符及应用举例

　　在 C 语言中 1 级运算符为最高级别的运算符，有圆括号 () 运算符、数组元素相关的运算符 [] 和结构体成员相关的运算符 . 和 ->。这些运算符优先级的最高级设置保证了数组元素及结构体成员变量在表达式中的优先组合。1 级运算符的特性如表 3-15 所示。

表 3-15　1 级运算符的特性

功　　能	算符写法	目数	优先级	结合方向
改变运算顺序	()		1	左结合
下标运算符	[]		1	左结合
结构体成员变量	.		1	左结合
通过指针访问 结构体成员变量	->		1	左结合

　　[例 3.8]　　王强同学年龄 18 岁，高考成绩数学为 90，语文为 85，英语为 95 分，设计数据类型并定义变量存储以上王强同学的有关数据，求其平均分和最高分。要求给出完整的 C 语言程序。

　　首先结构体类型的定义和变量的定义如下：

```
struct    student
{
    char name[20];
    int age;
    int score[3];
    float average;
};
 struct    student s1;
```

下面用逗号表达式给结构体成员变量赋值：

　　s1. name = "wang qiang", s1.age = 18, s1.score[0] = 90, s1.score[1] = 85, s1.score[2] = 95;

求三门课的最高分，最高分用整型 max 存放，如下：

　　max = s1.score[0] > s1.score[1] ? s1.score[0] : s1.score[1];

　　max = max > s1.score[2] ?   max : s1.score[2];

下面求平均值并进行输出：

　　s1.average = (s1.score[0] + s1.score[1] + s1.score[2]) / (float) 3.0;

　　printf("wangqiang   average = %f", s1.average);

　　以上内容对应的 C 语言程序如图 3.18 所示，注意结构体类型的定义可以放在 main 函数外或者函数内。其具体的区别在函数内容中会有进一步的说明。

```
#include    <stdio.h>
struct    student
{
    char name[20];
    int age;
    int score[3];
    float average;
};
main()
{
    int max;
    struct    student s1;
    s1. name = "wang qiang", s1.age = 18,
    s1.score[0] = 90, s1.score[1] = 85, s1.score[2] = 95;
    max = s1.score[0]> s1.score[1] ? s1.score[0] : s1.score[1];
    max = max > s1.score[2] ?    max : s1.score[2];
    /*下面求平均值并进行输出：*/
    s1.average = (s1.score[0] + s1.score[1] + s1.score[2]) / 3.0;
    printf("\n wangqiang    average = %f ", s1.average);
    printf("\n wangqiang    max = %d", max);
}
```

图 3.18　求王强同学高考成绩的平均分和最高分

3.5　语　　句

我们已经知道，C 语言的关键字、标识符、数据类型、运算符可以构成表达式，以实现各种各样的运算。实际上，正如第 2 章所讲，现实问题中有各种各样的顺序、分支和循环的解决步骤，因此算法中就有顺序、分支和循环结构。与这三种结构相对应，C 语言中也提供了顺序、分支及循环语句。C 语言中的顺序语句有各种表达式语句，即由表达式加分号构成，如表达式语句、函数调用语句、变量定义语句等。这些语句在前面已经涉及，在本节不再赘述。本节主要描述分支语句和循环语句及与之配合使用的语句。

3.5.1　C 语言中的分支语句

1. 单分支语句

if 语句格式如下：

```
if(表达式 1)
{
```

```
        c 允许的任何语句 1   /*包括 if 等*/
    }
else    (可以缺省)
    {
        c 允许的任何语句 2   /*包括 if 等*/
    }
```

上述分支语句中，表达式 1 可以是 C 语言允许的任何表达式。if 语句的执行流程为表达式 1 为真，执行语句 1，否则执行语句 2，其中 else 和后面的语句 2 可以缺省。语句 1 和语句 2 少则一句，此时可以不要花括号{}，多则两句及以上，此时各语句间用分号；隔开，且必须将各语句写在一对 {} 内。下面给出分支语句使用举例。

[**例 3.9**]　利用 if 语句求出两个数 x 和 y 中的大者。其程序如图 3.19 所示。

```
#include<stdio.h>
main()
{   int x, y;
    scanf("%d%d", &x, &y);
    if   (x>y)
    { printf("%d", x); }
    else
    {printf("%d", y); }
}
```

图 3.19　求最大值程序

[**例 3.10**]　输入成绩为百分制,输出字母形式的学生成绩,其中 90～100 分为 A，70～89 分为 B，60～69 分为 C，0～59 分为 D。其程序如图 3.20 所示。

```
#include   <stdio.h>
main()
{   int score;
    scanf("%d ",&score);
    if   (x>=90)
        printf("A");
    else {
        if   (x>=70)printf("B");
        else{
                if (x>=60) printf("C");
                else    printf("D");
            }
        }
    }
```

图 3.20　学生成绩输出程序

2. 多分支语句

由例 3.10 的过程可以看出，分支多时，if 语句格式上不是太方便。为此，C 语言提供了另一种分支语句，称为多分支语句，即 switch 语句。

switch 语句格式如下：

```
switch (表达式 1)
{
    case    常量 1: 语句段 1;   break;
    case    常量 2: 语句段 2;   break;
                      ⋮
    case    常量 n-1: 语句段 n-1; break;
    default        : 语句段 n;
}
```

在 switch 语句中，表达式 1 的值占用一个字节的空间。因此，取值的范围为 0,1,2,…,255，其值的类型可以为字符型或者 0～255 范围内取值的整型。

各语句段后面的 break 语句可以缺省，存在时执行到 break 语句，会跳出本层的 switch 语句。各语句段中的语句少则没有，多则一条以上，两条及以上时不用 {}，其中语句段中的语句可以是 C 语言允许的任何语句，包括 if 语句和 switch 语句等。

switch 语句执行时，首先判断表达式 1 的值和 case 后面的常量 1 是否相等，如果相等，则执行后面的语句段 1～语句段 n；如果不相等，则判断表达式 1 的值和 case 后面的常量 2 是否相等，如果相等则执行后面的语句段 2～语句段 n；如果不相等，则判断表达式 1 的值和 case 后面的常量 3 是否相等，如果相等则执行后面的语句段 3～语句段 n。以此类推，如果和 n−1 个常量都不等，则执行后面的语句段 n。

下面通过例子说明 switch 语句的使用。

[例 3.11]　输入成绩为百分制，输出字母形式的学生成绩，其中 90～100 分为 A，70～89 分为 B，60～69 分为 C，0～59 分为 D，要求用 switch 语句编程。

分析： 在本题中，switch 语句中常量和表达式仅仅判别是否相等，因此可以将分数除以 10，得到 0～10 之间的数。在此利用整数/整数结果为整的这一特点，从而有表 3-16 所示的对应关系。

表 3-16　switch 语句举例

分数	100～90	89～70	69～60	59～0
分数/10	10，9	8，7	6	其他

根据表 3-16，利用 switch 语句实现的字母分数程序如图 3.21 所示。

```c
#include   <stdio.h>
main()
{ int score;
    scanf("%d ", &score);
    score = score/10;
    switch (score)
    { case   10 :
      case    9 :   printf("A"); break;
```

```
        case    8  :
        case    7  :  printf("B"); break;
        case    6  :  printf("C"); break;
        default    :  printf("D"); break;
        }
    }
```

图 3.21　switch 程序

3.5.2　C 语言中的循环语句

在算法结构中有循环结构，与此相对应，在 C 语言中也有三种循环语句，以实现具有循环结构问题的解决。

C 语言提供的 3 种语句如图 3.22 所示。在循环语句中，一般通过条件的判断决定循环的执行流程。对于循环条件的判断，do-while 语句先执行循环体，再判断表达式的真假；另外两个循环语句则是先判断条件的真假，再进行循环体的执行。

图 3.22　3 种循环语句

1. do-while 循环语句

do-while 循环语句的格式如下：

```
    do
      {语句 1;
        语句 2;
         ⋮
        语句 n;
      }
      while(表达式);
```

do-while 循环执行流程如图 3.23 所示。

格式上来讲，do-while 为关键字，循环部分在一对 {} 内，称为循环体。循环体只有一句时，{} 可以缺省。循环体内可以是 C 语言允许的合法语句，包括分支及循环语句等。表达式是符合 C 语言要求的表达式。

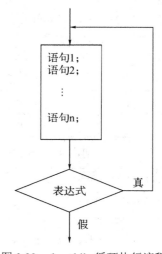

图 3.23　do-while 循环执行流程

执行流程上，程序首先执行语句 1～语句 n，然后计算表达式的值，表达式的值为真时，执行语句 1～语句 n，直到表达式的值为假，语句结束。

为了加深对 do-while 语句的理解，给出下面例子。

[**例 3.12**] 用 do-while 语句实现第 2 章中 n 个数求和的算法，并给出完整的 C 语言程序。

考虑到完整性和阅读性，第 2 章中 n 个数求和的算法如图 3.24 所示。

```
/*求和算法，sum 变量放和，初始为第一个待加数；count 为计数器，初值为 1/
算法名：求和
功能：求 n 个数的和
输入：n 个数
1. 计数器 count=1
2. 和 sum=第一个待加数
3. while (count<n)
  3.1 将下一个待加数加到 sum 上
  3.2 count 增 1
 end while
4. return sum
END
/****算法描述结束****/
```

图 3.24　n 个数求和的算法

根据图 3.24 所示的算法，待加数用 x 表示，那么实现求和的 do-while 语句如下：

```
do
{   scanf("%d", &x);
    sum = sum+x;
    count = count+1;
}
while (count<n);
```

基于上述算法中的变量名，加上必要的变量定义，变量赋初值等给出完整的 C 语言程序如图 3.25 所示。其中文字为注释内容，在上机调程时不用输入。

```
#include    <stdio.h>
main()
{   int    sum = 0, count = 0, x, n;
    scanf("%d", &n);
    do {
        scanf("%d", &x);
        sum = sum+x;
        count = count+1;
    }
    while(count<n);
    printf("sum=%d", sum);
}
```

注意循环变量的设置和变化，避免死循环出现

图 3.25　n 个数求和的 C 语言程序

2. while 循环语句

while 循环语句的格式如下：

```
while(表达式)
{   语句 1;
    语句 2;
      ⋮
    语句 n;
}
```

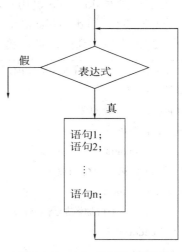

while 循环执行流程如图 3.26 所示。

从格式上来讲，while 为关键字，循环内容在一对 {} 内，称为循环体。循环体只有一句时，{} 可以缺省。循环体内可以是 C 语言允许的合法语句，包括分支及循环语句本身。表达式是符合 C 语言要求的表达式。

图 3.26　while 循环执行流程

从执行流程上讲，程序首先计算表达式的值，表达式为真时，执行语句 1～语句 n，直到表达式为假，语句结束。为了加深对 while 语句的理解，给出下面例子。

[**例 3.13**]　用 while 语句实现第 2 章中描述的 n 个正整数的最大值算法，并给出完整的 C 语言程序。其中为了方便阅读，第 2 章中 n 个数求和的算法再列如下，如图 3.27 所示。

算法名：求最大值

功能：求 n 个数的最大值

输入：n 个数

1. 计数器 count = 1

2. 输入 max 为第一个数，当前数为第二个数

3. while　(count<n)

　　3.1　if (max<当前数)

　　　　　　3.1.1 max=当前数

　　　　end if

　　3.2　count 增 1

　end while

4. 返回 max

END

图 3.27　n 个正整数的最大值算法

完整的 C 语言程序如图 3.28 所示。

```
#include  <stdio.h>
main()
{
    int   max, count = 1, x, n;
```

```
        scanf("%d %d %d ", &max, &x, &n);
        while    (count < n)
        {
            if   (max < x)
                max = x;
            scanf("%d", &x);
            count = count+1;
        }
        printf("max = %d", max);
    }
```

图 3.28　n 个正整数的最大值程序

3. for 循环语句

for 循环语句的格式如下：

```
for ( 表达式 1; 表达式 2; 表达式 3)
{  语句 1;
    语句 2;
        ⋮
    语句 n;
}
```

图 3.29　for 循环执行流程

以上 for 语句中，表达式 1 相当于循环变量初始化，表达式 2 为循环条件，表达式 3 为循环变量的变化。

for 循环执行流程如图 3.29 所示。

格式上来讲，for 为关键字，循环内容在一对 {} 内，称为循环体。循环体只有一句时，{} 可以缺省。循环体内可以是 C 语言允许的合法语句，包括分支及循环语句本身。表达式 1、表达式 2 和表达式 3 是符合 C 语言要求的表达式。

从执行流程上讲，分为以下 3 步：

第一步，首先计算表达式 1 的值。

第二步，计算表达式 2 的值，表达式 2 的值为真时，执行语句 1～语句 n；为假时 for 语句结束。

第三步，计算表达式 3 的值，转到第二步。

为了加深对 for 语句的理解，结合数组给出下面例子。

[例 3.14]　写出给整型一维数组赋初值的 C 语言程序。

在程序中为了便于处理数据，将处理的 n 个数放在数组中。其程序如图 3.30 所示。

```
#include    <stdio.h>
#define N 10
 main()
 {   int    a[N], i;
```

```
        for(i=0; i<N; i++)
        {
            scanf("%d", &a[i]);
            printf("%d", a[i]);
        }
    }
```

> #define为编译预处理命令，在编译前将N用10代替

图 3.30　n 个数放到内存的 C 语言程序

[例 3.15]　编程实现第 2 章 2.5.1 节的选择排序算法，要求按升序排列。选择排序算法如图 3.31 所示。

```
算法：　选择排序
输入：　n 个元素的数组 A[0..n-1]
输出：　n 个元素的按升序排列的数组 A[0...n-1]
    1.  for i<-0 to n-2   /* 第 i 趟循环，i 取值从 0 到 n-2，共 n-1 趟循环*/
    2.      k<-i              /* k 记录最小值的位置，初值为 i*/
    3.      for j<-i+1 to n-1   /*求第 i 趟循环中无序表的最小值*/
    4.          if A[j]<A[k]
                    then   k<-j
                    end if
    5.      end for
    6.      if   k <> i(不等于)
                then 交换 A[i] 和 A[k]
                end if
    7.  end for
    END
```

图 3.31　选择排序算法

由以上算法可知，选择排序算法需要两重循环，外循环为趟数，内循环求最小值。因此需要两个循环变量，设为 i 和 j，待排的数据放在数组变量 A 中。其程序如图 3.32 所示。

```
#include   <stdio.h>
#define N 10
main()
{   int   A[N], i, j, k, t;
    for (i=0; i<N; i++)
        { scanf("%d ", &A[i]);
          printf("%d ", A[i]); }
    for(i=0;i< n-1; i++)
    {   /* 第 i 趟循环，i 取值从 0 到 n-2，共 n-1 趟循环*/
        k=i              /* k 记录最小值的位置，初值为 i*/
         for  (j=i+1; j< n; j++)  /*求第 i 趟循环中无序表的最小值*/
```

```
            if   (A[j]<A[k])
                 k=j;
         if   (k !=i)              /*不等于*/
              { t=A[i]; A[i]=A[k]; A[k]=t; }
      }
}
```

图 3.32 选择排序程序

3.5.3 C 语言中的 break 语句和 continue 语句

除了了解 C 语言中的分支和循环语句外，在 C 语言中还有 break 语句和 continue 语句与其配合使用。关于多分支 switch 和 break 语句的使用在 3.5.1 节中已介绍，本节主要介绍循环语句与 break 及 continue 语句的配合使用。goto 语句在结构化的编程中不太使用，因此本节对此不作介绍。

在前面介绍的三个循环语句中，break 语句能够结束它所在的循环语句的执行，而 continue 语句则可以结束它所在循环的一次循环。值得注意的是，在多重循环中，break 语句只是结束内层循环。

break 语句的使用格式：

```
break;
```

continue 语句的使用格式：

```
continue;
```

下面通过两个例子分别说明其用法。

[例 3.16] 对于基本有序的数排序，给出改进的冒泡排序程序。

分析：对于冒泡排序而言，如果数已经大致有序时，可以在外循环中减少循环次数。如要排的数是 1，3，2，5，7，9，12，23，78，109，需要 2 趟循环，就已经有序，如下：

第 1 趟后 　　　　 1，2，3，5，7，9，12，23，78，109
第 2 趟后 　　　　 1，2，3，5，7，9，12，23，78，109

因此不需要作其他趟的排序了，此时可以在外循环中使用 break 语句，以结束循环的执行。冒泡排序的算法如图 3.33 所示，其程序和改进的程序分别如图 3.34 和图 3.35 所示。

```
算法： 冒泡排序
输入： n 个元素的数组 A[0..n-1]
输出： n 个元素的按升序排列的数组 A[0..n-1]
   for  j     n-1 To 1
     for  k    0 To j-1
       if (A[k+1] <A[k])
          t = A[k+]
          A[k+1]=A[k]
          A[k] =t
```

```
        end if
    end for
  end for
```

图 3.33　冒泡排序算法

```c
#include    <stdio.h>
#define N 10
main()
{   int    A[N], i, j, k, t;
    for (i = 0; i < N; i++)
        scanf("%d ",&A[i]);
    for ( j = n-1; j > 0; j--)
    for (k = 0; k < j; k++)
    {
        if (A[k+1] <A[k])
        {t = A[k+1]; A[k+1] = A[k];    A[k] = t; }
    }
}
```

图 3.34　冒泡排序程序

```c
#include    <stdio.h>
#define N 10
main()
{
    int    A[N], I, j, k, t, flag=0;
    for (i=0; i<N; i++)
        scanf("%d ", &A[i]);
    for   ( j=n-1; j>0; j--)
    {   flag=0;
        for (k=0; k< j; k++)
        if (A[k+1] < A[k])
        {
            t = A[k+1]); A[k+1]=A[k];    A[k] = t;
            flag=1;
        }
        if   (!flag)
            break;
    }
}
```

图 3.35　冒泡排序改进的程序

[例 3.17]　　依据插入排序算法写出插入排序的程序，其中考虑图 3.36 所示的情况，即待插入的当前数比其前一个数大时，不用再作比较了，请考虑用 continue 语句来实现。

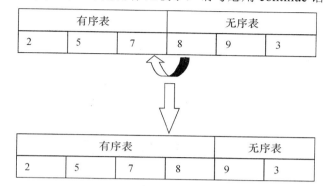

有序表			无序表		
2	5	7	8	9	3

第 3 趟后

有序表				无序表	
2	5	7	8	9	3

图 3.36　插入排序示意图

插入排序的算法如图 3.37 所示。

```
    算法：　插入排序
    输入：　n 个元素的数组 A[0..n-1]
    输出：　n 个元素的按升序排列的数组 A[0..n-1]
        for(i<-1; i<n; i++)
            t<-A[i]
            j<-i-1
            while (j >= 0 and t < A[j])
                A[j+1]<-A[j]
                j<-j-1
            end while
            A[j+1]<-t
        end for
```

图 3.37　插入排序算法

插入排序程序如图 3.38 所示。

```
#include   <stdio.h>
#define N 10
main()
{   int   A[N], I, j, k, t;
    for (i=0; i<N; i++)
        scanf("%d ", &A[i]);
    for(i=1; i<N; i++)
    {   t = A[i];
        j = i-1;
        if (t >= A[j]) continue;
        while (j >= 0 and t<A[j])
```

```
    {    A[j+1] = A[j];
         i = j-1;
    }
    A[j+1] = t;
  }
}
```

图 3.38　插入排序程序

本 章 小 结

　　计算机编程语言由一系列规则组成，本章对于编程语言从面向机器到面向开发人员的角度进行了讨论，并重点对高级语言——C 语言进行了阐述。在 C 语言的描述中，首先，高屋建瓴地给出语言中涉及的要素；然后，从小到大详细讨论了标识符、数据类型和运算符及表达式与语句；最后，结合第 2 章中的选择、冒泡及插入排序算法，给出了相应的 C 语言程序，并结合 break 和 continue 语句对冒泡排序及插入排序进行了相应的改进。值得指出的是，本章在数据类型的描述中，不仅讨论了基本数据类型，同时也讨论了指针和构造类型中的数组和结构体类型。这些类型的及时引入，一方面使内容更加系统完备，另一方面也符合人们用计算机解决问题的认知过程。

练 习 题

一、翻译与解释
结合计算机语言相关知识翻译并解释下列词的含义(其解释用中英文均可)。

identifiers，C data types，standard input/output header file，constants，variable initialization，expression，statement，loop

二、简答题
1. 简单叙述计算机语言的分类及特点，并叙述 C 语言作为常用语言的三个优点。
2. C 语言中有哪些数据类型？划分数据类型的依据是什么？如何确定某种数据类型所占的空间？
3. 简述常量和变量的区别及在编程中的使用方法。
4. 简述 C 语言的运算符的相关属性，并按优先级的高低列出 C 语言中的运算符及其相关属性。
5. C 语言中的表达式按什么规则求值？
6. 简述 C 语言中分支和循环语句，并给出编程时的选择依据。

三、思考题
查资料回答下列问题：

　　1. 考虑一下三种排序算法对应的程序的执行时间是如何测量的？冒泡排序和插入排序改进程序对于数据源的依赖程度如何，改进时间如何统计？请结合第 8 章的调程环境，给出具体排序时间。

　　2. ASCII 编码采用几个字节存储的，汉字的机内码是用几个字节存储的？请说明理由。

　　3. 结合内存特性，说明在 C 语言中使用指针的依据，并结合一维数组，测试指针寻址和数组元素寻址的时间差异。

四、编程及上机实现

　　1. 用 C 语言编程实现第 2 章中的求和，求最大值、最小值算法，并完成上机调试，给出运行结果。

　　2. 对于本章中的排序程序用指针变量实现编程，并在编程环境下实现之。

　　3. 用结构体类型实现所在班级同学的某一门课成绩的存储和平均分的统计。

　　4. 实现两个整型数的相加，分别用单个变量和数组来实现。考虑能否用指针实现之，要求写算法和写程序。

　　5. 实现一个整型数和一个单精度实型数的相加，要求用结构体类型实现数据的组织。其中在结构体类型中有三个成员，其成员名分别为 x、f 和 sum；结构体名称建议为 struct digit_sum。

第4章　C语言函数与文件的程序设计

学习目标

　　通过第3章的学习我们已经能够实现简单问题的C语言编程。但是，对于较复杂和功能较多的问题，在C语言中如何实现编程呢？实际上，在第2章对于复杂问题的解决步骤中，通过算法和子算法就能较好地解决其算法设计问题。C语言中的函数和函数调用机制为算法和子算法的程序实现提供了有效的工具。另外，在解决问题过程中，当问题涉及的信息量大时，尤其是当今的互联网及人工智能的发展，产生了大量的图像、声音等信息，这些信息都是以文件形式存在，并且处理后的信息也以文件形式存储。基于此，本章主要学习C语言中关于函数和文件的相关内容。在此基础上，进一步地对C语言中的构造类型——公用体类型、枚举类型及位段类型进行系统的介绍，从而为复杂问题的解决提供支持。

4.1　C 语 言 函 数

　　C语言是一种结构化的程序设计语言，对于复杂问题的解决通过函数容易实现编程。在策略上，人们对复杂问题寻求其解决方案时，往往采用分而治之的解决思路。相应地，在第2章所述算法中与子问题对应的有子算法实现问题解决的步骤描述。同理，在C语言中设计了函数机制与子算法对应以达到问题在计算机上的实现。问题、算法及C语言函数的对应关系如图4.1所示。

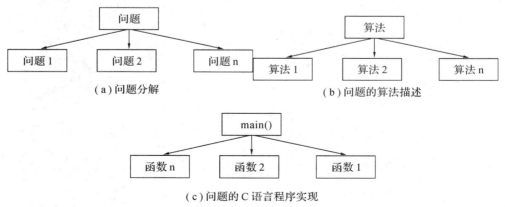

（a）问题分解　　　　　　　　　　（b）问题的算法描述

（c）问题的C语言程序实现

图4.1　问题、算法及C语言函数的对应关系

　　由图 4.1 可见，当设计人员确定了问题的算法后，将算法转化为 C 语言中的函数成为较复杂问题编程实现的关键。因此，必须了解 C 语言中函数及函数间的关系。下面我们先学习与 C 函数有关的函数类型、函数定义、函数申明及函数调用等内容。

4.1.1　C 语言程序的结构

　　C 语言函数以其源程序结构为基础。C 语言程序结构如图 4.2 所示，该程序编辑后以文件形式存储，如存为 f.c 文件。对于复杂的函数较多的问题，C 语言源程序可以存储在不同的文件上，如图 4.3 存为文件 f1.c 和文件 f2.c 等。编辑编译时以文件为单位，链接时通过编译预处理命令将其链成为一个可执行文件。

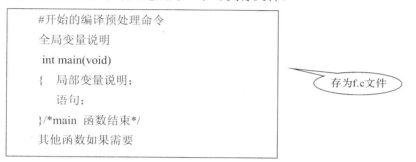

图 4.2　C 语言程序结构

图 4.3　含有多个源文件的 C 程序结构

4.1.2　C 语言函数的定义、调用及声明

　　基于图 4.3 所示的程序结构，下面我们给出 C 语言函数的相关内容。

1. 函数的定义

　　C 语言中的函数完成一定的功能，函数由函数头和函数体组成，如图 4.4 所示。其中函数体由一对 {} 构成，内含各种完成函数功能的语句序列，C 语言允许 {} 内没有语句。

```
函数头( )
{   局部变量说明;
    语句;
}/*函数结束*/
```

图 4.4　函数结构

下面分别给出函数头和函数体的定义的格式。

1) 函数头的定义格式

函数头的定义格式如下：

函数存储类型　函数返回值的数据类型　函数名(形参类型 1　形参名 1，…)

其中：

(1) 函数的存储类型表明函数被调用的范围，static 表示函数被本文件内的函数调用，extern 表明函数可以被所有文件中的函数调用，可以缺省。图 4.3 中如果函数 2 的存储类型为 static，则它只能由文件 f1.c 中的函数调用。而如果函数 m+1 的存储类型为缺省，则表明它可以被 f1.c 和 f2.c 中的函数调用。

(2) 函数返回值的类型是 C 语言中除数组外的其他类型，无类型时用关键字 void，缺省时为类型 int。

(3) 函数名的起名规则同标识符一样。

注意：一个 C 语言程序必须有且只有一个 main 函数，程序从这里开始执行。

(4) 一对( )内的参数称为形式参数，它是函数接收信息的渠道，因此在函数体中不再赋值。根据需要，形式参数的个数可以从 0 到多个。形式参数多个时需要列出类型和名字，中间用逗号隔开。

2) 函数体的定义格式

函数体的定义格式如下：

```
    {
        语句 1;
        语句 2;
          ⋮
        语句 n;
        return (函数的返回值);
    }
```

其中：

(1) {} 内的语句可以没有，没有时为空函数。

(2) return 语句为返回语句，它将函数的计算结果返回给调用函数，其返回值的类型应该与函数头部的返回值的类型一致。

下面给出函数定义举例。

[例 4.1]　定义一个函数，完成求两个整数中的大者。

分析：两个数中求大者的伪代码算法如图 4.5 所示。可以看出，在该子算法中，输入的是当前数和另一个数，输出(返回)的是大者。

```
子算法：求较大者
输入：最大值 largest 和当前整数
1. 如果 if(当前整数>largest)
        then 1.1
                largest<-当前整数
        endif
END
```

图 4.5　子算法求较大者伪代码

基于图 4.5 所示的算法，求大者的 C 语言函数如图 4.6 所示。

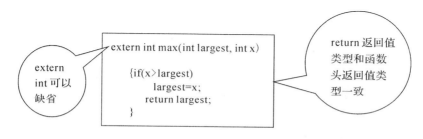

图 4.6　求大者的 C 语言函数

在该函数的定义中，应特别注意的是函数头定义的返回值 int 的类型和 return 语句中返回值 largest 的类型应该一致。

2. 函数的调用

函数定义后，由其他函数调用，定义的函数才能得以执行。将调用别的函数的函数称为调用函数，被调用的函数称为被调函数。C 语言中允许调用函数和被调函数同名，此时的函数调用称为递归调用。函数的递归调用与第 2 章中的递归算法的程序实现相对应。调用函数通过函数调用表达式实现对被调函数的调用。

函数调用表达式的格式：

函数名(实参表列)

其中：

(1) 函数名与被调函数的函数名相同。

(2) 实参表列与被调函数的形参列表相对应。

注意：实参的值类型和形参的类型应该一一对应。

(3) 如果被调函数有返回值，则函数调用表达式执行完毕后，表达式的值就是被调函数通过 return 语句返回的值。

(4) 函数调用的执行过程和子算法类似。也就是在调用函数执行到被调函数的函数调用表达式时，转向执行被调函数，被调函数执行完毕后，转回到调用函数继续运行程序。

[例 4.2]　求正整数的最大值算法如图 4.7 所示。请编程实现相应的 C 语言程序，其中主函数中定义两个整型变量并赋值，子函数求两个值的大者。

对应求最大值的程序如图 4.8 所示。

```
算法：求最大值
输入：正整数表
1. 置 largest<-0
2. 当(有更多整数)
   2.1 求较大者
   end 当
3. 返回 largest
END
```

```
子算法：求较大者
输入：最大值 largest 和当前整数
1. 如果 if(整数>largest)
   then   1.1
               largest<-当前整数
   endif
END
```

(a) 求最大值算法　　　　　　　　　(b) 子算法求较大者

图 4.7　求正整数的最大值算法

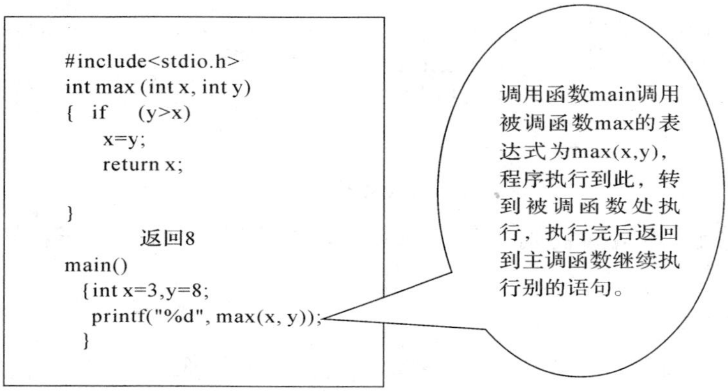

```
#include<stdio.h>
int max (int x, int y)
{  if    (y>x)
     x=y;
     return x;

}
           返回8
main()
  {int x=3,y=8;
   printf("%d", max(x, y));
  }
```

调用函数main调用被调函数max的表达式为max(x,y)，程序执行到此，转到被调函数处执行，执行完后返回到主调函数继续执行别的语句。

图 4.8　求最大值的程序

[例 4.3]　写程序实现第 2 章中的阶乘算法，其中阶乘的递归算法如图 4.9 所示。

```
算法：求阶乘 F(n)
输入：正整数 num
输出：num 的阶乘
  1.  if (num == 0)
     then   1.1   return 1
     else
         1.2   return   num*F(num-1)
     end if
     end
```

图 4.9　阶乘的递归算法

阶乘的递归算法对应的 C 语言程序如图 4.10 所示。

```
#include<stdio.h>
int F(int num)
{
    if (num==0)
        return 1;
    else
        return num*F(num-1);
}
main()
{
    int x=3;
    printf("%d", F(x));
}
```

图 4.10　阶乘递归算法实现的程序

3. 函数的声明

在编程中，如果调用函数位于被调函数前，则需要对被调函数声明。在图 4.11 中，调用函数 main 在被调函数 max 之前，则需要声明 max 函数。被调函数的声明，一方面便于编译程序对被调函数名的正确编译，另一方面也便于程序的阅读。

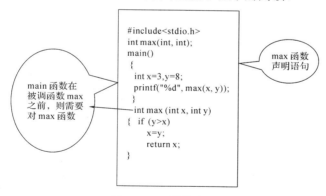

图 4.11　函数的声明

函数声明通过函数声明语句完成。函数声明语句类似于函数定义中的函数头，包括函数返回值的类型、函数名和形参的类型符。和函数定义不同的是，声明语句中形参的名字可以不列出。

函数的声明格式如下：

　　　函数返回值的数据类型　函数名(形参类型 1, 形参类型 2, …);

4.1.3　C 语言函数间的通信

C 语言函数间的信息传送在程序实现时起着非常重要的作用。函数间的信息传送包括两个方面：一是调用函数传给被调函数的参数；二是被调函数返回给调用函数的参数，如

图 4.12 所示。

图 4.12　函数间的两种通信方式

1. 调用函数传送信息给被调函数

对于调用函数而言，从本质上讲，调用函数传给被调函数的信息是一个值。这个值在 C 语言中指两方面的内容，一是内存内的数据，二是内存的地址。根据 C 语言的数据类型的划分，数据有类型之分，地址也有类型之分。因此，调用函数传送给被调函数的信息是有类型的数据或者地址。

对于被调函数而言，需要有空间接收调用函数传来的值，该空间由被调函数的形参说明部分来确定。形参说明部分既有内存空间对应的变量名字，也有类型符号。

1) 调用函数传送内存数据

调用函数把实参传给被调函数的形参，被调函数通过 return 返回值给调用函数。调用函数传送数据如图 4.13 所示。

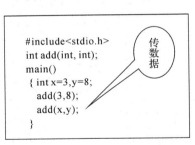

图 4.13　调用函数传送数据

2) 调用函数传送内存地址

调用函数把实参地址传给被调函数的形参，被调函数通过 return 返回值给调用函数。此外，被调函数通过对传来地址取*运算，改变了调用函数中地址内的内容。调用函数传送地址如图 4.14 所示。

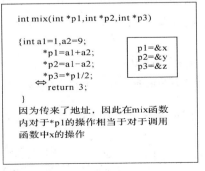

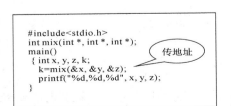

图 4.14　调用函数传送地址

2. 被调函数对调用函数内数组值的改变

一般来讲，被调函数返回值给调用函数。但是，这种通过 return 语句返回的值是除数组以外的数据。那么，如果调用函数希望被调函数对数组类型的数据进行改变，也就相当于返回数组值，该如何实现呢？

调用函数可以给被调函数传送变量的地址，此时被调函数就可以改变调用函数的变量值，如图 4.14 所示。类似地，如果调用函数给被调函数传送数组首元素的地址，那么被调函数也可以改变调用函数的数组的首元素值。另外，在被调函数中，可以通过数组首地址的自增运算，达到对调用函数数组其他元素值进行改变的目的。以上通过传递数组首元素地址的巧妙操作，弥补了 C 语言函数不能返回数组类型值的缺憾。

[**例 4.4**]　　以选择排序为例分析被调函数对于调用函数内数组值的改变。

分析：选择排序的算法及 C 语言程序的实现分别在第 2 章及第 3 章进行了讨论。图 4.15 所示只有主函数 main() 的程序，于是将其修改为图 4.16 所示的 main 函数和 selection 函数来实现。

```c
#include    <stdio.h>
#define N 10
main()
{
    int    A[N], i, j, k, t;
    for(i=0; i<N; i++)
    {
scanf("%d", &A[i]);
printf("%d", A[i]);}
    for(i=0; i<N-1; i++)
    {   /*第 i 趟循环，i 取值从 0 到 N-2, 共 N-1 趟循环*/
        k=i;            /*k 记录最小值的位置，初值为 i*/
        for   (j=i+1; j<N; j++)   /*求第 i 趟循环中无序表的最小值*/
        if(A[j]<A[k])
            k=j;
        if(k!=i)                /*不等于*/
        {
            t=A[i];
            A[i]=A[k];
            A[k]=t;
        }
    }
}
```

图 4.15　选择排序的程序

```
#include    <stdio.h>
#define N 10
Void selection(int*, int m);
main()
{   int   A[N],i;
    for (i=0; i<N; i++)
    {
        scanf("%d", &A[i]);
    }
    selection(A, N);
    for (i=0; i<N; i++)
      printf("%d", A[i]);
}
```

```
void selection(int *A, int m)
{   int i, j, k, t;
    for(i=0; i<N-1; i++)
     { k=i;
       /*k 是最小值的位置，初值为 i*/
       for(j=i+1; j<N; j++)
    /*求第 i 趟循环中无序表的最小值*/
           if(A[j]<A[k])      k=j;
       if(k!=i)              /*不等于*/
       { t=A[i]; A[i]=A[k]; A[k]=t;}
     }
}
```

图 4.16　选择排序的函数实现

和数组相关，假定 A 是数组的首地址。值得注意的是，通过地址对数组元素变化的写法中 A[i]和 *(A+i)作用相同。

4.1.4　变量特性与 C 语言函数

有了函数相关知识后，C 语言对变量定义做了进一步扩充，以方便函数对变量的操作。和函数相关，变量通常有以下两个属性。

(1) **变量的作用域。**

变量的作用域是指变量起作用的范围。根据变量的作用域，变量分为局部变量和全局变量。函数内定义的变量(包括形式参数)为局部变量，局部变量的作用域为它所在的函数。函数外定义的变量为全局变量，全局变量的作用域与其存储类型有关。全局变量最常用的存储类型为 extern(可缺省)和 static。如果全局变量的存储类型为 extern，则其作用域为程序相关的文件内；如果全局量的存储类型为 static，则其作用域是它所在的单个文件内。

另外值得注意的是：如同函数调用一样，在函数内引用变量，而该引用变量的定义在引用位置之后时，需要对变量进行声明。变量声明的格式与定义的格式类似。

(2) **变量的生命周期。**

变量的生命周期是指变量在程序执行时存在时间的长短。

全局变量在整个程序执行期间有效。

局部变量的生命周期与存储类型有关，局部变量的存储类型选为 static、auto(可缺省)或 register。局部变量除 static 存储类型外在函数执行时生命开始诞生，函数执行完后生命结束，此时函数内的变量所占的空间都归还给系统。static 存储类型局部变量的生命周期从定义该变量处开始，一直到程序结束。register 存储类型的变量通常用于加快运行速度，可用于形参及局部变量中。auto 存储类型用于局部变量中，可以缺省。

完整的变量定义格式如下：

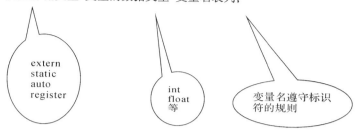

下面通过三个例子来加深对变量存储类型的认识。

[例 4.5]　auto 型变量使用举例：函数内的变量(包括形参缺省时)是该类型的变量。函数运行时系统分配空间，运行完空间收回。已知如图 4.17 所示的程序，请给出变量的空间分配及收回流程。

```
    main()                              5      int add(int a1,int a2)
1  {   int x=3, y=5;                            {
2        x=add(x,y);                    6          int sum;
3        x=add(x,y);                    7          sum=a1+a2;
4        printf("%d",x);               8          return sum;
5  }                                   9          }
```

图 4.17　局部自动型变量

在图 4.17 中，主函数中的变量 x、y 及被调函数中的变量 a1、a2、sum 均为局部自动型变量，其执行时的空间变化如下：

执行第 1 行，x、y 分空间并赋值；执行第 2 行，执行第 5、第 6 行，a1、a2、sum 分空间。执行第 7、第 8、第 9 行，空间 a1、a2、sum 收回，被调函数运行结束；执行第 3 行，执行第 5、第 6 行，a1、a2、sum 分空间，执行第 7、第 8、第 9 行，空间 a1、a2、sum 收回，被调函数运行结束；执行第 4、第 5 行，x、y 空间收回，程序结束。

[例 4.6]　static 型局部变量使用举例。static 型局部变量的生存期为该局部变量开始运行到本程序结束的时间，程序运行完空间收回。已知程序如图 4.18 所示，请给出调用函数循环前 3 次程序变量的空间分配及收回流程，并给出程序输出数列的数学表示式。

```
    main()                              5      int fi (int a)
    {                                          {
1     int i, x=10;                       6          static int s=0;
2     for(i=0;i<x;i++)                  7          s=s+a;
3        printf("%d",fi(i));            8          return s;
4  }                                    9          }
```

图 4.18　static 局部变量使用

图 4.18 中，被调函数中 s 为局部静态变量，其执行时的空间变化为：

执行第 1~3 行，执行第 5 行和第 6 行，i、x、a、s 分空间；执行第 7、第 8、第 9 行，空间 a 收回，s 保持，其值为 0，被调函数运行结束。

执行第 2、第 3 行，执行第 5 行，a 分空间；执行第 7、第 8、第 9 行，空间 a 收回，s 保持，其值为 1，被调函数运行结束。

执行第 2、第 3 行，执行第 5 行，a 分空间；执行第 7、第 8、第 9 行，空间 a 收回，s 保持，其值为 3，被调函数运行结束。

以此执行，输出值为 0、1、3、6、10、15、21、28、36、45，程序结束，i、x 空间收回。主程序结束时，静态变量 s 被释放。

程序输出数的序列，序列规则为 Fn = n + Fn − 1，其中 n = 0 时，Fn = 0。

[例 4.7]　全局变量使用举例。全局变量的生存期为整个程序执行期间。下面以图 4.19 所示为例，说明静态全局变量和普通全局变量的区别。

```
Static int m=0;                          void f1()
int k=0;                                 {
main()                                       k++;
{                                            m++;
    int i;
    for(i=0; i<5; i++)                       printf("k=%d\n", k);
        f1();                                printf("m=%d\n", m);
}                                        }
```

图 4.19　全局变量使用

图 4.19 中，m 为全局静态变量，其生存期为整个程序执行期间，作用域为定义该变量的源文件内。k 为普通全局变量，其作用域是整个源程序，当一个源程序由多个源文件组成时，非静态的全局变量 k 在各个源文件中都有效。

4.2　C 语言常用的库函数

通过 4.1 节已经了解 C 语言函数的定义、调用及参数传递机制。实质上，在计算机中解决不同的问题时，存在一些对计算机或用户操作的共同问题。比如，开发人员和输入/输出设备交换信息，开发人员可能有时需要使用数学函数或对内存空间的申请及释放，或者对字符串的运算等。对于这些共性问题，在 C 语言中，已编好了库函数供用户使用。关于库函数的功能及相关信息见附录八。对于这些库函数，开发人员可在自己的程序中调用之，调用之前，需要编译预处理命令，将其对应的头文件包含在程序首即可。下面从输入/输出、字符串操作、内存空间分配等方面来看相应的库函数功能及调用方式。

4.2.1　输入/输出库函数

标准的输入设备为键盘，标准的输出设备为显示器。C 语言中，对于标准的输入/输出的操作通过一组库函数来实现，其对应的头文件为"stdio.h"。标准输入/输出库函数可以向屏幕上输出，也可以从键盘上输入信息到内存，分为带格式和不带格式的输入/输出形式。

1. 格式化的输入/输出函数

printf() 和 scanf() 是 C 语言提供的格式化的输出/输入函数。printf() 函数用来向标准输出设备(显示器)上写数据；scanf() 函数用来从标准输入设备(键盘)上读取数据。

1) printf()函数

printf()函数的调用格式：

　　　　printf("<格式化字符串>", <参量表>);

其中，格式化字符串可以有两种形式：

(1) 正常字符。这些字符将按原样输出。

(2) 格式化规定字符。以"%"开始，后跟一个或几个规定字符，用来确定输出内容的格式。

参量表是需要输出的一系列参数，其个数必须与格式化字符串的输出参数个数相同，各参数之间用","分开，且顺序一一对应。

例如：

```
printf("Hello world!\n");        //正常字符输出，输出 Hello world!到屏幕上
int x=5;
printf("%d", x);                 //输出数字 5 到屏幕上
char c = 'H';
printf("%d%c", x, c);            //输出数字 5 和字符 H
```

C 语言中格式化规定符如表 4-1 所示。

表 4-1　格式化规定符

符　　号	作　　用
%d	十进制有符号整数
%u	十进制无符号整数
%f	浮点数
%s	字符串
%c	单个字符
%p	指针的值
%e	指数形式的浮点数
%x, %X	无符号以十六进制表示的整数
%o	无符号以八进制表示的整数
%g	自动选择合适的表示法

更详细的格式化说明符见附录七。

C 语言中格式字符串的一般形式为：

　　%[标志][输出最小宽度][.精度][长度]类型，其中[ ]中的内容可以省略。

标志字符有 −、+、#、空格和 0，其中 '−' 表示输出结果左对齐，右边填空格；'+' 表示输出符号(正号或负号)；空格表示输出值为正时值前加空格，为负时值前加负号；'#' 对 c、s、d、u 类不产生影响，对 o 类，输出时在值前加 0，对 x 类，在输出时在值前加 0x 或者 0X，对 g 类防止后面的 0 被删除；'0' 代表用在值前加 0 填充字段宽度，若出现 '−' 标志或者指定了精度则忽略。

输出最小宽度用十进制整数来表示。如果要输出的实际位数多于定义宽度，按实际的位数输出，如果实际位数少于定义宽度就用空格或 0 来填充。

精度格式符以"."开头，后跟十进制整数。如果输出数字，则表示小数的位数；如果输出字符，则表示输出字符的个数；若实际位数大于所定义的精度数，则截去超过的部分。

例如：

　　printf("%5.3f\n" , 115.8881);

打印出 115.888，指定输出宽度为 5，精度为 3，由于实际长度超过 5，故应该按实际位数输出；小数位数超过 3 位的部分根据四舍五入进行截断。

长度格式符为 h 和 l 两种，h 表示按短整型量输出，l 表示按长整型量输出。

2) 格式输入函数 scanf()

scanf()函数调用格式：

　　scanf("<格式化字符串>", <地址表>);

其中，格式化字符串可以为以下三类不同的字符：

(1) 格式化说明符。该字符与 printf()函数中的格式说明符基本相同。

(2) 空白字符。scanf()函数在读入时将输入的一个或多个空白字符省去。

(3) 非空白字符。scanf()函数在读入时将这个非空白字符省去。

地址表是需要读入的变量地址，而不是变量本身。各个变量的地址之间用","隔开。

例如：

　　int i,j;

　　scanf("%d, %d", &i, &j);

scanf()函数先读一个整型数，然后把接着输入的逗号剔除掉，最后读入另一个整型数。如果没有找到","这一特定字符，输入终止。如果参数之间的分隔符是空格，那么在输入参数时，参数之间必须输入空白字符。

2. 非格式化输入/输出函数

C 语言还提供几种非格式化的输入/输出函数，非格式化输入/输出函数编译后代码少，占用内存也小，所以在速度上得到了提升，而且使用相对比较简单。

几种常见的非格式化输入/输出函数。

1) puts()和 gets()函数

puts()函数向标准输出设备(屏幕)输出字符串并换行。

puts()函数调用格式：

　　puts(s);

其中，字符串可以为字符串常量、存放字符串的空间首地址。

例如：

```
            char s[20];
            s = "Hello world!";
            puts("Hello World!");
            puts(s);
```

　　puts(s)函数等同于 printf("%s\n", s)。另外，puts()函数只用于字符串的输出，不能输出数值。

　　gets()函数从标准输入设备中(键盘)读取字符串直到回车结束，读入字符串放到内存中。

　　gets()函数调用格式：

**　　　　gets(s);**

其中，字符串可以为字符串常量或存放字符串的内存首地址(数组名或字符指针)、字符串数组名或字符串指针。

　　例如：

```
            char s[20];
            printf("please input：\n");
            gets(s);          //等待输入字符串，回车时结束，将输入的字符串放到开始的存储空间中
```

　　gets(s)函数与 scanf("%s", s)相似，但并不是完全相同，使用 scanf()函数时如果输入了空格就认为输入字符串结束，而 gets()函数将回车之前输入的整个字符串都作为输入字符串。

　　2) putchar()和 getchar()函数

　　puts()和 gets()函数都是对字符串进行输入/输出的函数，而有时也需要对单个字符进行操作，C 语言中也提供了对单个字符的输入/输出函数。

　　putchar()函数是向标准输出设备输出一个字符。

　　putchar()函数调用格式：

**　　　　char ch;**

**　　　　…**

**　　　　putchar(ch);**

其中，ch 为一个字符变量或常量。putchar(ch)函数的作用等同于 printf("%c", ch)。

　　getchar()函数从键盘上读取一个字符，然后显示在屏幕上。

　　getchar()函数调用格式：

**　　　　getchar();**

　　getchar()函数等待输入，遇到回车符结束, 回车前的所有输入字符都会逐个显示在屏幕上，但只将输入的第一个字符作为函数的返回值。

4.2.2　与字符串相关的库函数

　　在实际编程中，经常会涉及对字符串的操作。除了前面介绍的字符串输入/输出外，还有字符串大小比较，计算字符串长度，在字符串中查找特定的字符，等等。表 4-2 列出了 C 语言提供的一些与字符串相关的常用库函数，其中 p 和 p1 都是字符串存放内存空间的

首地址，n 是整数类型，c 是 char 类型字符。

表 4-2　字符串中常用库函数

函　　数	功　　能
strcpy(p, p1)	将字符串 p1 复制到 p 中
strncpy(p, p1, n)	复制指定长度字符串
strcat(p, p1)	将字符串 p1 追加到 p 中
strncat(p, p1, n)	追加指定长度字符串
strlen(p)	求字符串长度
strcmp(p, p1)	比较字符串大小
strcasecmp (p, p1)	忽略大小写后比较字符串大小
strncmp(p, p1, n)	比较指定长度字符串
strchr(p, c)	在字符串中查找指定字符
strrchr(p, c)	在字符串中反向查找指定字符
strstr(p, p1)	查找字符串

字符串操作函数的声明在<string.h>中，下面对几种常用的字符串函数进行简单介绍。

1．strcpy()函数

strcpy()函数是字符串拷贝函数，其函数原型为：

　　　　char *strcpy (char * p, const char *p1);

其中，p 和 p1 都是存放字符串的首指针；strcpy()将存放在指针 p1 开始的字符串复制到 p 开始的空间中，返回复制后的字符串首指针。**注意**：必须保证复制后的缓冲区足够，否则容易造成内存溢出产生未知错误；由于该函数是逐字节进行复制的，所以当 p 和 p1 的空间有重叠时会造成覆盖，出现错误。

2．strcat()函数

strcat()函数是字符串拼接函数，其函数原型为：

　　　　char *strcat (char * p, const char *p1);

其中，p 和 p1 都是存放字符串的首指针；该函数将 p1 拼接到 p 字符串缓冲区中，返回拼接后的字符串首指针。下面例子说明了 strcat()函数在程序中的使用方法。

例如：将一个字符串拼接到另一个字符串之后，打印拼接后的字符串。具体程序代码如图 4.20 所示。

```
#include <string.h>
#include <stdio.h>
main()
{
    char p[25]
    char *b=" ", *w="world", *h="Hello";
    strcpy(p,h);                    //将字符串 h 复制到 p 中
```

```
    strcat(p, b);                  //将字符串 b 拼接到 p 后
    strcat(p, w);                  //将字符串 w 拼接到 p 后
    printf("%s\n", p);             //输出：Hello world
}
```

图 4.20　字符串拼接程序

3. strlen()函数

strlen()函数是求取字符串长度的函数，其函数原型为：

size_t strlen (const char *s);

其中，s 是存放字符串的首指针；返回的是字符串 s 的长度；size_t 是返回值类型，表示长度，这个类型由 typedef unsigned int size_t;定义。

4. strcmp()函数

strcmp()函数是字符串比较函数，其函数原型为：

int strcmp (const char *s1, const char *s2);

其中，s1 和 s2 是存放字符串的首指针，两个字符串按 ASCII 值大小从左向右逐个字符对比，直到出现不同的字符或遇 '\0' 为止；返回值为 int 型，如果两个字符串相等，返回 0；如果字符串 s1 小于字符串 s2，则返回-1；如果字符串 s1 大于字符串 s2，则返回 1。

例如：比较两个字符串大小。具体程序代码如图 4.21 所示。

```
#include <string.h>
#include <stdio.h>
main()
{
    char*p1 = "abcDeFG";
    char*p2 = "aBCKeFg";
    char*p3 = "abcdEfG";
    char*p4 = "abcDeFG";
    printf("strcmp(p1, p2):%d\n", strcmp(p1, p2));     //p1>p2 输出：1
    printf("strcmp(p1, p3):%d\n", strcmp(p1, p3));     //p1<p3 输出：-1
    printf("strcmp(p1, p4):%d\n", strcmp(p1, p4));     //p1=p4 输出：0
}
```

图 4.21　字符串比较大小程序

4.2.3　内存空间申请与释放的库函数

在实际编程中，有时一些变量需要动态分配内存，在需要时给变量分配内存，不需要时释放内存，以此来节约内存。C 语言动态内存分配相关的函数有 malloc、calloc、realloc 和 free。下面对这几个函数进行详细的介绍。

1. malloc()函数和 free()函数

malloc()函数实现对内存空间的动态分配，其函数原型为：

　　　　void* malloc (size_t size);

其中，size_t 是表示长度的类型；size 为需要分配的内存空间的大小，用字节(Byte)表示；内存分配成功时返回指向分配的内存首地址，申请内存分配失败则返回 NULL(0)。函数的返回值类型是 void *，void 并不是说没有返回值或返回空指针，而是返回的指针类型是未知的，使用 malloc() 时通常需要进行强制类型转换，将 void 指针转换成所希望的类型。例如：

　　　　char *ptr = (char *)malloc(10);

　　内存分配之后，如果不再使用则需要将该内存释放。C 语言提供了释放内存的函数 free()，其函数原型为：

　　　　void free(void *p);

其中，p 指向已经分配的内存空间；该函数释放 p 指向的内存空间，没有返回值。

　　例如：申请一块内存空间，随机生成字符存入该内存中，然后将随机字符打印出来。具体程序代码如图 4.22 所示。

```c
#include <stdio.h>
#include <stdlib.h>
main()
{
    int i,n;
    char*p;
    printf("input the length:")
    scanf("%d",&n);
    p = (char*)malloc(n+1);        //动态申请内存，内存空间大小为 n+1
    if(p = NULL)exit(1);           //判断是否分配成功，如果失败则退出程序
    for(i = 0; i < n; i++)
        p[i] = rand()%26+'a';    /*生成随机字符串。其中 rand()是定义在
stdlib.h 中的随机函数，生成 0～RSND_MAX 之间的一个随机数，
RAND_MAX 是 C 语言定义的一个整数*/
    p[n] = ' \0';
    printf("字符串为：%s\n",p);
    free(p);                    //释放内存空间
}
```

图 4.22　malloc()函数和 free()函数的示例程序代码

2. calloc()函数

calloc() 函数分配内存空间并对该内存空间的数据进行初始化，其函数原型为：

　　　　void* calloc (size_t n, size_t size);

其中，size_t 是表示长度的类型；n 是动态分配空间的个数；size 为动态分配的内存空间的长度；将每一个字节都初始化为 0，总共分配了 n*size 个字节长度的内存空间，分配成功时返回该内存的首地址，失败则返回 NULL。

calloc() 与 malloc() 的区别是：calloc() 在动态分配完内存后，自动初始化该内存空间的数据为零；而 malloc() 不进行初始化，申请的内存空间里的数据是未知的。

例如：申请 n*size 个字节长度的内存空间，并通过键盘输入将键入的数字存入申请的内存空间。具体程序代码如图 4.23 所示。

```c
#include <stdio.h>
#include <stdlib.h>
main()
{
    int i,n;
    int *p;
    printf("please input the number of n: ");
    scanf("%d", &n);
    p = (int*)calloc(n, sizeof(int));       //动态申请内存，内存空间大小为 n+1
    if(p = NULL) exit(1);                    //判断是否分配成功，如果失败则退出程序
    for(i = 0; i < n; i++)
    {
        printf("Please input your number%d: ", i+1);
        scanf("%d", &p[i]);                  //键盘输入数字
    }
    printf("Your number: ");
    for(i = 0; i < n; i++)
        printf("%d", p[i]);                  //屏幕显示输入的数字
    free(p);         //释放内存
}
```

图 4.23　calloc() 函数示例程序代码

3. realloc() 函数

realloc() 函数对已分配的内存空间进行重新分块，其函数原型为：

void *realloc(void *p, size_t size);

其中，p 指向之前调用 malloc() 函数或 calloc() 函数所分配的内存块；size 是申请分配新的内存块的大小，以字节为单位。如果 size 为 0，并且 p 是一个已经存在的内存块，那么 p 所指向的内存块将被释放，返回空指针。realloc() 函数返回一个指针，该指针指向重新分配后的内存；如果分配请求失败，那么将返回 NULL。

例如：对已经分配过的内存空间进行重新分配空间大小。具体程序代码如图 4.24 所示。

```c
#include<stdio.h>
#include<stdlib.h>
#include<string.h>
main()
```

```
{
    char*s;
    s = (char*)malloc(10);              //最开始分配的内存空间，申请空间长度为 10
    strcpy(s,"Hello");                  //将字符串 Hello 复制到 s 中
    printf("Str = %s, Adrs = %p\n", s, s);   //打印字符串以及字符串的地址
    s=(char*)realloc(s,20);             //重新申请分配内存空间，申请空间长度为 20
    strcat(s,"world");                  //将 world 追加到 s 中
    printf("Str = %s, Adrs = %p\n", s, s);   //打印字符串以及字符串的地址
    free(s);        //释放内存
}
```

图 4.24　realloc()函数示例程序代码

4.2.4　应用举例

本章学习了 C 语言中的一些常用库函数，利用已经学过的 C 语言知识，结合本章的函数设计一个链表结构，然后创建一个简单的链表。本节只利用 malloc()函数申请空间，将输入的数据用链表的形式存储起来，打印链表中的数据。另外，如果链表不再使用，则摧毁链表，释放内存空间。

将链表从"空表"状态变成带有多个结点的状态，需要依次创建每个结点，然后将结点插入到链表中去。将结点插入到链表中有两种方式：一种是从头部插入，另一种是从尾部插入，分别被称为头插法和尾插法。头插法创建链表的示意图如图 4.25。

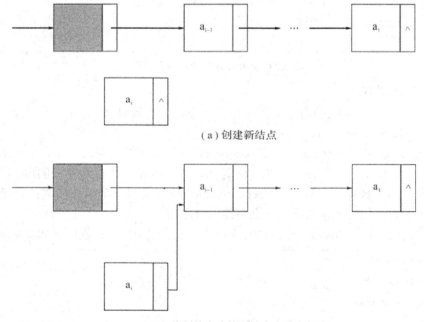

（a）创建新结点

（b）将新结点连接到链表中后半部分

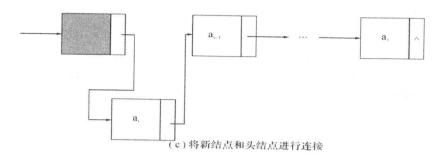

（c）将新结点和头结点进行连接

图 4.25　链表的头插法示意图

头插法中，所有新创建的结点都是从链表的头部添加进去的。具体的程序代码如图 4.26
所示。

```c
#include <stdio.h>
#include <stdlib.h>
typedef int ElementType;
typedef struct Node        //链表的结构体类型定义
{    ElementType data;
    struct Node* next;
} LinkList;


LinkList* CreateListFromHead(int n)
{    LinkList* head;
    LinkList* pNewNode;
    head = (LinkList*)malloc(sizeof(LinkList));    //构造哑元结点
    head->next = NULL;
    while (n)
    {
        pNewNode = (LinkList*)malloc(sizeof(LinkList)); //生成新结点
        scanf("%d", &pNewNode->data);
        pNewNode->next = head->next;        //以下两步将新结点插入到链表中
        head->next = pNewNode;
        n--;
    }
    return head;
}


void DestroyList(LinkList* head)    //销毁单链
{    LinkList* pDel;
    LinkList* pNext;
```

```
        pDel = head->next;
        head->next = NULL;
        while(pDel)      //逐一释放空间
        {
            pNext = pDel->next;
            free(pDel);
            pDel = pNext;
        }
}


void print(LinkList* head)      //打印结点数据
{
        LinkList* pPri = head->next;
        while(pPri)
        {
            printf("%d\t", pPri->data);
            pPri = pPri->next;
        }
        printf("\n");
}


main()
{
        LinkList* head;
        int CountofNode;
        printf("input the number of linklistnode\n");
        scanf("%d", &CountofNode);
        head = CreateListFrom Head(CountofNode);   //创建链表
        print(head);      //打印结点数据
        DestroyList(head);      //销毁链表
        print(head);
}
```

图 4.26   链表的一个示例程序代码

4.3   C 语言的构造类型

学习函数后，就可以解决稍复杂的问题。对此，C 语言提供了相应的数据类型的定义及使用方式。关于数据类型，在第 3 章中已经介绍了基本类型、指针类型、数组和构造类型中的结构体类型。由于 C 语言中的构造类型分为数组、结构体、枚举、共用体四种类型，所以这里将对构造类型的另外两种类型数据共用体和枚举进行介绍。

　　此外，C 语言的特性之一是具有汇编语言的某些特点，因而 C 语言可按小到内存空间上的位来组织数据，即允许按位或者位段来组织数据。这里也对此加以介绍，并举例说明其用法，以体现 C 语言对于存储空间的有效使用。

4.3.1　共用体类型

　　在实际问题中，有时一个成员对于不同的个体存在不同的格式。例如，一些商品的 ID，有些商品的 ID 是数字，有些商品的 ID 是字符，这时就需要使用共用体来解决相应问题。

　　从内存空间角度来讲，指的是不同类型的数据占用同样一段地址空间。

1. 共用体类型的定义

共用体类型定义的形式：

```
union  共用体类型名
    {
        成员 1 的类型标识符  成员名 1;
        成员 2 的类型标识符  成员名 2;
                :
        成员 n 的类型标识符  成员名 n;
    };
```

其中，成员的类型与实际问题对应，可以是基本类型或者 C 语言中其他的数据类型，即是 C 语言允许的任何类型。按照上述格式，定义一个名为 data 的共用体，如下：

```
union data                //定义一个名为 data 的共用体类型
    {
        int int_val;          //成员 1：int_val，数据类型为 int
        long long_val;        //成员 2：long_val，数据类型为 long
        double double_val;    //成员 3：double_val，数据类型为 double
    };
```

说明该类型由三个不同类型的成员组成，这些成员共享同一块存储空间。这样就可以使用 data 变量来存储 int、long 或 double，但每次只能存储一种类型的数据。

2. 共用体变量的定义

共用体变量定义的格式：

**　　union 共用体类型标识符 共用体变量名;**

例如：union　data　myunion;

可在定义共用体类型的同时定义共用体变量，如下：

```
union data
    {
        int int_val;
        long long_val;
```

```
    double double_val;
  } myunion;
```

3. 共用体变量的使用

只有先定义了共用体变量才能在后续程序中引用它。有一点需要注意：不能直接引用共用体变量，而只能引用共用体变量中的成员。

例如，对于上述定义的 union data 共用体类型，使用如下：

```
union data myunion;          //首先定义一个共用体变量 myunion
myunion.int_val = 15;        //存储一个 int 型的数据
myunion.double_val = 1.23    //存储一个 double 型的数据，int 型的数据丢失
```

由上可见，myunion 有时可以是 int 型变量，有时又可以是 double 或 long 类型变量。共用体每次只能存储一个值，因此它必须要有足够的空间来存储最大的成员，所以共用体的长度为其最大成员的长度。

结构体变量中的数据成员是并列关系，而编译器为共用体变量中的数据成员分配的是同一块内存，每个时刻只有一个数据成员有意义。下面通过结构体和共用体在内存中的存储情况来形象地表明两者的区别，如图 4.27 所示。图 4.27(a)所示是结构体变量在内存的空间分配，可以看出各成员变量空间连续；图 4.27(b)所示是共用体变量在内存的空间分配，可以看出各成员变量空间按成员变量需要的最大空间分配。

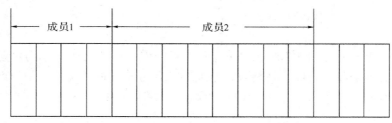

（a）结构体变量在内存中的存储情况

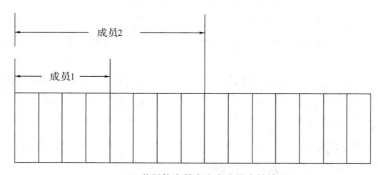

（b）共用体变量在内存中的存储情况

图 4.27　结构体和共用体变量的空间分配

4. 共用体变量的特点

共用体变量的特点如下：

(1) 同一个内存段可以用来存放几种不同类型的成员，但是在每一瞬间只能存放其中的一种。也就是说，每一时刻只有一个成员发挥作用，其他成员没有作用。

(2) 共用体变量中有作用的是最后一次存放的成员，假如存入一个新成员，那么原有的成员就会失去作用。

(3) 共用体变量的地址和它的各成员的地址都是相同的。

(4) 不能对共用体变量名赋值，也不能引用变量名来得到一个值。

(5) 共用体类型可以出现在结构体类型的定义中，也可以定义共用体数组。反之，结构体也可以出现在共用体类型的定义中，数组也可以作为共用体的成员。

4.3.2　枚举类型

在实际问题中，有一些量只有几种可能的取值。如一个星期只有七天，一年只有十二个月等。如果一个量只有几种可能的值，则可以将这些值"枚举"出来。所谓"枚举"，就是把可能的值一一列举出来。在 C 语言中就有与该类问题对应的数据类型，即枚举类型。和结构体及共用体一样，需要先定义相应的枚举类型，然后定义枚举类型的变量及对变量进行相应的操作。

1. 枚举类型的定义

枚举类型定义的格式：

enum　枚举类型名{ valueName1, valueName2, valueName3,…};

其中，enum 是枚举类型的关键字；valueName1，valueName2，valueName3，…是每个值对应的名字的列表。

注意：程序最后的；不能少。

例如，列出一个星期有几天：

enum week{ Mon, Tues, Wed, Thurs, Fri, Sat, Sun };

这里仅仅给出了枚举类型中每个值对应的名字，却没有给出名字对应的值，这是因为枚举值默认从 0 开始，往后逐个加 1。也就是说，week 中的 Mon、Tues、…Sun 对应的值分别为 0、1、…，也可以给每个名字都指定一个值，如下：

enum week{ Mon = 1, Tues = 2, Wed = 3, Thurs = 4, Fri = 5, Sat = 6, Sun = 7 };

也可以定义如下：

enum week{ Mon = 1, Tues, Wed, Thurs, Fri, Sat, Sun };

2. 枚举变量的定义

枚举变量的定义格式：

enum　枚举类型名　枚举变量名;

例如，可以定义枚举变量 a、b、c 如下：

enum week a,b,c;

其中，week 是上述定义的枚举类型。

也可以在定义枚举类型的同时定义变量，如下：

enum week{ Mon = 1, Tues, Wed, Thurs, Fri, Sat, Sun } a, b, c;

3. 枚举变量的使用

定义了枚举变量之后，就可以把列表中的值赋给它。例如：

```
enum week{ Mon = 1, Tues, Wed, Thurs, Fri, Sat, Sun };
enum week a = Mon, b = Wed, c = Sat;
```
或者
```
enum week{ Mon = 1, Tues, Wed, Thurs, Fri, Sat, Sun } a = Mon, b = Wed, c = Sat;
```

4.3.3　位段类型

有些信息在存储时，并不需要占用一个完整的字节，而只需占几个或一个二进制位。例如，开关只有通电和断电两种状态，用 0 和 1 表示足以，也就是用一个二进制位。所以，C 语言又提供了一种数据结构，称为位域或位段。采用位段结构既能够节省空间，又方便于操作。

1. 位段类型的定义

位段的定义和结构体类似，定义形式如下：

struct 位段结构名

{

　　　　位段列表

};

其中，struct 是位段的关键字，位段列表的格式为：

类型说明符 位段名：位段长度；

其中，类型说明符只能为 int、unsigned int、signed int 三种类型；位段名是为位段起的名字，可以省略，而省略位段名的位段只起到填充或调整位置的作用，不能被访问；位段长度表示该位段所占的二进制位数。

例如：

```
struct   B
{
    unsigned int a:4;      //位段 a，占 4 位
    unsigned int :0;       //无名位段，占 0 位
    unsigned int b:4;      //位段 b，占 4 位
    int c:32;              //位段 c，占 32 位
    int :8;                //无名位段，占 8 位
};
```

2. 位段变量的定义

位段变量定义的格式：

struct 位段结构名　位段变量名；

例如：

```
struct B data;
```

也可以在定义位段类型的同时定义位段变量，如下：

```
struct   B
{
```

```
        unsigned int a:4;
        unsigned int :0;
        unsigned int b:4;
        int c:32;
        int :8;
    } data;
```

3. 位段变量的使用

位段的使用和结构成员的使用一样，其一般形式为：

位段变量名. 位段名

例如，上述定义的位段 B，可以使用如下：

```
    struct    B
    {
        unsigned int a:4;
        unsigned int :0;
        unsigned int b:4;
        int c:32;
        int :8;
    } data;
    data.a=1;              //位段 a，占 4 位，a 的值为 1
    data.b=15;             //位段 b，占 4 位，b 的值为 15
    data.c=9;              //位段 c，占 32 位，c 的值为 9
    printf("%d,%d,%d\n", data.a, data.b, data.c);    //位段可以用各种格式输出
```

也可以使用指针变量来定义位段变量，然后通过指针对变量进行访问，如下：

```
    struct    B *pdata;
    pdata->a=1;
    pdata->b=15;
    pdata->c=9;
```

4.3.4 共用体、枚举和位段举例

[**例 4.8**]　定义一个商品，商品的 id 可以是数字和字符，根据商品的类型输入不同的商品 id。具体程序代码如图 4.28 所示。

```
#include "stdio.h"
main()
{
    struct goods        //商品定义
    {   char name[20];
        int type;
```

```
    union id
      {   long num_val;
           char char_val;
      }id_val;
}mygoods;
printf("please input the name of mygoods:");
scanf("%s", mygoods.name);         //输入商品名称
printf("please input the type of mygoods:");
scanf("%d", &mygoods.type);        //输入商品类型
switch (mygoods.type)           //根据商品名称不同，输入不同的商品 id
{   case 0:scanf("%d", &mygoods.id_val.num_val); break;
    case 1:scanf("%s", mygoods.id_val.char_val); break;
    default: printf("error");          }
printf("mygoods' id is:");
switch (mygoods.type)               //输出商品 id
{   case 0: printf("%d", mygoods.id_val.num_val); break;
    case 1: printf("%s", mygoods.id_val.char_val); break;      }
}
```

图 4.28 共用体类型的示例程序代码

[例 4.9] 用户通过键盘输入数字，判断用户输入的是星期几。具体程序代码如图 4.29 所示。

```
#include <stdio.h>
main()
{   enum week{ Mon = 1, Tues, Wed, Thurs, Fri, Sat, Sun } day; //枚举类型定义
    scanf("%d", &day);
    switch(day)
    {
        case 1: puts("Monday"); break;
        case 2: puts("Tuesday"); break;
        case 3: puts("Wednesday"); break;
        case 4: puts("Thursday"); break;
        case 5: puts("Friday"); break;
        case 6: puts("Saturday"); break;
        case 7: puts("Sunday"); break;
        default: puts("Error!");
    }
}
```

图 4.29 枚举类型的示例程序代码

[例 4.10]　位段的使用：实现位段的赋值，并且把赋值后的位段的值打印出来。具体程序代码如图 4.30 所示。

```
#include <stdio.h>
main()
{
    struct    B                      //位段类型结构定义
    {
        unsigned a:1;
        unsigned b:3;
        unsigned c:4;
    } bit, *pbit;                     //定义两个位段变量

    bit.a = 1;
    bit.b = 7;
    bit.c = 15;
    printf("%d, %d, %d\n", bit.a, bit.b, bit.c);        //打印变量的值
    pbit = &bit;
    pbit->a = 0;
    pbit->b = 3;
    pbit->c = 1;
    printf("%d, %d, %d\n", pbit->a, pbit->b, pbit->c);
}
```

图 4.30　位段类型的示例程序代码

4.4　文　　件

　　在前面几章的编程实践中，大部分的程序都需要从键盘输入数据。调试代码时，每运行一次就要重新输入一次数据，十分麻烦，特别是当使用结构体时，每次输入的数据都比较多，不论是数据输入出错还是程序出错，最终都要重新将大量的数据一遍一遍地输入来验证代码的功能。此时，文件应运而生，它可以将数据像程序一样保存在软盘上或者硬盘上，再次使用时只需要从文件中读取即可，十分便捷，不易出错。另外，实际应用中，所要处理的数据往往以文件形式存在。

　　下面学习关于文件的相关知识与操作。

4.4.1　文件概述

1. 文件的分类

　　文件是存储在外部介质上的程序和数据的集合，是一批逻辑上有关系的数据。按数据组织形式，文件可以分为文本文件和二进制文件。文本文件又称 ASCII 码文件，每个

字节存放一个字符的 ASCII 码。二进制文件是将内存中的数据按其在内存中的原样存放在磁盘上。

　　文件由磁盘文件和设备文件组成。C 语言所使用的磁盘文件有两大类：一类称为缓冲文件，又称为标准文件；另一类称为非缓冲文件。缓冲文件系统的特点是，系统自动地在内存区为每一个正在使用的文件开辟一个缓冲区。从磁盘向内存读入数据时，则从磁盘文件将一些数据输入到内存缓冲区(充满缓冲区)，然后再从缓冲区逐个地将数据送给接收变量；向磁盘文件输出数据时，先将数据送到内存中的缓冲区，装满缓冲区后才一起送到磁盘去。用缓冲区可以一次读入一批数据或输出一批数据，而不是执行一次输入或输出函数就去访问一次磁盘，这样做的目的是减少对磁盘的实际读写次数，因为每一次读写都要移动磁头并寻找磁道扇区，花费一定的时间。缓冲区的大小由各个具体的 C 语言版本确定，一般为 512 字节。非缓冲文件系统不由系统自动设置缓冲区，而由用户自己根据需要设置。

　　一般把缓冲文件系统的输入/输出称为标准输入/输出(标准 I/O)，非缓冲文件系统的输入/输出称为系统输入/输出(系统 I/O)。

2. 文件类型结构及操作步骤

　　无论是文本文件还是二进制文件，也无论是顺序存取还是随机存取，都需要文件指针来操作。一个文件指针总是和一个文件相关联，当每一次打开文件时，文件指针指向文件的开始，随着文件的处理，文件指针不断地在文件中移动，并一直指向最新处理的字符(字节)位置。在头文件 stdio.h 中，定义了一个名为 FILE 的类型，包装了所有与文件操作有关的数据成员。文件类型结构如图 4.31 所示。

```
typedef struct
{
        short level;                  //缓冲区"满"或"空"的程度
        unsigned flags;               //文件状态标志
        char fd;                      //文件描述符
        unsigned char hold;           //如缓冲区无内容不读取字符
        shortbsize;                   //缓冲区的大小
        unsigned char *buffer,        //数据缓冲区的位置
        unsigned char *curp;          //指针当前的指向
        unsigned istemp;              //临时文件指示器
        shorttoken;                   //用于有效性检查
}FILE;
```

图 4.31　文件类型结构

　　在 C 语言程序中使用文件，需要完成以下操作：

(1) 定义一个 FILE* 类型的文件指针变量。

(2) 调用 fopen()函数将文件指针变量和某个实际文件相联系，称为打开文件。打开一个文件需要指定一个文件名，并且指定该文件是用于输出还是输入(读还是写)。

(3) 调用适当的文件处理函数，完成必要的 I/O 操作。

(4) 调用 fclose()函数关闭文件，断开 FILE*类型的变量与实际文件间的联系。

4.4.2　关于文件的函数

C 语言中对文件的操作是利用库函数完成的。常用的缓冲文件系统函数如表 4-3 所示。

表 4-3　常用的缓冲文件系统函数

函　　数	意　　义
fopen()	打开一个文件
fclose()	关闭一个文件
fputc()	向文件写一个字符
fgetc()	从文件中读取一个字符
fgets()	从文件中读取字符串
fputs()	向文件写字符串
fseek()	写文件中定位于特定字节
ftell()	返回当前文件位置
fprintf()	与控制台的 printf()对应
fscanf()	与控制台的 scanf()对应
fread()	从文件中整块读取
fwrite()	向文件整块写入
feof()	到达文件结尾时返回真值(true)
ferror()	发生错误时返回真值(true)
rewind()	把文件的定位指示置回文件开始处
remove()	删除一个文件
flush()	对一个文件清仓

这些函数都是在头文件<stdio.h>中定义的。下面针对 C 语言中常用的几种文件函数进行详细介绍。

1. 文件的打开/关闭

1) 文件的打开

打开文件调用的库函数是 fopen()函数，其函数原型为：

FILE*fopen (const char* filename, const char *mode);

其中，filename 代表想要打开的文件路径及文件名；mode 代表文件访问模式。fopen()函数返回一个文件指针，如果要打开的文件不存在，则返回一个空指针 NULL，打开文件失败。

fopen ()函数调用方式如下：

FILE *fp;

fp = fopen (文件名，使用文件的打开方式);

例如：

fp = fopen("A.txt", r);

它表示打开一个名为 A.txt 的文件，使用的打开方式为"读入"。fopen()函数返回一个指向 A.txt 的文件指针，如果 A.txt 文件不存在，则 fopen()函数返回一个 NULL，打开文件失败。mode 的取值如表 4-4 所示，不同的值代表不同的打开方式。

表 4-4　model 的取值

值	意　义
r	"读打开" 文本文件
w	"写生成" 文本文件
a	向文件文本中追加
rb	"读打开" 二进制文件
wb	"写生成" 二进制文件
ab	向二进制文件追加
r+	"读写打开" 文本文件
w+	"读写生成" 文本文件
a+	向文本"读写"文件追加
r+b	"读写打开" 二进制文件
w+b	"读写生成" 二进制文件
a+b	向二进制"读写"文件追加

2) 文件的关闭

关闭文件调用的库函数是 fclose()函数，其函数原型为：

int fclose(FILE *fp);

其中，fp 是文件指针，它是通过 fopen()函数得到的返回值，表示打开的文件。fclose()函数返回 int 类型的值：0 表示关闭成功，EOF(定义在 stdio.h 头文件中的值)表示关闭错误。

fclose ()函数调用方式：

fclose (文件指针);

例如：

fclose(fp);

函数 fclose()关闭 fopen()打开的文件。fclose()把遗留在缓冲区的数据写入文件，实施操作系统级的关闭操作。如果程序终止时，不关闭文件，会造成缓冲区中最后一批未处理的数据丢失。

通过一个具体的例子对文件的打开与关闭进行简单的操作演示。首先打开文件 "abc.txt"，如果该文件不存在则打印 Can't open the file，退出程序；否则代表打开文件成功，打印 success，关闭打开的文件，程序结束。程序代码如图 4.32 所示。

```
#include<stdio.h>              //头文件，包含了文件的相关函数
#include<stdlib.h>
main(void)
{
    FILE*fp = NULL;
```

```
        fp = fopen("abc.txt","r")          //以读的模式打开名为 abc.txt 的文件
        if(fp = NULL)                       //文件不存在
        {
            printf("Can't open the file");          //打印 Can't open the file
            exit(1);                                  //异常退出
        }
        printf("success.. ");
        fclose(fp);                                  //关闭上述打开的文件
    }
```

图 4.32　文件的打开/关闭代码

2. 文件的读/写

对文件的操作除了打开/关闭之外，还有对文件的读和写。读文件也就是从文件中将数据复制到程序中的内存变量中，而写文件则是将程序处理完成的数据写入到文件中，也就是将内存变量中的数据复制到文件中。文件的读/写函数很多，下面介绍几种常用的读写函数。

1) fputc()和 fgetc()函数

fputc()函数的原型为：

   int fputc(int c, FILE *fp);

其中，fp 是文件指针，它是通过 fopen()函数得到的返回值，表示打开的文件。fputc()把参数 c 的字符值写入到 fp 所指向的输出文件中。如果写入成功，它会返回写入的字符；如果发生错误，则会返回 EOF。

fgetc()函数的原型为：

   int fgetc(FILE * fp);

fgetc()函数从 fp 所指向的输入文件中读取一个字符。返回值是读取的字符，如果发生错误则返回 EOF。

2) fputs()和 fgets()函数

fputc()和 fgetc()函数是针对单个字符进行读写的函数，而 fputs()和 fgets()函数则是对字符串进行读写。fgets()函数的原型为：

   char *fgets(char *buf, int n, FILE *fp);

其中，buf 是字符指针，n 是读取的字符个数。fgets()函数从 fp 所指向的输入流中读取 n−1 个字符，它会把读取的字符串复制到缓冲区，并在最后追加一个 NULL 字符来终止字符串。如果这个函数在读取最后一个字符之前就遇到一个换行符 '\n' 或文件的末尾 EOF，则只会返回读取到的字符，包括换行符。

fputs()函数的原型为：

   int fputs(const char *s, FILE *fp);

该函数把字符串 s 写入到 fp 所指向的输出文件中。如果写入成功，它会返回一个非负值；如果发生错误，则会返回 EOF。例如：

   fputs("Hello world! ", fp);

3) fprintf()和 fscanf()函数

fprintf()函数把一个字符串写入到文件中，根据指定的 format(格式)发送信息(参数)到指定的文件。fprintf()的返回值是输出的字符数，发生错误时返回一个负值。其用法和 printf()相同，不过不是写到控制台，而是写到文件。

其函数原型为：

    int fprintf(FILE *fp, const char *format, ...);

fscanf()函数从一个文件中执行格式化输入，成功返回读入的参数的个数，失败返回 EOF(-1)。fscanf()函数读取文件时遇到空格和换行时结束；这与 fgets()有区别，fgets()函数遇到空格不结束。其用法和 scanf()相同，不过不是从控制台读取，而是从文件读取。函数原型为：

    int fscanf(FILE*fp, const char*format, [argument...]);

4) fread()和 fwrite()函数

fscanf()和 fprintf()函数每次只能读写一个数据元素，而对于结构体类型的变量，因数据元素较多，每次读写都需要一个成员一个成员地输入/输出，所以相当繁琐复杂。fread()和 fwrite()函数是用于整块数据的读写函数，它们可以每次读取一块数据。fread()和 fwrite()的函数原型分别为：

    size_t fwrite(const void* buffer, size_t size, size_t count, FILE* fp);

    size_t fread(void *buffer, size_t size, size_t count, FILE *fp);

其中，buffer 代表数据块的指针；size 代表每个数据的大小(单位为 Byte)；count 代表数据个数；fp 是文件指针，通过 fopen()得到。fwrite()和 fread()函数都是以二进制形式进行存储的。

4.4.3　编程设计举例

[例 4.11]　将键入的回车前的若干字符逐个写入到文件 test1.txt 中，读取文件 test2.txt 中的所有字符，并输出到控制台。此次试验假设 test1.txt 和 test2.txt 两个文件都存在。具体程序代码如图 4.33 所示。

```
#include <stdio.h>                    //头文件
main()
{
    FILE *fp1, *fp2;                  //定义 FILE *形式的文件指针
    char ch, c;
    fp1 = fopen ("F: \\test1.txt", "w");    //以写的方式打开文件：F: \\test1.txt
    fp2 = fopen ("F: \\test2.txt", "r");    //以读的方式打开文件：F: \\test2.txt

    while((ch=getchar()) != '\n')        //判断输入的字符是否为换行符
    {
        fputc(ch,fp1);                    //将输入的字符写入到文件 fp1 中去
    }
```

```
    while(!feof(fp2))                    //判断文件是否结束
    {
        c = fgetc(fp2);                  //从文件 fp2 中读取一个字符
        printf("%c", c);                 //打印到控制台
    }
    fclose(fp1);                         //关闭文件
    fclose(fp2);
}
```

图 4.33　文件读取与关闭示例程序代码

[**例 4.12**]　以一定格式向文件中写入字符，然后再从该文件中将写入的字符读取出来。具体程序代码如图 4.34 所示。

```
#include <stdio.h>
#include <stdlib.h >
main()
{
    FILE *fp;
    char c, c1;
    int i, i1;
    float j,   j1;
    printf("Input c i j:");
    scanf("%c %d %f", &c, &i, &j);                 //从控制台输入

    if((fp = fopen ("F:\\ test3.txt", "w"))==NULL)    //以写的方式打开文件 test3.txt
    {
        printf("Can't open the file!");       //打开文件失败输出 Can't open the file!
        exit(0);                          //异常退出
    }

    fprintf(fp,"%c，%4d,%4.1f", c, i, j);    //将 c,i,j 以"%c %5d,%4.1f"的格式写入文件
    fclose(fp);

    if((fp = fopen ("F:\\ test3.txt", "r"))==NULL)    //以读的方式打开 test3.txt
    {
        printf("Can't open the file!");        //打开文件失败输出 Can't open the file!
        exit(0);                          //异常退出
    }
    fscanf(fp,"%c，%d,%f",&c1,&i1,&j1);    //从文件 test3.txt 中读取字符
```

```
    printf("%c，%4d,%4.1f",c1,i1,j1);        //以一定的格式将读取的字符在控制台输出
    fclose(fp);                             //关闭文件
}
```

图 4.34　向文件中写入字符示例程序代码

[**例 4.13**]　使用 fwrite()函数将一个结构体类型的成员写入到文件中,然后使用 fread()函数读取。具体程序代码如图 4.35 所示。

```
#include<stdio.h>
main()
{
    FILE *fp = NULL;
    struct stu {                           //定义一个学生的结构体类型
        char name[30];
        int age;
        double score;
    };
    struct stu student = {"张三", 18, 99.5};
    fp = fopen( "f:\\ stu.txt", "wb" );       //以二进制写的模式打开文件 stu.txt
    if( fp == NULL )                        //打开失败，返回错误信息
    {   printf("open file for write error\n");
        return -1;
    }
    fwrite( &student, sizeof(struct stu), 1, fp );   //向文件中写入数据
    fclose(fp);                             //关闭文件
    fp = fopen( "f:\\ stu.txt", "rb" );       //以二进制读的模式打开文件 stu.txt
    if( fp == NULL )                        //打开文件错误，返回错误信息
    {   printf("open file for read error\n");
        return -1;
    }
    fread( &student, sizeof(struct stu), 1, fp );    //读取文件中的数据到结构体 student
    //在控制台现实结构体中的数据
    printf("name = \"%s\"age = %dscore = %.2lf\n", student.name, student.age, student.score );
    fclose(fp);        //关闭文件
}
```

图 4.35　fwrite()和 fread()函数示例程序代码

4.4.4　综合编程实例

C 语言的编程已经基本介绍完，包括函数设计、C 语言的基本类型和构造类型，此外

还介绍了 C 语言中常用的库函数。现在设计一个程序，实现学生的成绩输入，先根据学生的成绩平均分进行排序，然后把排序后的学生成绩保存到一个指定文件中，接着读取该文件，将读取的数据按顺序打印到控制台。要求：建立一个代表学生的数据结构，包括学生的姓名、三门考试分数以及平均数。结合本章学习的函数知识，要求有主函数和子函数的区分。下面是本章给出的一个简单的学生成绩信息统计程序，实现了对学生的成绩输入，并按照成绩的高低进行排序后保存到磁盘文件中。具体代码如图 4.36 所示。

```c
#include<stdio.h>
#include<string.h>
#include<stdlib.h>
#define N 20
#define K 4

typedef struct                    //结构体
{
        char name[30];
        int score[K];
        double avg;
}student;

void swap(student *p, student *q)    //子函数，交换两个数
{
        student t=*p;
        *p=*q;
        *q=t;
}

void input(student *s, int n)    //输入成绩函数
{
        int i, j;
        double sum=0;
        for(i=0; i<n; i++)
        {
                printf("请输入学生姓名：  ");
                scanf("%s", s[i].name);
                printf("请输入学生的分数(英\语\数\理综)： ");
                for(j=0; j<K; j++)
                        scanf("%d", &s[i].score[j]);
                printf("\n");
```

```
        }
}

void sort(student *s, int n)              //排序函数
{
        int i, j;
        double sum=0;
        for(i=0; i<n; i++)
        {
                for(j=0; j<K; j++)
                        sum += s[i].score[j];
                s[i].avg = sum/K;
                sum = 0;
        }
        for(i=1; i<n; i++)
                for(j=0; j<n-i; j++)
                {
                        if(s[j].avg < s[j+1].avg)
                                swap(&s[j], &s[j+1]);
                        else if((s[j].avg == s[j+1].avg) && (strcmp(s[j].name,   s[j+1].name) <0))
                                swap(&s[j],   &s[j+1]);
                }
}

void save(student *s,   int n)              //保存函数，将成绩保存到文件中去
{
        FILE *fp;
        int i, j;
        fp = fopen("f: \\student.txt", "w");   //以写的模式打开文件 f: \\student.txt
        for(i=0; i<n; i++)
        {
                fprintf(fp, "%s\t", s[i].name);      //   \t 是空格符
                for(j=0; j <K; j++)
                        fprintf(fp, "%d\t", s[i].score[j]);
                fprintf(fp,"%f\n", s[i].avg);
        }
        fclose(fp);
}
```

```
void output(student *s, int n)          //从文件中读取，将读取的学生成绩打印到控制台
{
        int i=0, j;
        FILE    *fp;
        if((fp = fopen("f:\\ student.txt", "r")) == NULL)
        {
                printf("fail\n");
                exit(0);
        }
        while(!feof(fp))          //判断是否到文件底部
        {
                fscanf(fp, "%s", s[i].name);
                for(j=0; j<K; j++)
                        fscanf(fp, "%d", &s[i].score[j]);
                fscanf(fp, "%f", &s[i].avg);
                i++;
        }
        fclose(fp);
        for(i=0; i<n; i++)
        {
                printf("%s\t", s[i].name);
                for(j=0; j<K; j++)
                        printf("%d     ", s[i].score[j]);
                printf("%.2lf", s[i].avg);
                printf("\n");
        }
}


main()       //主函数
{    int n;
     student s[N];
     printf("input n:");
     scanf("%d", &n);          //输入学生人数
     input(s, n);              //输入 n 个学生的信息
     sort(s, n);               //对输入的 n 个学生按成绩平均值进行排序
     save(s, n);               //将学生信息保存到文件中
     output(s, n);             //从文件中读取学生成绩信息
}
```

图 4.36　学生成绩管理示例程序代码

本 章 小 结

本章是与较复杂问题相关的 C 语言知识的系统介绍，并配备了相关的综合编程实例。C 语言中的函数定义及函数调用能够实现稍复杂问题的分治处理。本章对此从问题到算法再到 C 语言函数的实现进行了详细阐述，对于函数间通信方式也进行了重点描述。此外，对于不同问题所涉及的一些共同操作，C 语言提供了相应的库函数以供编程人员使用。为方便使用库函数，本章主要对常用的输入/输出、字符串操作、内存空间申请与释放及外存(文件)操作的一些库函数进行了功能介绍及链表的应用举例实现。本章还对更加具有普遍性的共用体数据类型、特殊取值的枚举数据类型及节省内存空间的位段数据类型进行了系统介绍和举例应用。值得指出的是，本章重点是关于稍复杂问题的计算机语言编程的实现，其为专业的软件产品的开发提供了基础。

练 习 题

一、翻译与解释

结合计算机语言相关知识翻译并解释下列词的含义(其解释用中英文均可)。

function，function header，function body，function call，global scope，parameter，program，sub-algorithm，subprogram，formal and actual parameters，the formal parameter list，Input/output，structures，union，binary file，text，text file

二、简答题

1. 简单的 C 语言函数由哪几部分组成？并简要说明每部分定义的格式。

2. C 语言中有哪些常用的库函数？说一说你目前使用过的函数有哪些？

3. 简述构造类型中的结构体和共用体的区别。结构体和共用体类型在存储数据时有什么不同？枚举类型适用的场景有哪些？

4. 简述什么是文件指针。通过使用文件指针访问文件有什么好处？

5. 在使用完文件之后，为什么一定要关闭文件？

6. C 语言中函数间是如何通信的？在被调函数中如何实现内存一片连续空间中的数据值的变化？

三、思考题

查资料回答下列问题：

1. 在图像处理过程中，二值图像像素取值仅有 0 和 1 两个值，考虑如何实现这样的图像的存储？请分析手机所拍的照片的格式，尝试用文件的相关操作完成对其图像数据大小的统计。

2. 分析函数递归调用编程的优缺点及使用范围。

3. 如果一个矩阵中只有少量的有效数，其他大量的值相同或者为 0，这样的矩阵称为稀疏矩阵。请设计为稀疏矩阵分配合适的内存空间的方案，并对其运算性能进行分析。

四、编程及上机实现

1. 用 C 语言编程实现第 2 章中三种排序算法，其中排序算法用函数实现，并完成上机调试，给出运行结果。

2. 编写两个子函数，一个实现两个整数的最大公约数，一个实现两个整数的最小公倍数。编写主函数，通过键盘输入两个整数，调用上述两个子函数，实现求两个数的最大公约数和最小公倍数，然后显示。

3. 利用 puts()函数进行字符串的输入，要求输入两个字符串 p1 和 p2，然后利用 strlen()函数求取字符串 p1 和 p2 的长度，并且使用 strcat()函数将 p2 追加到字符串 p1 后，最后打印 p1。

4. 从键盘中输入学生的姓名、学号、年龄、家庭住址、手机号码，将其存放到磁盘文件 "student.txt" 中。

5. 用结构体类型实现你所在班级所有同学的某三门课成绩的存储和课程平均分的统计，并按照不同的课程排序，将排序后的信息存储在文件上。

第5章　线性数据结构

 **学习目标**

　　线性数据结构无论在现实问题中，还是在计算机系统实现问题的解决机制中普遍存在。在现实问题中，如对于表格的处理、对于矩阵的处理及对于图像的处理，其数据都可以组织成线性形式。而在计算机系统中，如对于函数调用的实现、对于表达式的求值、对于括号的配对检查等都无不用到线性数据结构。本章重点介绍线性数据结构中的线性表、堆栈和队列，它们是计算机解决问题组织数据的重要基础。

5.1　线　性　表

　　当需要处理的多个数据的类型都相同时，可以把数据组织为线性表。线性表的数据之间存在着线性关系。在计算机处理线性表时，可以空间连续的形式存为顺序表和以空间不连续的形式存为链表。

5.1.1　线性表的逻辑定义和运算

1. 线性表的逻辑定义

　　线性表(list)是一组同类型的数据的集合，记线性表为$(a_1, \cdots, a_{i-1}, a_i, a_{i+1}, \cdots, a_n)$，其中 a_i 称为数据元素。

　　在线性表中，a_{i-1} 领先于 a_i，称 a_{i-1} 是 a_i 的直接前驱元素；a_i 领先于 a_{i+1}，称 a_{i+1} 是 a_i 的直接后继元素。在线性表中，除了第一个元素外，表中其他元素都有且仅有一个直接前驱；除最后一个元素，线性表中其他元素都有且仅有一个直接后继元素。把除第一个元素外只有一个前驱和除最后一个元素外只有一个后继元素的表称为线性表。

2. 线性表的运算

　　对于线性表$(a_1, \cdots, a_{i-1}, a_i, a_{i+1}, \cdots, a_n)$，通常可以规定各种运算，如求表长、求表中第 i 个位置处的元素 a_i、求元素的前驱后继运算、插入/删除运算、两个表合并等。部分运算的定义如下：

　　求表长运算：给出表中的元素的个数，空表为零，有 n 个元素非空表时长度为 n。

　　插入运算：在线性表 i 位置处插入同类型元素 x，其中 i 取值为 i = 1，2，3，…，n，n+1。

i = 1 时，插入 x 后的线性表为(x，a_1，…，a_{i-1}，a_i，a_{i+1}，…，a_n)；

i = n+1 时，插入 x 后的线性表为(a_1，…，a_{i-1}，a_i，a_{i+1}，…，a_n，x)；

i 取其他值时，插入 x 后的线性表为(a_1，…，a_{i-1}，x，a_i，a_{i+1}，…，a_n)。

删除运算：删除表中 i 位置处的元素，其中 i 可取值为 i=1，2，…，n。

5.1.2 线性表的顺序存储和运算

线性表的顺序存储结构：用一块地址连续的存储单元依次存储线性表的数据元素。线性表的顺序存储结构示意图如图 5.1 所示。

a_1	a_2	…	a_{i-1}	a_i	…	a_n

图 5.1 线性表的顺序存储结构示意图

这种在内存中使用连续空间存储的线性表称为顺序表。

1. 顺序表类型的 C 语言实现

由于线性表中每个数据元素的类型相同，结合 C 语言中数组的概念，可以用一维数组来实现顺序表。基于 C 语言的顺序表的存储类型如图 5.2 所示。

```
#define MAXSIZE 100          //存储空间的初始分配量
typedef int ElementType      //ElementType 类型根据实际情况而定
typedef struct
{
    ElementType data[MAXSIZE]; //数组存储数据元素，最大值为 MAXSIZE
    int length;                //线性表当前长度
}SqList;
```

图 5.2 顺序表的存储类型

2. 顺序表的建立

建立线性表(a_1，…，a_{i-1}，a_i，a_{i+1}，…，a_n)对应的顺序表，其实质和 C 语言中结构体类型及数组的操作类似，其中结构体类型 SqList 对应为顺序表的类型。建立顺序表算法的伪代码如图 5.3 所示。

```
/*********************************************************************/
算法：建立顺序链表
输入：顺序表长度和顺序表结点数据
输出：顺序表
1) 定义变量 L，其类型为 SqList；
2) 给结构体(顺序表)成员变量 L. data 数组中赋值 a₁，…，aᵢ₋₁，aᵢ，aᵢ₊₁，…，aₙ；
3) 执行第二步时，给结构体成员变量 L.length 依次加 1；
END
/*********************************************************************/
```

图 5.3 顺序表算法的伪代码

上述算法对应的 C 语言程序如图 5.4 所示。

```
#define MAXSIZE 100              //存储空间的初始分配量
typedef int ElementType;        //ElementType 类型根据实际情况而定
typedef struct
{
    ElementType data[MAXSIZE];  //数组存储数据元素，最大值为 MAXSIZE
    int length;                 //线性表当前长度
}SqList;
#include<stdio.h>
#include<stdlib.h>
main()
{
    SqList L;
    int i,n;
    scanf("%d",&n);
    if(n > MAXSIZE)
        exit(0);
    else
    {
        for (i=0; i<n; i++)
        {
            scanf("%d", &L. data[i]);
            L.length++;
        }
    }
}
```

图 5.4　顺序表的建立

3. 获取顺序表中的第 i 个元素

用 C 语言函数实现的代码如图 5.5 所示，其中函数返回值指示了函数的运行状态：如果返回为 1，则表示成功获取了顺序表中的第 i 个元素；如果为 0，则表示顺序表中不存在第 i 个元素。

```
int GetSqListElement(SqList L, int i, ElementType *e)
{   if(L.length == 0 || i > L.length)    //检查下标是否超过顺序表长度
        return 0;
    *e = L.data[i-1];                    //获取顺序表的第 i 个元素
    return 1;                            //返回值用来指示函数的运行状态
}
```

图 5.5　获取顺序表指定位置元素的代码

上述代码中，获取的元素通过指针并以函数形参的方式传递给调用函数。

顺序表中另外两类操作是插入操作和删除操作，插入操作是指在顺序表的指定位置处添加一个新的元素，而删除操作则是从顺序表指定位置删除一个元素。

4．在顺序表中插入/删除一个元素

对顺序表的指定位置插入一个元素，需要注意以下几点：

(1) 当前顺序表是否已满。

(2) 指定的添加位置是否在顺序表中。

(3) 如果指定的位置在顺序表中，需要将该位置之后的元素往后移动一个位置，避免数据覆盖。

(4) 将新的元素添加到顺序表中，并将顺序表的长度加 1。

具体实现的代码如图 5.6 所示。

```
int SqListInsertNode(SqList *L, int i, ElementType e)
{
    int k;
    if(L->length == MAXSIZE)                    //表示顺序表已满
        return 0;
    if(i < 1 || i > L->length + 1)              //指定的添加位置不存在
        return 0;
    if(i <= L->length)                          //位置存在
    {
        for(k = L->length-1; k >= i-1; k--)
            L->data[k+1] = L->data[k];          //需要将该位置之后的元素往后移动
    }
    L->data[i-1] = e;                           //添加新的元素
    L->length++;                                //将顺序表的长度加 1
    return 1;
}
```

图 5.6　顺序表中插入一个元素的代码

删除顺序表中指定位置的元素也需要注意以下几点：

(1) 线性表是否为空。

(2) 指定的删除位置是否在顺序表中。

(3) 如果指定的位置在顺序表中，先将该位置的数据保存，再通过函数指针以函数参数的形式传递给主调函数。

(4) 将该位置之后的元素往前移动一个位置，并将顺序表的长度减 1。

具体实现的代码如图 5.7 所示。

```
int SqListDeleteNode(SqList* L, int i, ElementType *e)
{
```

```
        int k;
        if(L->length == 0)                    //表示顺序表为空
            return 0;
        if(i < 1 || i > L->length)            //表示指定的删除位置不存在
            return 0;
        *e = L->data[i-1];                    //位置存在，先将元素保存
        if(i < L->length)                     //将该位置之后的元素向前移动
        {   for(k = i; k < L->length; k++)
            L->data[k-1] = L->data[k];
        }
        L->length--;                          //将顺序表的长度减 1
        return 1;
    }
```

图 5.7　顺序表中删除一个元素的代码

对指定位置元素的删除实际上是把被删除位置的元素覆盖来实现的。通过上述代码可以发现，插入元素和删除元素都要进行元素的移动。

因为插入操作和删除操作会改变表的结构，所以在函数调用的时候，传递的参数是指向顺序表的指针而不是顺序表本身。因此，在函数实现中用 SqList*型的指针变量 L 来对顺序表进行操作，相应的函数内部的语句也随之变化。

5.1.3　线性表的链式表示和实现

由于顺序表需要连续的内存空间，而该空间难以扩充，另外顺序表插入和删除运算平均需要移动元素的次数较多，因此可以用不连续的空间存储线性表，形成链式存储结构。

1. 线性表的链式存储结构

链式存储结构是用不连续的空间存储线性表的元素和元素间的关系的，该链式存储结构称为链表。线性表中的一个元素在链表中映射为一个结点，链表结点的示意图如图 5.8 所示。链表中的结点不仅包含了数据元素，还包含了数据元素间的关系，这些关系可以是指向后继元素结点的指针等。

图 5.8　链表结点示意图

n 个结点相互链接成一个链表，形成线性表$(a_1, \cdots, a_{i-1}, a_i, a_{i+1}, \cdots, a_n)$的链式存储结构，即为链表。如果链表的每个结点中只包含一个指针，通常可以是后继结点的地址，该链表就称为单链表。因为最后一个结点没有后继，所以可置其指针为 NULL(NULL 为数据 0)。单向链表示意图如图 5.9 所示。

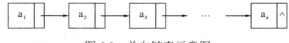

图 5.9　单向链表示意图

指向单链表第一个结点的指针叫做头指针(head)，访问一个链表需要从头指针开始，然后利用每个结点的 next 指针去访问下一个结点。

单链表的第一个结点有两种：一种是正常结点，包含数据域和指针域，叫做首元素结点，如图 5.10 所示；另一种是哑元结点(dummy node)，其数据域没有被赋值，不具有实际意义，而指针域指向链表的首元素结点，如图 5.11 所示。

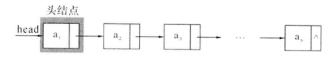

图 5.10　头结点和头指针的关系图

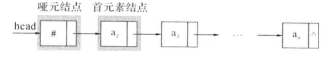

图 5.11　含有哑元结点的链表

两种结点如何选择没有强制规定，本书选择了带有哑元结点的链表形式，由此设计的链表在第一个元素之前插入元素或者删除第一个结点的时候，其操作与对其他结点的操作是统一的。

2. 单链表结点的 C 语言实现

用 C 语言描述的单链表结点类型 LinkList 如图 5.12 所示。可以看出，LinkList 为结构体类型，其中一个成员与线性表的元素相对应，另一个成员与该元素的后继相对应。

```
typedef int ElementType;        //ElemType 类型根据实际情况而定
typedef struct Node
{
        ElementType data;       //定义数据部分
        struct Node* next;      //指向下一个结点的指针
} LinkList;
```

图 5.12　单向链表的结点类型定义

在 LinkList 类型下，本书建立的单链表形式如图 5.11 所示。头指针 head 指向的是链表的哑元结点，哑元结点的 next 指针指向首元素结点。从单链表的结构可以看出，结点由存放数据元素的数据域和指向下一个结点的指针域组成。链表结点之间的关系如图 5.13 所示。

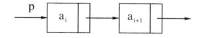

图 5.13　链表结点之间的关系

图 5.13 所示显示了指针 p 指向了 a_i 所在的结点，也即 p->data 是 a_i，p->next 指向 a_{i+1} 所在的结点，p->next->data 是 a_{i+1}。因此，如果要访问链表的第 i 个元素，只能从头到尾通过指针依次向后遍历，而不能像顺序表那样通过下标索引直接获取。

3. 单向链表的相关运算及实现

在链表上可以实现线性表规定的各种运算。下面给出常用判断表是否为空、求表长、在表中插入和删除元素的操作。

1) 判断链表是否为空

判断链表是否为空是一个很常用的操作，它是链表其他操作的基础。对于带有哑元结点的链表，如图 5.11 所示，如果不为空，哑元结点的 next 指针必然指向一个确定的地址；如果为空，哑元结点的 next 指针应该为空，如图 5.14 所示。

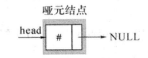

图 5.14　带哑元结点的空链表

因此，判断链表是否为空可以根据哑元结点的 next 指针是否为空来确定。具体的实现代码如图 5.15 所示。

```
int IsLinkListEmpty(LinkList* head)
{
    LinkList* p = head;          //指向链表的哑元结点
    if(p->next)
        return 0;
    else
        return 1;
}
```

图 5.15　判断单向链表是否为空的代码

如果哑元结点的 next 指针不为空，则返回值为 0，表示链表非空；如果哑元结点的 next 指针为空，返回值为 1，表示链表为空。

2) 求表长

定义链表为空时，链表的长度为 0；链表不为空时，获取链表长度也是一个很常见的运算。具体代码如图 5.16 所示。

```
int GetLinkListLength(LinkList   * head)
{
    int length = 0;
    LinkList * p = head->next;      //p 指向的是首元素结点
    while(p)                        //结点非空，长度加 1，并更新到下一个结点
    {
        length++;
        p = p->next;
    }
    return length;
}
```

图 5.16　计算单向链表表长的代码

获取链表第 i 个元素的思路如下:

(1) 定义一个指向链表头结点的指针,并初始化计数器 cnt 为 1。

(2) 当 cnt<i 时,依次遍历链表,同时让 p 向后移动,且 cnt 累加 1。

(3) 如果更新到链表末尾 p 为空,则说明第 i 个元素不存在。

(4) 否则查找成功,以函数参数的形式返回结点数据。具体代码如图 5.17 所示。

```
int GetElement(LinkList * head, int i, ElementType *e)
{
    int cnt = 1;                    //初始化计数器
    LinkList* p = head->next;       //让 p 指向链表的第一个结点
    while(p && cnt < i)             //p 非空且计数器小于 i 的时候遍历链表
    {
        p = p->next;                //指向下一个结点
        cnt++;
    }
    if(!p || cnt > i)               //第 i 个元素不存在
        return 0;
    *e = p->data;                   //将第 i 个元素通过指针返回给主调函数
    return 1;
}
```

图 5.17　获取单向链表指定位置的元素代码

上述代码中,head 指向链表的哑元结点,对 p 初始化 p=head->next,则使 p 指向链表的第一个数据结点。然后通过指针 p 遍历整个链表,找到指定的元素。查找的次数取决于元素在链表中的位置,元素如果在链表头部,直接就能找到,如果在链表尾部,则需要全部查找之后才能找到该元素,因此平均的查找次数是 (n−1)/2。从查找性能上看,链表不如顺序表,但是链表的优势在于可以插入元素和删除元素。对链表插入元素和删除元素只会影响到当前结点和下一个结点,对其他结点不造成影响,因此不用移动其他结点。

3) 链表中插入元素

在链表中插入新的结点的示意图如图 5.18 所示。

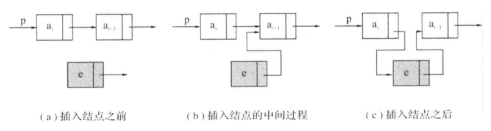

　(a) 插入结点之前　　　　　(b) 插入结点的中间过程　　　　(c) 插入结点之后

图 5.18　链表中指定位置插入结点示意图

在链表中插入结点时,首先要将新结点 e 的 next 指针指向 p->next 所指向的结点,这样可以将新结点 e 和链表的后半部分连接上;然后再用 p->next 指向新结点 e,这样可以将链表的前半部分连接上。以上两个步骤的顺序十分重要,如果先用 p->next 指向新的结点,再将新结点 e 的 next 指针指向 p->next 所指向的结点，会发现此时 p->next 指向的就是新结点 e，因此 e 的 next 指针将指向结点 e 本身，那么链表的 a_{i+1} 结点以及后续的结点将无法访问，会造成数据丢失。向链表的第 i 个元素之后添加新结点的思路如下：

(1) 定义一个指向链表头结点的指针，并初始化计数器 cnt 为 1。

(2) cnt 小于 i 时遍历链表，不断更新 p 结点，同时让计数器累加 1。

(3) 如果更新到最后 p 为空，则说明链表中没有第 i 个结点。

(4) 如果查找到第 i 个结点，就开辟内存，生成一个新的结点 e。

(5) 将新结点赋值，并将结点插入到链表中去。

具体代码实现如图 5.19 所示。

```
LinkList* InsertNode(LinkList* head, int i, ElementType e) //在第 i 个位置之后添加元素
{
    int cnt = 1;
    LinkList* p;
    LinkList* pNew;
    p = head->next;
    while(p && cnt < i)
    {
        p = p->next;
        cnt++;
    }
    pNew = (LinkList*)malloc(sizeof(LinkList));
    pNew->data = e;
    pNew->next = p->next;
    p->next = pNew;
    return head;
}
```

图 5.19　单向链表插入元素的代码

4) 链表中删除元素

删除链表指定位置的结点的示意图如图 5.20 所示。

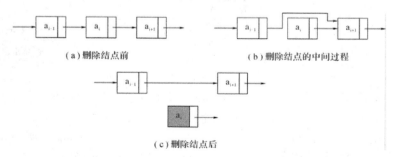

（a）删除结点前　　　　　　　（b）删除结点的中间过程

（c）删除结点后

图 5.20　链表中指定位置删除结点示意图

链表中结点删除也要注意更改指针的顺序。图 5.19 中删除结点 a_i 时，首先要将 a_{i-1} 结点的 next 指针指向 a_{i+1} 结点，然后将结点 a_i 的内存空间释放。如果上述顺序反过来，先释放 a_i 结点的内存空间，此时 a_i 的 next 指针的指向信息被破坏，a_{i+1} 结点将无法访问，因此也不能将 a_{i-1} 结点的 next 指针连接到 a_{i+1} 结点上去。删除链表的第 i 个结点的思路如下：

(1) 定义一个指向链表头结点的指针，并初始化计数器 cnt 为 1。

(2) cnt 小于 i 时遍历链表，不断更新 p 结点，同时让计数器累加 1。

(3) 如果更新到最后 p 为空，则说明链表中没有第 i 个结点。

(4) 如果查找到第 i 个结点，将该结点的 next 指针赋值给上一结点的 next 指针，并将该结点的数据通过指针返回到调用函数。

(5) 释放当前结点的内存空间。具体的实现代码如图 5.21 所示。

```
LinkList* DeleteNode(LinkList* head, int i, ElementType* e)    //删除第 i 个位置的元素
{
        int cnt = 1;
        LinkList* p;
        LinkList* pDel;
        p = head;
        while (p->next && cnt < i)
        {
                p = p->next;
                cnt++;
        }
        pDel = p->next;
        p->next = pDel->next;
        *e = pDel->data;
        free(pDel);
        pDel->next = NULL;
        return head;
}
```

图 5.21　单向链表删除元素的代码

以上两个代码中使用了 C 语言中的标准库函数 malloc() 函数和 free() 函数。malloc() 函数的作用是开辟内存空间，函数参数是开辟的内存空间的大小，返回值是指向该内存空间的指针。在 pNew = (LinkList*)malloc(sizeof(LinkList)) 中，系统生成了一个 LinkList 型的结点，同时将该结点的起始地址赋值给指针变量 pNew。而 free() 函数的作用是释放指针所指向的内存空间，函数参数是要释放的内存空间的指针。pDel 是指向 Node 型结点的，free(pDel) 的作用是系统收回 pDel 所指向的内存空间，也即一个 Node 型结点的空间，回收的空间可以由系统再次分配。

对于链表的创建和销毁，在本书第 4 章 4.2.4 节应用举例部分已经给出，这里不再赘述。

链表建立以后，就可以访问链表指定位置的结点、插入结点和删除结点。另外一些比

较常见的操作包括：访问链表的所有元素、判断链表是否为空、删除整个链表。访问链表的所有元素是比较常见的操作，之前定位到链表指定位置时也访问了一部分的元素，两者的原理是相同的。打印输出链表所有元素的代码如图 5.22 所示。

```
void print(LinkList* head)
{
    LinkList* pPri = head->next;
    while(pPri)
    {
        printf("%d\t", pPri->data);
        pPri = pPri->next;
    }
    printf("\n");
}
```

图 5.22　打印整个单向链表所有元素的代码

由于在建立链表的时候使用的是带有头结点的链表，因此在对链表进行处理的时候要注意头结点和元素结点的不同，避免访问到无效地址。上述代码中，如果对 p 初始化为 head，那么 p 将指向头结点，在 while 中打印 p 指向的结点的数据时会出问题，因为头结点中的数据域没有被赋值，是一个随机的数字。

线性表的两种存储结构各有优点，两者的差别在于：

(1) 顺序表使用一段连续的内存，而链表只注重逻辑上的关系，物理内存空间不必连续。

(2) 顺序存储需要预先分配存储空间，但存储空间的大小不容易确定，若分配少则限制结点个数，分配多则容易浪费资源，而链表是根据需要动态分配的，结点个数无限制，且不会浪费资源。

(3) 顺序存储只需要存储结点信息，空间利用率比较高，而链表需要存储数据信息和指向信息，空间利用率不高。

(4) 顺序表的查找性能比较好，而链表的插入和删除的性能比较好。

4. 循环链表及实例应用

单向链表只能从链表的头结点出发遍历整个链表，如果要从任意结点出发遍历链表，则有两种方式：一种是采用循环链表，另一种是采用双向链表。下面对两种链表做简要介绍。循环链表是在单链表的基础上，将尾结点的置空指针指向链表的头结点，这样遍历到尾结点时，下一个结点就又回到头结点了。循环链表的结构示意图如图 5.23 所示。

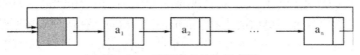

图 5.23　循环链表结构示意图

从图 5.23 可以看出，无论从哪个结点出发，都能将链表遍历一遍。对于从头结点出发遍历链表来讲，循环结束的条件不再是 p->next 为空，而是 p->next 指向链表头结点。由于循环链表只是对单链表的尾结点的指针做了改动，因此循环链表的一些查询、插入和删除操作与单向链表没有区别。

[例 5.1]　使用循环链表去求解约瑟夫环问题是一个很常见的应用。在约瑟夫环问题中，n 个小朋友围成一圈，任意假定一个正整型数 m，从第 s 个小朋友起按照顺时针方向从 1 开始报数，当报到 m 时，该小朋友离开，然后重新从 1 开始报数，重复上述过程，最后只剩下一个小朋友留下，给出留下来的小朋友的编号。

问题表述：n 个小朋友围成一圈，从第 s 个小朋友开始从 1 报数，报数到 m 时该小朋友退出，然后从下一个小朋友开始继续报数，直到最后一个小朋友为止，给出该小朋友的编号。

分析思路与解法：小朋友的个数为 n，说明存储空间是不确定的，因此需要动态分配内存空间。小朋友围成一圈构成了一个环，用循环链表表示比较合适，如图 5.24 所示。任意选择从第 s 个小朋友开始，往下数到 m 时，将该小朋友所代表的结点删除，此时循环链表的结点将为 n−1 个，这时还需要将该结点前后的两个结点联系起来，保持整体的环状结构不变，然后重复上述过程，直到最后剩余 1 个结点。

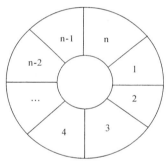

图 5.24　约瑟夫问题的循环链表解法

数据结构：当采用链表结构时，链表的结点和一般的单链表结点没有区别，需要数据信息和指向下一个结点的指针信息。将链表处理成循环结构之后，还要处理首尾结点直接的关系，即需要将链表的尾结点的 next 指针指向首结点。

约瑟夫环问题的循环链表解法的伪代码描述如图 5.25 所示。

```
/*********************************************************************/
　　算法名：约瑟夫环问题求解
　　功能：求解约瑟夫环问题中最后留下的小朋友编号
　　输入：环状链表的长度 n，计数周期 m，开始点 s
　　1. 由于需要 n 个相同类型的结点，所以直接动态申请了具有 n 个结点的结构体数组，并初始化计数器为 0；
　　2. 为 n 个结点的数据域赋值，依次为 1，2，…，n，然后将每个结点的指针域赋值为下一个结点的地址，最后一个结点比较特殊，赋值为第一个结点的地址；
　　3. 设置一个指向当前结点的指针 pCur，因为数组下标从 0 开始，所以赋值为下标 s−1 的结点地址；
　　4. 设置一个指向当前结点前一个结点的指针 pPer，如果当前结点下标为 0，那么该指针指向下标为 n−1 的结点；如果当前结点下标不为 0，该指针指向当前结点的前一个结点；
```

5. 循环链表中只有一个结点的条件是结点的 next 指针指向自身，据此设定循环结束条件；

6. 计数器加 1，并判断计数器和 m 是否相等，如果不相等，指向当前结点的指针 pCur 和指向前一结点的指针 pPer 更新到下一个结点；如果相等，将该结点移出循环链表，并将计数器归零；

7. 跳到步骤 5，直到剩余 1 个结点；

8. 剩余结点的数据域便是最终留下的小朋友的编号；

9. 将循环链表申请的内存空间释放；

10. 返回最后结点的编号；

END
/***/

图 5.25　约瑟夫环问题的循环链表解法的伪代码描述

相应的程序代码如图 5.26 所示。

```c
#include <stdio.h>
#include <stdlib.h>
typedef struct Node
{
    int data;
    struct Node* next;
}Node;
int Josephus(int n, int m, int s)
{
    int win;
    Node* circle = (Node*)malloc(sizeof(Node) * n);   //定义一个结构体数组
    Node* pCur, *pPer;            //pCur 指向当前结点，pPer 指向前一个结点
    int cnt = 0, j;
    if((s > n) || s < 1)
        return-1;
    for (j = 0; j < n-1; j++)        //形成链表
    {
        circle[j].data = j + 1;
        circle[j].next = &circle[j + 1];
    }
    circle[n-1].data = n;
    circle[n-1].next = &circle[0];     //首尾连接，形成循环链表
    pCur = &circle[s-1];   //当前指针指向第 s 个结点
    if (1 == s)              //如果当前结点是第一个，那么前一个结点为第 n 个
        pPer = &circle[n-1];
    else
        pPer = &circle[(s-1)-1];        //否则就是当前结点的前一个结点
```

```
        while (pCur->next != pCur)       //链表中不止一个结点
        {
            cnt++;           //计数器自加
            if(cnt == m)     //计数到 m，需要将结点移出循环链表
            {
                pPer->next = pCur->next;   //将结点移出，此时内存并没有释放
                cnt = 0;     //计数器归零
            }
            pPer = pCur;     //当前结点指针和前一个结点指针的更新
            pCur = pPer->next;
        }
        win = pCur->data;     //最终留下来的结点编号
        free(circle);         //统一释放内存
        return win;
}
main()
{
        printf("\nwin = %d\n", Josephus(10, 8, 1));
}
```

图 5.26　约瑟夫环问题的循环链表求解代码

调用函数 Josephus(10，8，1)时，表示有 10 个小朋友，从第 1 个小朋友开始，数到 8 的小朋友离开，函数的返回值作为 printf()函数的参数被打印出来。

5. 双向链表和常用运算

1) 双向链表

单向链表的结点只包含指向后继结点的指针，只能从前往后遍历链表，而双向链表的结点包含了指向后继结点和前驱结点的两个指针，可以从两个方向遍历链表，因此在查询当前结点的前驱结点时，双向链表更有优势。双向链表相邻结点之间的存储关系如图 5.27 所示。如果让双向链表的最后一个结点的后继指针指向头结点，让头结点的前驱指针指向最后一个结点，则可以形成双向循环链表。

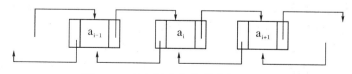

图 5.27　双向链表相邻结点间的关系

从图 5.27 可以看出，每一个结点都有两个指针同时指向它，同时它也有两个指针分别指向前驱结点和后继结点。双向链表的查询可以正向查找也可以反向查找，一旦确定某一个方向之后，和单向链表也没有什么区别。

双向链表的 C 语言存储结构如图 5.28 所示。

```
typedef int ElementType          //ElemType 类型根据实际情况而定
typedef struct DoubleNode
{     ElementType data;          //数据域
      struct DoubleNode* pre;    //指向前驱结点的指针
      struct DoubleNode* next;   //指向后继结点的指针
}DoubleNode;
typedef struct DoubleNode* DoubleLinkList;
```

图 5.28　双向链表的 C 语言存储结构

2) 双向链表的运算

双向链表插入结点的示意图如图 5.29。其步骤如下：

(1) 在已知的双向链表中找到 a_i 元素对应的结点。

(2) 申请 a_e 元素对应的结点空间，在结点空间数据域中存入 a_e 元素的值，如图 5.29(a) 所示。

(3) 在 a_e 结点空间的两个指针域中分别存入 a_i 和 a_{i+1} 元素对应的结点地址值，如图 5.29(b)所示。

(4) 在 a_i 结点的后继指针上存入 a_e 结点空间的地址；如果存在 a_{i+1} 元素，则在 a_{i+1} 元素对应的结点前驱指针上存入 a_e 结点空间的地址，如图 5.29(c)所示。

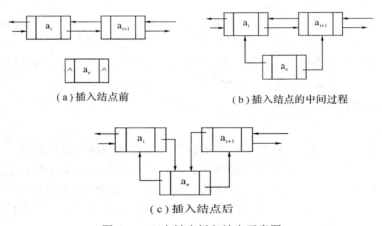

（a）插入结点前　　　　　　　　　（b）插入结点的中间过程

（c）插入结点后

图 5.29　双向链表插入结点示意图

当双向链表采用带有哑元结点的形式时，在双向链表的第一个结点之前插入元素和图 5.27 所示的过程没有区别，只是 a_i 结点换成了哑元结点；在双向链表的最后一个结点之后插入元素会简单一些，只需要处理新结点和双向链表的最后一个结点。

双向链表插入结点也需要注意指针的更新顺序。图 5.29(b)中先将新建结点的前驱指针和后继指针分别指向 a_i 结点和 a_{i+1} 结点，这样新建结点就被纳入链表中了；然后再将 a_i 结点的后继指针和 a_{i+1} 结点的前驱指针分别指向新建结点，就完成了整个结点的插入过程。如果先将 a_i 结点的后继指针和 a_{i+1} 结点的前驱指针指向新建结点，那么 a_i 结点和 a_{i+1} 结点之间的联系就断了，新建结点的后继指针就无法访问到 a_{i+1} 结点，插入操作就会失败。因此，无论是单向链表还是双向链表，插入操作的第一步都是用新建结点的指针域将新建结点连接到链表中。假设 pCur 指向当前结点，pInsertNode 指向待插入结点，插入点在当前结点之后，那么插入操作的关键代码如图 5.30 所示。

```
pInsertNode->pre = pCur;                  //前驱指针指向当前结点
pInsertNode->next = pCur->next;           //后继指针指向当前结点的下一结点
if(pCur->next)                            //如果是最后一个结点，下一步省略
    pCur->next->pre = pInsertNode;        //当前结点的下一结点的前驱指针指向新结点
pCur->next = pInsertNode;                 //当前结点的后继指针指向新结点
```

图 5.30　双向链表插入元素的关键代码

3) 双向链表中结点的删除

相比于插入结点，双向链表删除结点要简单一些。如果要删除 a_i 元素对应的结点，则其示意图如图 5.31 所示。其步骤如下：

(1) 在已知的双向循环链表中找到 a_i 元素对应的结点。

(2) 令删除结点的前驱结点的后继指针为删除结点的后继结点。

(3) 如果后继结点存在，则令删除结点的后继结点的前驱指针为删除结点的前驱。

(4) 释放删除结点的空间。

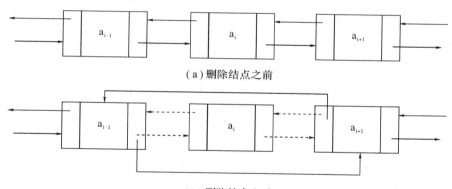

（a）删除结点之前

（b）删除结点之后

图 5.31　双向链表删除结点示意图

删除结点只需要调整好该结点的前驱结点的后继指针指向和后继结点的前驱指针指向，然后释放待删除结点的内存空间即可。假设 pDeleteNode 指向待删除结点，则双向链表删除结点的关键代码如图 5.32 所示。

```
pDeleteNode->pre->next = pDeleteNode->next;     //①
if(pDeleteNode->next)                           //②
    pDeleteNode->next->pre = pDeleteNode->pre;
free(pDeleteNode);                              //③
```

图 5.32　双向链表删除元素的关键代码

上述代码中，① 语句使待删除结点的前驱结点的后继指针指向待删除结点的后继结点；② 语句使待删除结点的后继结点的前驱指针指向待删除结点的前驱结点；③ 语句释放待删除结点的内存空间。如果删除的不是最后一个结点，整个过程如图 5.31 所示，而如

果删除的是链表最后一个结点，后继部分不用处理，上述代码中的②语句被直接跳过。

5.1.4　线性表的应用

线性表的应用很广泛，下面主要以一元多项式相加为例说明线性表的应用。

一元多项式主要有两项组成：系数和指数。对一元多项式的相加过程其实就是合并同类项的过程。由于指数的不确定性，很难用顺序表结构来进行一元多项式相加，采用链表结构比较恰当。使用链表结构存储一元多项式，结点的数据域包含系数和指数两个部分，系数应该是 float 类型数据，而指数则是 int 类型数据，指针域则指向下一结点。因此链表的存储结构如图 5.33 所示。

```
typedef struct polynode
{
    float coef;
    int exp;
    struct polynode* next;
}polynode;
```

图 5.33　链表形式下一元多项式的结点存储结构

本书约定一元多项式的类型是按照指数升序排列的。多项式相加的思路如下：

(1) 假设两个多项式 A 和 B，以 A 为主，从第一项开始遍历。

(2) 如果 A 的当前项比 B 的当前项指数小，则移到 A 的下一项。

(3) 如果 A 的当前项比 B 的当前项指数大，则将 B 的结点插入到 A 的结点之前，并移到 B 的下一结点。

(4) 如果 A 的当前项和 B 的当前项指数相等，则对 A 和 B 的系数求和。

(5) 如果系数不为 0，则将系数更新到 A 的当前项，并移到 A 的下一项，同时将 B 中对应项删除，移到下一项。

(6) 如果系数为 0，则删除 A 和 B 的当前项，同时移到 A 和 B 的下一项。

(7) 一直循环过程 2 到 5，直到 A 或者 B 的末尾。

(8) 如果 A 结束了而 B 还未结束，则将 B 剩余部分连接到 A 的尾部。

为了实现相加过程，首先要创建两个链表再存放多项式，这里使用尾插法创建多项式。尾插法创建一元多项式链表的代码如图 5.34 所示。

```
polynode* CreatePoly()          //创建多项式链表，默认按照指数升序排列
{
    polynode *head, *pNewNode, *pCur;
    float coef;
    int exp;
    head = (polynode *)malloc(sizeof(polynode));//哑元结点
    pCur = head; //指向最后一个结点
    scanf("%f %d", &coef, &exp);
```

```
        while(coef)   //系数为 0 表示结束
        {
            pNewNode = (polynode *)malloc(sizeof(polynode));      //生成新结点
            pNewNode->coef = coef;   //新结点赋值
            pNewNode->exp = exp;
            pCur->next = pNewNode;    //将新结点放入链表
            pCur = pNewNode;    //更新 pCur，指向最后一个结点
            scanf("%f %d", &coef, &exp);
        }
        pCur->next = NULL; //链表尾部处理
        return head;
}
```

图 5.34　尾插法创建一元多项式链表的代码

一元多项式求和子函数代码如图 5.35 所示。

```
void polyAdd(polynode* polyA, polynode* polyB)
{
    polynode *pA, *pB, *pre, *temp;
    float x;
    pA = polyA->next; //跳过哑元结点
    pB = polyB->next;
    pre = polyA; //相加的结果保存在多项式 A 中，pre 指向 A 的当前结点的前驱
    while (pA && pB)
    {
        if(pA->exp < pB->exp)              //A 的当前项指数比较小，后移一个结点
        {
            pre = pA;
            pA = pA->next;
        }
        else if (pA->exp > pB->exp) //B 的当前项指数比较小，将 B 的结点插入 A 中
        {
            pre->next = pB;
            temp = pB->next;
            pB->next = pA;
            pre = pB;
            pB = temp;
        }
        else   //指数相等，可以相加
        {
```

```
            x = pA->coef + pB->coef;
            if(x)    //相加后系数不为 0
            {
                    pA->coef = x;           //结果保存在 A 中
                    pre = pA;               //更新前驱
                    pA = pA->next;          //处理 A 的下一个结点
                    temp = pB;
                    pB = pB->next;          //处理 B 的下一个结点
                    free(temp);             //删除 B 中的已处理结点
            }
            else  //相加后系数为 0
            {
                    pre->next = pA->next;       //更新前驱结点的 next 指针
                    temp = pA->next;            //删除 A 的当前结点并更新到下一个结点
                    free(pA);
                    pA = temp;
                    temp = pB->next;            //删除 B 的当前结点并更新到下一个结点
                    free(pB);
                    pB = temp;
            }
        }
    }
    if(pB)  //如果 A 对应项计算完了，B 还有剩余，将 B 的剩余项连接到 A 的尾部
        pre->next = pB;
}
```

图 5.35　一元多项式求和子函数代码

为了测试求和是否正确，于是给出打印一元多项式的结点代码，如图 5.36 所示。

```
void showpoly(polynode* poly)
{
    polynode* p = poly->next;
    while (p && p->coef)
    {
        printf("%f %d\t", p->coef, p->exp);
        p = p->next;
    }
    printf("\n");
}
```

图 5.36　打印一元多项式的结点代码

最终包含主函数的一元多项式求和测试代码如图 5.37 所示。

```c
#include <stdio.h>
#include <stdlib.h>
typedef struct polynode
{
    float coef;
    int exp;
    struct polynode* next;
} polynode;
void main()
{
    polynode* polyA;
    polynode* polyB;
    polyA = CreatePoly(); //创建 A 多项式
    polyB = CreatePoly(); //创建 B 多项式
    polyAdd(polyA, polyB); //A 和 B 相加，加过保存在 A 中
    showpoly(polyA); //显示结果
}
```

图 5.37　一元多项式求和测试代码

在创建多项式的过程中，是以系数为 0 作为结束条件的，但后面的指数同样也要输入进去，因为 scanf 一次接收的是两个数据，所以，如果要结束输入，在多项式输入完成之后，输入两个 0 即可。例如，多项式 $A = 7 + 3x + 9x^8 + 5x^{17}$，$B = 8x + 22x^7 - 9x^8$，输入应该如下：

　　　　7　0　3　1　9　8　5　17　0　0(回车)
　　　　8　1　22　7　 -9　8　0　0(回车)

一元多项式求和的运行结果如图 5.38 所示。

图 5.38　一元多项式求和的运行结果

5.2　栈

栈结构在生活中也很常见，比如处理邮件，总是习惯从最上面开始处理，而最上面的邮件恰恰是最晚接收到的；在使用浏览器的后退键时，每一次后退的结果都是之前最晚访问的页面；很多软件都包含撤回操作，每一次最先撤回的操作都是最后完成的操作。

5.2.1　栈的逻辑定义和运算

1. 逻辑定义

栈(Stack)是一种特殊的顺序表，主要包含两种基本操作：插入一个新的元素和删除一个元素。

栈和一般的线性表相比，其特殊之处在于，元素的添加和删除只能在线性表的一端进行，则这一端称为栈顶，另一端不允许添加和删除操作的称为栈底。如果栈中不含有任何元素，则称之为空栈。栈结构由于是先进后出(First In Last Out)，也被称为 FILO 结构。栈结构的示意图如图 5.39 所示。

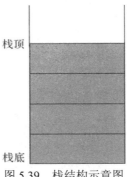

图 5.39　栈结构示意图

2. 相关运算

对于栈而言，栈底位置保持不变，栈顶位置随着元素的添加和删除会改变。在栈中，添加元素被称作 push 运算，删除元素被称作 pop 运算。两种基本操作的示意图分别如图 5.40 和图 5.41 所示。

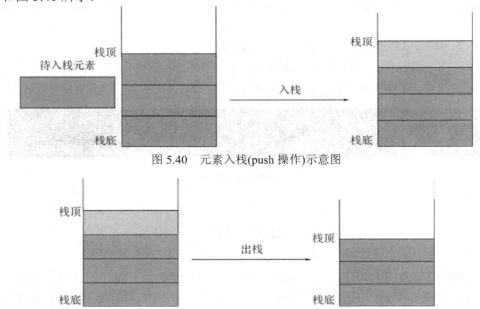

图 5.40　元素入栈(push 操作)示意图

图 5.41　元素出栈(pop 操作)示意图

栈的另外一些运算包括判断栈是否为空、取栈顶元素和置空栈。由于栈实际上是特殊的线性表，因此线性表的实现方法也都适合于栈。当用数组实现栈时，称为顺序栈；当用链表实现栈时，称为链栈。下面分别介绍两种栈的存储以及一些基本运算。

5.2.2 栈的顺序存储

1. 栈的顺序存储结构

栈的顺序表示和顺序表一样，是用数组实现的。由于栈的操作只能在栈顶进行，因此对数组而言，首先要确定一端作为栈顶，另一端作为栈底。由于在数组下标较大的位置添加或者删除元素不会对前面的元素造成影响，因此栈顶的位置应该是下标比较大的，栈底的位置应该是下标为 0 的位置。如果是空栈，栈顶指针将不指向任何元素，因此可以设定为下标为 −1 的位置，当栈中有元素之后，栈底还是下标为 0 的位置，栈顶的位置会上移。图 5.39 所示即为顺序栈。顺序栈中比较重要的两个因素是栈的容量以及栈顶指针的位置，结合这两个因素可以得到顺序栈的存储结构如图 5.42 所示。

```
#define MAXSIZE 40
typedef int Sdatatype;
typedef struct
{     Sdatatype data[MAXSIZE];
      int top;
} SqStack;
```

图 5.42 顺序栈的存储结构

根据栈的顺序存储结构，栈的一些特殊状态如图 5.43 所示。

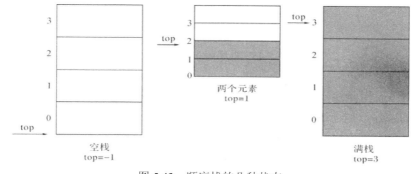

图 5.43 顺序栈的几种状态

当栈为空时，栈顶指针的值 top 为 −1，当栈有元素时，栈顶指针总是指向最后进栈的元素。因此，当有元素需要进栈时，需要先将 top 上移，指向一个空的栈空间时才能让元素进栈；当元素需要出栈时，因为 top 本身指向最后入栈的元素，所以需要先将元素返回，然后再将 top 下移一个栈空间。而返回栈顶元素则直接返回 top 指向的那个栈空间，同时不需要移动 top 指针。

2. 顺序栈的运算和实现

栈有两个重要运算：入栈和出栈。

1) 入栈运算 push

设入栈元素为 e，则入栈运算 push 的代码如图 5.44 所示。

```
int push(SqStack* S, Sdatatype e)
{   if(S->top >==MAXSIZE-1)          //栈已满
        return 0;
    S->top++;                        //栈顶指针加 1
    S->data[S->top] = e;             //将新元素赋值给栈顶指针指向的空间
    return 1;
}
```

图 5.44　顺序栈 push 运算代码

进栈首先需要判断栈是否已满，如果栈已经满了，这时候就无法添加新的元素；如果栈未满，需要先将 top 上移一个栈空间，然后将元素压入栈中。要注意 top 改变和元素压栈之间的顺序，对于非空栈，top 总是指向最新入栈的元素，这个元素对于栈而言是有效元素，不能将其覆盖。

2) 出栈运算 pop

出栈运算 pop 的代码如图 5.45 所示。

```
int pop(SqStack* S, Sdatatype* e)
{   if(S->top == -1)                 //栈非空
        return 0;
    *e = S->data[S->top];            //将栈顶元素传到主调函数
    S->top--;                        //栈顶指针下移
    return 1;
}
```

图 5.45　顺序栈 pop 运算代码

出栈首先需要判断栈是否非空，如果栈是空栈，则无法让元素出栈；如果栈非空，则先将栈顶指针 top 指向的元素弹出，然后将 top 下移一个栈空间。同样要注意 top 改变和元素弹出之间的顺序，对于非空栈，top 总是指向最新入栈的元素，这个元素对于栈而言是即将出栈的元素，将其弹出之后才需要下移 top。

(1) **判断栈是否为空**。在对栈进行操作时，检查栈是否为空是很有必要的。判断栈是否为空的代码如图 5.46 所示。

```
int IsStackEmpty(SqStack S)
{   if(S.top == -1)
        return 1;
    else
        return 0;
}
```

图 5.46　判断顺序栈是否为空的代码

(2) **取栈顶元素**。取栈顶元素是另一个比较常见的操作，它和 pop 操作的区别在于，pop 操作会使 top 指针下移一个栈空间，而 top 只是获取栈顶元素，对 top 指针没有影响。获取栈顶元素的代码如图 5.47 所示。

```
Sdatatype top(SqStack S)
{
    if(IsStackEmpty(S))                 //空栈，无法获取栈顶元素
    {
        printf("Stack is Empty! ");
        return 0;
    }
    return S.data[S.top];
}
```

图 5.47　获取顺序栈的栈顶元素的代码

获取栈顶元素时要注意，如果栈顶元素为 0，则返回值是 0，而如果栈为空栈，则返回值同样为 0，区别在于函数中给出了空栈的提示，因此，如果返回值为 0 且给出提示，则表明栈是空栈，该返回值并不是栈顶元素。

(3) **置空栈**。在定义栈的时候需要对栈进行必要的初始化，也就是说要将栈置为空栈，以便往栈中添加元素。置空栈的代码如图 5.48 所示。

```
void SetNullStack(SqStack* S)
{
    S->top =-1;
}
```

图 5.48　置空栈的代码

(4) **打印栈元素**。将栈中元素打印输出到屏幕上的代码如图 5.49 所示。

```
void printStack(SqStack S)
{
    while(S.top != -1)
    {
        printf("%d\t", S.data[S.top]);
        S.top--;
    }
    printf("\n");
}
```

图 5.49　打印顺序栈中元素的代码

上述操作基本上可以实现顺序栈并进行简单的应用。从建立栈到一些基本的应用代码

如图 5.50 所示。

```
#include <stdio.h>
main()
{
        SqStack mystack;                        //①定义一个栈
        Sdatatype sd;
        int i;
        SetNullStack(&mystack);                 //②将栈置空
        for(i = 0; i < 5; i++)
                push(&mystack, 10 - i);          //③将元素压栈
        printStack(mystack);                     //④打印栈元素
        pop(&mystack, &sd);                      //⑤弹出栈顶元素，并返回到 sd 中
        printStack(mystack);                     //打印栈元素
        printf("%d\n", sd);                      //⑥打印刚刚删除的栈顶元素
        printf("%d\n", top(mystack));            //⑦获取并打印栈顶元素
        printStack(mystack);                     //打印栈元素
        printf("IsStackEmpty : %d\n", IsStackEmpty(mystack));   //⑧判断栈是否为空
        SetNullStack(&mystack);                  //⑨置空栈
        printStack(mystack);                     //打印栈元素
        printf("IsStackEmpty : %d\n", IsStackEmpty(mystack));   //⑩判断栈是否为空
}
```

图 5.50　顺序栈的建立及简单应用的代码

　　上述代码中，①定义了一个栈变量，此时栈的空间已经分配，但是 top 还没有被赋值，因此还无法对栈进行使用；②调用了栈的置空函数，将 top 置为-1，表示此时栈为空栈；③将 10，9，8，7，6 五个元素依次入栈，④将栈元素打印出来，因为 6 是最新入栈的，所以第一个打印的元素是 6，接下来打印 7，8，9，10；⑤将栈顶元素弹出，并存放到变量 sd 中，此时 top 指针也会向下移动一个栈空间，因此再打印栈元素时结果就变成 7，8，9，10 了，同时⑥打印 sd 的结果为刚刚弹出的栈顶元素 6；⑦则打印当前的栈顶元素，结果为 7，此时栈顶指针不发生移动，因此再打印栈元素时，结果还是 7，8，9，10；由于此时栈非空，因此⑧判断栈是否为空返回的结果是 0，经过⑨之后，栈被置空，此时再打印栈元素时，什么也打印不出来，并且⑩中的判断是否为空也变成了 1。

5.2.3　栈的链式表示和实现

1. 栈的链式存储结构

　　栈最重要的特性就是先进后出(FILO)，只要满足这个特性，实现方式可以有多种。当栈使用链式存储结构时，称为链栈。链栈的结构示意图如图 5.51 所示。

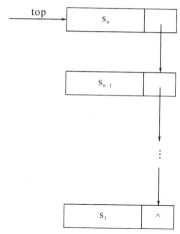

图 5.51　链栈的结构示意图

链栈的每一个结点都包括两个部分：存储数据的数据域和指向下一结点的指针域，结点之间通过指针域进行连接，形成了类似于链表的结构，而链栈和链表的区别在于链栈提供了 top 指针并且只能由 top 指针去访问栈中结点。链栈的存储结构的代码如图 5.52 所示。

```
typedef int datatype;
typedef struct StackNode
{
        datatype element;
        struct StackNode* next;        //指向下一个栈结点
}StackNode;                            // 注意链栈结点结构和链表结点结构相同
typedef struct LinkStack               //定义栈结构
{
        StackNode* top;                //栈顶指针
}LinkStack;
```

图 5.52　链栈的存储结构的代码

如图 5.52 所示，链栈的结点包含数据域和指针域，结点之间通过 next 指针相连接，而 top 指针则提供了访问链栈的入口。本书采用的是图 5.51 所示的结构，不设置头结点，top 指针直接指向栈的栈顶元素。

2. 栈的基本运算及实现

当采用不带头结点的链栈时，栈的很多操作都和 top 指针息息相关。栈的基础操作包括入栈和出栈，对于入栈而言，只要新结点的内存空间开辟成功，元素就可以入栈。

1）入栈运算 push

元素入栈的代码如图 5.53 所示。

```
void push(LinkStack* S, datatype e)
{
        StackNode* p;
```

```
        p = (StackNode*)malloc(sizeof(StackNode));

        p->element = e;

        p->next = S->top;

        S->top = p;

}
```

图 5.53　入栈的 push 运算代码

2) 出栈运算 pop

出栈的代码如图 5.54 所示。

```
void pop(LinkStack* S, datatype* e)

{

        StackNode* pDel;

        if (IsLinkStackEmpty(*S))

                return;

        pDel = S->top;

        *e = pDel->element;

        S->top = pDel->next;

        free(pDel);

}
```

图 5.54　出栈的 pop 运算代码

push 运算和 pop 运算的本质都是对 top 指针的操作，对应的示意图分别如图 5.55(a)和图 5.55(b)所示。

push 运算中，首先要为新结点分配新的空间并赋值，然后让新结点的 next 指针指向 top 指针指向的结点，使新结点和栈连接起来，然后需要调整 top 指针的指向，使其指向新结点。而对于 pop 运算，首先需要判断栈是否为空，如果栈本身为空，就什么也不做，如果栈非空，就将 top 指针指向下一结点，同时将栈顶元素的内存释放。

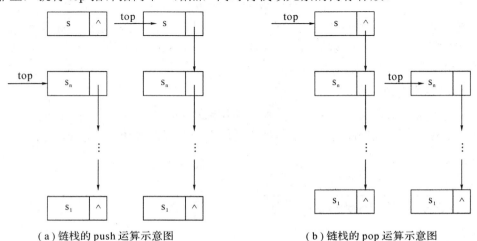

（a）链栈的 push 运算示意图　　　　　　（b）链栈的 pop 运算示意图

图 5.55　链栈的 pop 运算示意图

3) 链栈的其他运算

除了入/出栈外，其他运算包括初始化一个栈、判断栈是否为空、获取栈顶元素、置空栈和打印栈元素。定义一个链栈之后，需要对链栈进行初始化，这和置空栈有区别。**初始化栈**是直接将一个刚定义的栈的 top 指针置为空，使新定义的栈为一个空栈；而**置空栈**则是将栈中原本存在的元素全部 pop 之后变成一个空栈。图 5.56 和图 5.57 所示是两个操作的代码对比。

```c
void InitStack(LinkStack* S)
{
    S->top = NULL;
}
```

图 5.56　链栈的初始化代码

```c
void SetStackEmpty(LinkStack* S)
{
    datatype e;
    while (!IsLinkStackEmpty(*S))
        pop(S, &e);
}
```

图 5.57　链栈的置空运算代码

(1) **判断栈是否为空**。在置空栈中使用了判断栈是否为空的函数。具体实现的代码如图 5.58 所示。

```c
int IsLinkStackEmpty(LinkStack S)
{
    if (S.top)
        return 0;
    else
        return 1;
}
```

图 5.58　判断链栈是否为空的代码

(2) **获取栈顶元素**。获取栈顶元素 GetTop 和 pop 操作的区别在顺序栈中已经说过，而在链栈中的差别同样也是 top 指针的差别。GetTop 操作只是返回栈顶元素的值，不会改变链栈结构。具体实现的代码如图 5.59 所示。

```c
datatype GetTop(LinkStack S)
{
    if (IsLinkStackEmpty(S))
    {
        printf("stack is empty!");
```

```
        return 0;
    }
    return S.top->element;
}
```

图 5.59 获取链栈的栈顶元素的代码

(3) **打印栈元素**。为了更好地显示出栈中元素的变化过程，图 5.60 所示给出了打印栈中元素的代码。

```
void printStack(LinkStack S)
{
    StackNode* p = S.top;
    while (p)
    {
        printf("%d\t", p->element);
        p = p->next;
    }
    printf("\n");
}
```

图 5.60 打印链栈元素的代码

观察针对链栈的几个运算代码可以发现，在参数传递过程中，有些使用了指针，有些使用的是链栈本身。对比之后可以发现，判断栈是否为空、取栈顶元素和打印栈元素使用的是栈本身，而压入栈元素、弹出栈元素、置空栈和初始化栈使用的是指针。这是因为前一类函数只是使用栈而不对栈进行改变，或者说不改变 top 指针的值；而后一类函数则都会改变链栈，如果传入的参数是栈本身，那么改变的只是栈的副本，对栈没有改变，达不到预期效果。

图 5.61 所示的代码给出了从创建一个空链栈到进行一些基本运算的过程。

```
#include <stdio.h>
#include <stdlib.h>
main()
{
    LinkStack Stack;                    //①
    int i;
    datatype e;
    InitStack(&Stack);                  //②
    for(i = 0; i < 5; i++)
        push(&Stack, i);                //③
    printStack(Stack);                  //④
    pop(&Stack, &e);                    //⑤
```

```
        printStack(Stack);
        printf("IsLinkStackEmpty: %d\n", IsLinkStackEmpty(Stack));    //⑥
        printf("Top = %d\n", GetTop(Stack));      //⑦
        SetStackEmpty(&Stack);                    //⑧
        printf("IsLinkStackEmpty: %d\n", IsLinkStackEmpty(Stack));
        printStack(Stack);
    }
```

图 5.61　链栈的建立及简单应用的代码

上述代码中，①定义了一个未初始化的链栈，此时的 top 指针的指向是未知的，需要经过②将栈顶指针置为 NULL，这时栈为空栈；然后经过③，栈中被压入了五个元素，由于依次压入的顺序是 0，1，2，3，4，所以打印出的结果是 4，3，2，1，0；⑤删除了栈顶的元素，接下来打印的栈元素应该是 3，2，1，0，因此⑥中判断栈是否为空返回的应该是 0，⑦中打印的栈顶元素应该是 3；⑧将栈置空，接下来再判断栈是否为空返回的是 1，而打印栈元素也不会打印任何内容。

5.2.4　栈的应用

栈的应用比较广泛，比较典型的应用有"回溯"问题的求解、递归调用以及函数调用过程、数值转换、括号匹配以及表达式求值等。

1. 递归函数

递归函数是指直接或者通过一系列的调用语句间接调用自己的函数。递归函数必须要有一个终止条件，当满足这个条件之后，递归过程就会终止。函数在调用自己的过程中，需要将一些重要的信息进行保存，包括函数的局部变量、参数值以及返回地址。这些都将压入栈中，当程序执行到递归函数的回退阶段时，位于栈顶的局部变量、参数值和返回地址被弹出，而用于返回调用层次中执行代码的其余部分，恢复到上一层的调用状态。

2. 进制转换

进制转换在计算机中经常使用，利用栈进行进制转换的思路是：每次将余数入栈，直到商为零；然后将栈中元素出栈并打印，直到栈为空。下面以十进制转换为二进制为例，进制转换的伪代码如图 5.62 所示。

```
算法：DecimalToBinary(number)
功能：将十进制转换为二进制
输入：十进制正整数
后续结果：打印对应的二进制结果
返回值：无
算法步骤：
{
    Stack(S)
    while(number != 0)
```

```
        {
            remainder = number mod 2
            push(S, remainder)
            number = number / 2
        }
        while(!IsStackEmpty(S))
        {
            pop(S, x)
            print(x)
        }
    }
END
```

图 5.62　进制转换的伪代码

3. 括号匹配

括号匹配在代码提示和代码检查中比较常用，在编辑代码时如果有括号匹配检查，可以很容易发现错误。算法的思路是：扫描表达式，遇到符号"（"就将符号"（"进栈，遇到符号"）"就将栈中的一个元素出栈，直到表达式扫描完毕；如果此时栈为空，则说明括号是匹配的，否则不匹配。括号匹配的伪代码如图 5.63 所示。

```
/********************************************************************/
算法：CheckParentheses(expression)
功能：检查表达式中的圆括号配对是否正确
输入：给定表达式 expression
后续结果：无
返回值：正确返回 1，否则返回 0
算法步骤：
{
    Stack(S)            //定义一个栈
    S = SetNull()       //初始化栈
    i = 0
    while(expression[i] != '\0')   //扫描表达式
    {
        if(expression[i] == '(')   //入栈过程
            push(S, expression[i])
        else if(expression[i] == ')')
        {
            if(IsStackEmpty(S))   retuen 0   //此时空栈表示不匹配
            else pop(S)   //出栈过程
        }
```

```
        i = i + 1
    }
    if(IsStackEmpty(S)) return 1      //扫描结束后空栈表示匹配
    else return 0
}
END
/*************************************************************************/
```

图 5.63 括号匹配的伪代码

5.3 队 列

在日常生活中，经常会遇到为了维持秩序而需要排队的现象，这个时候，最后来的人排在队列的末尾，最先来的人排在队列的头部；同样，在办理业务时，也是在头部的人先办理然后先离开队伍。这种排队活动是队列的典型应用之一。

5.3.1 队列的逻辑定义和运算

1. 逻辑定义

队列(queue)和栈刚好相反，是一种先进先出(First In First Out, FIFO)的线性表。它只允许在表的一端进行删除，该端称为队头(front)；只允许在另一端进行插入，该端称为队尾(rear)。队列的示意图如图 5.64 所示。

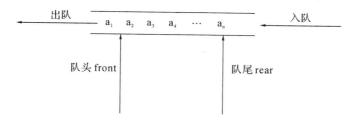

图 5.64 队列的示意图

上述队列中，a_1 就是队头元素，a_n 是队尾元素，队列是按照 a_1，a_2，…，a_n 的顺序进入队列的，出队列的顺序也是如此。

2. 相关运算

队列的两个主要运算：入队和出队。入队是将元素插入队列的尾部；出队是删除队列的队头元素。其他的队列运算包括初始化队列、清空队列、判断队列是否为空、获取队头元素、打印队列元素等。

由于队列是特殊的线性表，因此具有和线性表类似的运算，只是实现对应运算的方式不同，只要符合先进先出的线性表就是队列。队列的存储结构同样有两种方式：顺序存储和链式存储。

5.3.2　顺序队列的实现和运算

1. 队列的顺序存储结构

用一组连续的空间存储队列，可以用 C 语言中的数组实现。为了高效率地完成入队/出队操作，并结合队列的定义，通常设置两个指针：front 指针和 rear 指针。front 指针指向队头元素前一个位置，rear 指针指向队尾元素，并且在两个指针到达队尾之后，下一次将移动到队头，形成循环队列。但此时会出现一个问题，队列已满和队列为空的状态是一样的，都是 front 等于 rear。

解决这个问题有两种方法：第一种是设置一个空/满标志位；第二种方法是牺牲一个队列单元，使得队列满的时候，rear 和 front 相差一个存储单元。本书中采用的是牺牲一个存储单元的方式来实现循环队列，该方式的循环队列的存储结构如图 5.65 所示。

```
#define MAXSIZE 40
typedef int dataType;
typedef struct    //采用的是牺牲一个队列空间的循环队列
{   dataType data[MAXSIZE];
    int front;
    int rear;
}SqQueue;
```

图 5.65　循环队列的存储结构

如果要采用设置空/满标志位的方法，只需要在结构体中添加一个 tag 位，当 tag 位为 1 且 front 等于 rear 时表示队列已满，当 tag 位为 0 且 front 等于 rear 时表示队列为空。

2. 顺序队列的运算

队列的基本运算包括入队和出队。另外，和队列相关的操作包括初始化队列、判断队列是否为空、判断队列是否已满、获取队列的队头元素以及为了显示队列内容的打印操作。下面一一介绍并实现，最后给出从建立一个队列到实现基本操作的完整代码。

1) 初始化队列

当用数组的形式将队列封装成一个结构体类型之后，可以直接用该类型去定义一个队列变量，但是定义之后的变量没有被初始化，也没有被赋值，此时是没办法使用的。队列中比较重要的就是 front 和 rear，首先要做的就是对这两个指针的处理。因此，队列的初始化代码如图 5.66 所示。

```
void InitQueue(SqQueue* sq)
{
    sq->front = MAXSIZE -1;
    sq->rear = MAXSIZE -1;
}
```

图 5.66　循环队列的初始化代码

2) 判断队列是否为空

顺序队列中两个情况需要特别注意，即队列已满和队列为空，队列已满会影响到入队操作，而队列为空则会影响到出队和去队头元素操作。判断队列为空的代码如图 5.67 所示。

```
int IsQueueEmpty(SqQueue sq)
{
    return sq.front == sq.rear;
}
```

图 5.67　判断循环队列是否为空的代码

3) 判断队列是否已满

由于采用了牺牲一个存储单元的方式，因此如果 front 和 rear 相等，表示队列已满。图 5.68 给出了队列已满的代码。

```
int IsQueueFull(SqQueue sq)
{
    return (sq.front == (sq.rear + 1) % MAXSIZE);
}
```

图 5.68　判断循环队列是否已满

4) 入队列运算

入队需要先判断队列是否已满，在队列未满的情况下，由于 rear 本身指向的是队列中的队尾元素，是一个有效的元素，为了避免覆盖，因此需要先将 rear 指针往"后"移动一个位置，然后再将元素入队。具体的实现代码如图 5.69 所示。

```
int EnQueue(SqQueue* sq, dataType e)
{
    if (IsQueueFull(*sq))
    {
        printf("queue is full");
        return 0;
    }
    sq->rear = (sq->rear + 1) % MAXSIZE;    //先将队尾指针往"后"移动一个位置
    sq->data[sq->rear] = e;
    return 1;
}
```

图 5.69　循环队列的入队运算

这里的往"后"是广义的往后移动，是循环队列的下一个位置。

5) 出队列运算

出队需要先判断队列是否为空，在队列未空的情况下，由于 front 并不是指向队头元素，而是指向队头元素的前一个位置，因此也需要将 front 指针往"后"移动一个位置。这时队列中原本的队头元素实际上还存在，只是无法通过 front 指针访问到，后续通过入队操作会把这个空间给覆盖掉。经过出队操作之后，原来队列中队头的下一个元素就成了新的队头。循环队列的出队运算代码如图 5.70 所示。

```
int DeQueue(SqQueue* sq, dataType* e)
{
    if (IsQueueEmpty(*sq))
    {
        printf("queue is empty");
        return 0;
    }
    sq->front = (sq->front + 1) % MAXSIZE;
    *e = sq->data[sq->front];    //已经将 front 移动过了
    return 1;
}
```

图 5.70　循环队列的出队运算代码

出队和入队都设置了返回值，可以用该返回值来判断出队和入队是否成功：若返回值为 0，则表示不成功；若返回值为 1，则表示成功。

6) 获取队列头部元素

出队操作实际上也将队头元素返回到主函数中了，但是以函数参数的形式返回的，不如以返回值的形式方便，因此单独写了返回队头元素的函数。获取队列队头元素的代码如图 5.71 所示。

```
dataType front(SqQueue sq)
{
    if (IsQueueEmpty(sq))
    {
        printf("queue is empty");
        return 0;
    }
    return sq.data[(sq.front + 1) % MAXSIZE];
}
```

图 5.71　获取循环队列队头元素的代码

7) 打印队列元素

为了显示各种操作之后队列的元素变化情况，需要将队列中的元素显示到屏幕上。打印队列中元素的代码如图 5.72 所示。

```
void printQueue(SqQueue sq)
{
```

```
        while ((sq.front + 1) % MAXSIZE != (sq.rear + 1) % MAXSIZE)
        {
            printf("%d\t", sq.data[(sq.front + 1) % MAXSIZE]);
            sq.front++;
        }
        printf("\n");
    }
```

图 5.72　打印循环队列元素的代码

由于 front 指向队头的前一个位置，因此 front+1 指向队头，而 rear 指向队尾，则 rear+1 指向的是队尾的下一个位置。于是，上述代码中 while 循环的条件所限制的打印范围是从队头一直打印到队尾，也就是输出整个队列中的元素。图 5.73 所示给出队列从建立到一些简单应用的代码。

```
#include <stdio.h>
main()
{
    SqQueue sq;                                          //①
    int i;
    dataType res;
    InitQueue(&sq);                                      //②
    printf("IsQueueEmpty : %d\n", IsQueueEmpty(sq));     //③
    for (i = 0; i < MAXSIZE  -1; i++)
        EnQueue(&sq, i);                                 //④
    printQueue(sq);                                      //⑤
    printf("IsQueueFull : %d\n", IsQueueFull(sq));       //⑥
    DeQueue(&sq, &res);                                  //⑦
    printQueue(sq);
    EnQueue(&sq, res);                                   //⑧
    printQueue(sq);
    printf("front element : %d\n", front(sq));           //⑨
}
```

图 5.73　循环队列的建立及简单应用的代码

上述代码中，①使用队列类型定义了一个队列，然后通过②对队列进行初始化，此时队列是一个空队列，因此③的返回结果是 1；④调用了多次的入队函数，依次将 0，1，2，…，38 入队，因为有一个空间是闲置的，所以此时队列已满；⑤将队列中的元素打印，所以打印的结果是 0，1，2…，38；⑥中判断队列是否已满的结果为 1；⑦将队头元素出队，再次打印队列元素，结果是 1，2，…，38；⑧将刚才出队的元素又入队，此时新入队的元素在队列的尾部，因此再次打印的结果为 1，2，…，38，0，根据以上打印结果可知，⑨打印的队头元素为 1。

5.3.3　队列的链式表示和实现

采用顺序存储队列有时存在预先分配的空间无法满足应用的需求，就会有分配内存过多造成的浪费问题，而采用链式存储结构可以很好地解决这个问题。

1. 队列的链式存储结构

采用链式存储结构实现的队列称为链队列，它实质上是有特殊要求的单链表，其特殊之处在于只能在链表的尾部添加元素(称为入队)，也只能在链表的头部删除元素(称为出队)。链队列和顺序队列一样，需要处理好 front 指针和 rear 指针。一般用于实现队列的链表包含头结点，这样当队列为空时，front 指针和 rear 指针比较好处理，都指向这个头结点。一般状态下的链队列如图 5.74 所示。

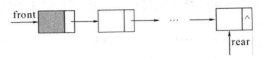

图 5.74　链队列的一般结构

当队列为空时，上述链队列的状态有所改变，此时 rear 指针不指向任何数据结点，只能和 front 一样，指向头结点。

由于链队列实质上是一个链表，因此链队列的链式存储结构也是先要有一个结点信息，包含数据域和指针域。结点实现以后，需要两个指向结点类型的指针，分别用来实现 front 指针和 rear 指针。链队列的链式存储结构代码如图 5.75 所示。

```
typedef int dataType;
typedef struct QNode        //链队列的结点信息
{
        dataType data;
        struct QNode* next;
}QNode;


typedef struct              //链队列信息
{
        QNode* front;
        QNode* rear;
}LinkQueue;
```

图 5.75　链队列的存储结构代码

2. 队列的运算和实现

对某种类型的学习要把握住关键，之前学习的链表关注的是插入和删除的指针变换，栈关注的是入栈和出栈运算，而队列关注的是入队和出队运算。只要理解了关键的运算，无论队列的实现方式是顺序存储还是链式存储，或者采用循环和非循环的方式，都很容易实现。

1）入队列运算

入队列的实质是在链表的尾部插入一个元素，需要做的是先为新的元素分配内存空间，然后为这个新结点赋值，最后是通过 rear 指针将该结点插入到队列的尾部。具体的实现代码如图 5.76 所示。

```
void EnQueue(LinkQueue* lq, dataType e)
{
    QNode* newNode = (QNode*)malloc(sizeof(QNode));
    newNode->data = e;
    newNode->next = NULL;
    lq->rear->next = newNode;        //将新结点连接到队列尾部
    lq->rear = newNode;              //调整 rear 指针指向队列的尾部
}
```

图 5.76　链队列的入队运算代码

2）出队列运算

出队的实质是将链表的首个元素结点删除，为此，首先要定义一个指向该结点的指针，将该结点的信息先保存。删除一个元素的前提是队列中要有元素存在，所以首先要判断队列是否为空。因为队列是带有头结点的，所以头结点的 next 指针才指向第一个元素结点，因此要调整指针将头结点的 next 指针指向待删除结点的下一个结点。假如队列只有一个元素，删除之后队列应该为空，但是我们并未对 rear 指针进行处理，所以还要考虑如果队列只有一个元素，需要调整 rear 指针的指向，以保证删除之后队列为空。删除结点之后还要将内存回收，养成好习惯。出队运算的具体实现代码如图5.77 所示。

```
void DeQueue(LinkQueue* lq, dataType* e)
{
    QNode* pDel = lq->front->next;
    if(IsLinkQueueEmpty(*lq))         //判断队列是否为空
        return;
    lq->front->next = pDel->next;     //更新队列的队头结点
    if(!pDel->next)
        lq->rear = lq->front;         //队列只有一个结点时对 rear 指针的处理
    *e = pDel->data;
    free(pDel);
}
```

图 5.77　链队列的出队运算代码

3）判断队列是否为空

出队代码中使用到判断队列是否为空的函数，在图 5.77 所示的代码中，如果队列为空，两个指针将都指向头结点，因此可以用两个指针的状态来判断队列是否为空。具体实现如

图 5.78 所示。

```
int IsLinkQueueEmpty(LinkQueue lq)
{
    return lq.front == lq.rear;
}
```

图 5.78　判断链队列是否为空的代码

4) 队列初始化

队列的存储结构中定义了队列这种类型，于是可以定义队列变量，但是未初始化的队列变量是无法使用的，为此需要实现一个初始化函数。对链队列的初始化需要达到的目的是将队列变成一个空队列，同时带上头结点。初始化操作的具体实现代码如图 5.79 所示。

```
void InitQueue(LinkQueue* lq)
{
    QNode* p = (QNode*)malloc(sizeof(QNode));
    p->next = NULL;
    lq->front = p;
    lq->rear = p;
}
```

图 5.79　链队列的初始化代码

上述代码中，添加了一个头结点，并将头结点的 next 指针置空，不指向任何结点，同时将 front 指针和 rear 指针都指向这个头结点。根据判断队列是否为空的代码可知，队列被初始化为一个空队列。

5) 获取队列的队头元素

为了获取队头元素但并不删除队头元素，需要单独实现一个函数，此函数并不改变任何指针的指向，只需要将队头元素的数据部分返回。因此，其具体实现代码如图 5.80 所示。

```
dataType front(LinkQueue lq)
{
    return lq.front->next->data;
}
```

图 5.80　获取链队列的队头元素代码

6) 打印队列元素

为了显示各种操作之后的队列元素，另外提供了打印队列元素的函数，从队列的队头元素开始，一直打印到队列结束。具体实现代码如图 5.81 所示。

```
void printQueue(LinkQueue lq)
{
    QNode* p = lq.front->next;
    while (p)
```

```
        {
            printf("%d\t", p->data);

            p = p->next;

        }
        printf("\n");

}
```

图 5.81　打印链队列的元素代码

图 5.81　打印链队列的元素代码

图 5.82 所示给出从建立链队列到一些基本应用的全部流程，并给出了队列元素的变化情况及分析。

```
#include <stdio.h>
#include <stdlib.h>
main()
{
    LinkQueue linkqueue;                    //①
    int i;
    int tmp;
    InitQueue(&linkqueue);                  //②
    printf("IsLinkQueueEmpty : %d\n", IsLinkQueueEmpty(linkqueue));      //③
    for (i = 0; i < 8; i++)
            EnQueue(&linkqueue, i);         //④
    printQueue(linkqueue);                  //⑤
    for (i = 0; i < 3; i++)
            DeQueue(&linkqueue, &tmp);      //⑥
    printQueue(linkqueue);
    printf("IsLinkQueueEmpty : %d\n", IsLinkQueueEmpty(linkqueue));
    printf("front of linkqueue : %d\n", front(linkqueue));   //⑦
    for(i = 0; i < 5; i++)
            DeQueue(&linkqueue, &tmp);      //⑧
    printQueue(linkqueue);
    printf("IsLinkQueueEmpty : %d\n", IsLinkQueueEmpty(linkqueue));      //⑨
}
```

图 5.82　链队列的建立及简单应用的代码

上述代码中，①首先定义了一个链队列结构体变量，该变量包含两个成员，是两个未初始化的指针，指向未知；②将该变量初始化，该队列变量称为一个带头结点的空队列，两个指针分别指向头结点；由于初始化为空队列，所以③的判断结果为 1；④进行了八次入队操作，依次将 0，1，2，…，7 入队，所以⑤打印的队列元素为 0，1，2，3，4，5，6，7；⑥进行了三次出队操作，将 0，1，2 三个元素删除，所以再次打印的结果为 3，4，5，6，7，此时队列中还有五个元素，因此判断队列为空返回的结果是 0；⑦中打印的队头元素为 3；⑧ 又进行了五次出队操作，将队列中所有的元素都出队，队列变成了一个空队列，此时打印队列元素的函数没有元素可以打印，只输出一个换行符；⑨中判断队列为空的结果为 1。

5.3.4 队列的应用

已知集合 A = {a_1, a_2, …, a_n}，并且集合上的关系 R = {(a_i, a_j)|a_i, a_j 属于 A，i 不等于 j，其中(a_i, a_j)表示 a_i 与 a_j 之间的冲突关系。现要求将集合 A 划分成互不相交的子集 A_1, A_2, …, A_m(m≤n)，使任何子集上的元素均无冲突关系，同时要求划分的子集个数较少。这是一个数学问题，它是由实际问题抽象而来的。在大型体育比赛的日程安排上，冲突问题很重要。假设运动会一共有 9 个比赛项目，则 A = {1, 2, …, 9}，根据项目报名后汇总的情况，出现了冲突的项目：R = {(2, 8), (9, 4), (2, 9), (2, 1), (2, 5), (6, 2), (5, 9), (5, 6), (5, 4), (7, 5), (7, 6), (3, 7), (6, 3)}。冲突是指同一运动员参加的多个项目在同一天进行。现在需要合理地安排比赛项目的日程，使各个项目不冲突且比赛天数最少。

根据上面给出的冲突关系，可以得到图 5.83 所示的关系矩阵。

	1	2	3	4	5	6	7	8	9
1	0	1	0	0	0	0	0	0	0
2	1	0	0	0	1	1	0	1	1
3	0	0	0	0	0	1	1	0	0
4	0	0	0	0	1	0	0	0	1
5	0	1	0	1	0	1	1	0	1
6	0	1	1	0	1	0	1	0	0
7	0	0	1	0	1	1	0	0	0
8	0	1	0	0	0	0	0	0	0
9	0	1	0	1	1	0	0	0	0

图 5.83 冲突关系矩阵

子集划分过程： 从第 1 个项目开始，将它划分到第 1 个子集，由于第 2 个项目和 1 冲突，所以放弃 2；由于 3 和 1 不冲突，因此将 3 放入第 1 个子集；由于 4 和 1、3 均不冲突，因此将 4 也放入第 1 个子集；由于 5 和 4 冲突，因此 5 不能放入第 1 个子集，于是放弃。同样的，6 和 7 均与 3 冲突，因此都不能放入第 1 子集；由于 8 和 1、3、4 都不冲突，因此 8 可以放入第 1 子集；9 和 4 有冲突，也不能放入第 1 子集。因此，第 1 子集 A_1 = {1, 3, 4, 8}，剩余的元素 A 剩 = {2, 5, 6, 7, 9}。

同样的，将项目 2 划分到第 2 个子集，由于 5、6 均和 2 有冲突，于是放弃；7 和 2 不冲突，放入第 2 子集；9 和 2 冲突，于是放弃。因此，第 2 子集 A_2 = {2, 7}，剩余的元素 A 剩 = {5, 6, 9}。

将项目 5 放入第 3 子集，由于 6、9 和 5 均冲突，于是放弃，因此第 3 子集 A_3 = {5}，剩余的元素 A 剩 = {6, 9}。

将项目 6 放入第 4 子集，由于 9 和 6 不冲突，所以将 9 放入第 4 子集，因此第 4 子

集 $A_4 = \{6, 9\}$。

从以上划分的过程可知，取出一个元素和当前子集中的元素比较是否冲突，如果不冲突则放入子集，如果冲突则移到尾部，等待下一次子集划分，因此可以用一个循环队列去实现子集划分。通过对队列中的元素进行入队、出队运算，将队列中的元素划分到不同的子集中去，直到队列为空。

划分子集的算法思想如下：

(1) 将队列初始化，包含待划分集合中的所有元素。

(2) 队首元素出队，作为子集的第一个元素。

(3) 取队列的队首元素出队，和当前子集的元素比较是否冲突，如果不冲突则划分到当前子集，如果冲突则再次入队。

(4) 重复过程(3)，直到本队列中的所有元素都出队一次，此时当前子集已经划分完成。

(5) 设置新的子集，重复过程(2)和过程(3)，直到队列为空，此时所有的子集划分完成。

从子集的划分过程可知，如果想在当前子集中添加一个新的元素，需要比较当前元素和子集中每一个元素是否冲突。如果当前子集中含有 i 个元素，则需要比较 i 次，这个过程还可以进一步优化。以划分第一个子集为例，可以设置一个含有 9 个元素的数组 new，数组数据为 0 表示不冲突，不为 0 表示冲突，令 new[] = {0, 0, 0, 0, 0, 0, 0, 0, 0}。第一次划分子集时，出队的元素是 1，因此将 R 中第 1 行的数据复制到 new 中，此时 new[] = {0, 1, 0, 0, 0, 0, 0, 0, 0}；下一个出队元素是 2，由于 new[1] = 1，有冲突，将 2 再次入队；再下一个出队的是 3，由于 new[2] = 0，不冲突，可以将 3 划分到第 1 子集，于是将 R 中第 3 行加到 new 中，更新之后 new[] = {0, 1, 0, 0, 0, 1, 1, 0, 0}；接着出队的是 4，由于 new[3] = 0，不冲突，将 4 划分到第 1 子集，同时将 R 中第 4 行加到 new 中，更新之后 new[] = {0, 1, 0, 0, 1, 1, 1, 0, 1}；由于 new[4] = new[5] = new[6] = 1，因此 5、6 和 7 均和第 1 子集冲突；new[7]=0，因此 8 可以划分到第 1 子集，将 R 的第 8 行加到 new 中，更新之后 new[] = {0, 2, 0, 0, 1, 1, 1, 0, 1}；由于 new[8] = 1，因此项目 9 也冲突。至此，第 1 子集划分完成，每次只需要比较一次就可以确定是否和当前子集冲突，额外的代价只是多了几次加法，而不用每次都和子集内所有的元素进行比较。

上述子集划分过程中，使用循环队列是很容易实现的，但如果先去实现循环队列再解决上述问题，会很麻烦。这里用一个数组模拟循环队列去实现上述过程。划分子集的具体实现代码如图 5.84 所示。

```
void DivideIntoGroup(int R[][Item], int cq[], int result[], int* NumofGroup)
{
    int front = Item - 1;      //front 指向循环队列首元素的前一个位置
    int rear = Item - 1;       //rear 指向循环队列的尾元素
    int group = 1;             //分组号
    int pre = 0;               //用来判断一轮遍历是否结束
    int newr[Item];            //优化时用到的数组
    int i, k;
    for (k = 0; k < Item; k++)
```

```
        {
                newr[k] = 0;
                cq[k] = k + 1;      //给项目编号 1，2，…，9
        }
        do
        {
                front = (front + 1) % Item; //元素出队
                i = cq[front];
                if (i < pre)   //满足条件说明上一轮遍历结束，需要划分新的子集
                {
                        group++; //新子集编号
                        result[i-1] = group; //标记项目所属的子集
                        for (k = 0; k < Item; k++) //新子集的第一个元素，更新 newr 数组
                                newr[k] = R[i-1][k];


                }
                else if(newr[i-1] != 0) //说明发生了冲突
                {
                        rear = (rear + 1) % Item; //冲突元素入队
                        cq[rear] = i;
                }
                else //说明可以划分为同一子集
                {
                        result[i-1] = group; //标记项目所属的子集
                        for(k = 0; k < Item; k++)   //更新 newr 数组
                                newr[k] += R[i-1][k];
                }
                pre = i; //用于判断一轮遍历是否结束
        }while(front != rear); //循环结束的条件是循环队列为空
        *NumofGroup = group;//保存划分的子集数目

}
```

图 5.84 划分子集的具体实现代码

划分子集的测试代码如图 5.85 所示。

```
#include <stdio.h>
#define Item 9    //一共有 9 个待划分的项目
void DivideIntoGroup(int R[][Item], int cq[], int result[], int* NumofGroup);//函数声明
main()
{
```

```
int cq[Item] = {0};
int R[][Item] = {0, 1, 0, 0, 0, 0, 0, 0, 0,
                 1, 0, 0, 0, 1, 1, 0, 1, 1,
                 0, 0, 0, 0, 0, 1, 1, 0, 0,
                 0, 0, 0, 0, 1, 0, 0, 0, 1,
                 0, 1, 0, 1, 0, 1, 1, 0, 1,
                 0, 1, 1, 0, 1, 0, 1, 0, 0,
                 0, 0, 1, 0, 1, 1, 0, 0, 0,
                 0, 1, 0, 0, 0, 0, 0, 0, 0,
                 0, 1, 0, 1, 1, 0, 0, 0, 0};
int result[Item] = {0};
int i, j;
int group;
DivideIntoGroup(R, cq, result, &group); //子函数调用
for(i = 1; i <= group; i++)
{
    printf("Group%d :", i);
    for(j = 0; j < Item; j++)
        if(result[j] == i)
            printf("\t%d", j + 1);
    printf("\n");
}
}
```

图 5.85　划分子集的测试代码

程序运行的结果如图 5.86 所示。这和本书在**子集划分过程**的分析结果一致。

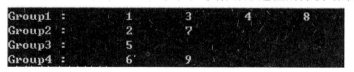

图 5.86　划分子集的结果

5.4　综 合 应 用

链表、栈和队列作为三个典型的数据类型，应用十分广泛。在目前的图像处理中，基于图像森林变换的分割算法中就用到了这几个数据类型。下面对此作简要的介绍，以加深对这类数据结构的理解。

1. 图像森林变换的简介

图像森林变换是把图像中的每一个像素映射成为图形中的每一个结点，从而使图像处

理问题简化为在图形中求解最短路径森林问题。图像森林变换(IFT)算法的主要思想是将图像映射为数据结构中的带权图，通过对图中最优路径森林的探寻得到一个含有不同标记的图像。在图中，IFT 定义了一条最优代价路径森林，该最优路径的形成包含三个必需的参数元素：结点、各结点间的连接及路径代价函数。该森林的结点对应于图像的各个像素点，各结点间的连接由像素点间的"邻接关系"定义，路径代价函数是由用户根据不同的应用场合自己决定的，通常为图像的局部属性，如颜色、梯度和像素位置等函数。目前，根据不同的应用主要有两种专门的路径代价函数——加性路径代价函数及最大值路径代价函数。

2．IFT 实现的原理

IFT 实现的原理可以分为以下四个步骤：

(1) 将图像根据各个像素点映射为一个有权值的有向图。

(2) 根据实际应用选择合适且正确的路径代价函数。

(3) 选取森林根结点作为森林生成的种子像素集，从种子像素集出发，把每一个像素点对应的结点分配到一条森林的各条最优代价的路径上。

(4) 最后，所有路径的集合形成了从给定根结点集出发的有向森林。

3．图像森林变换算法

IFT 算法实现图像分割的具体步骤如图 5.87 所示。

输入：图像 I = (I，I)；邻接关系 A⊂I*I；路径代价函数 f(t)。

输出：所有结点的路径代价值 V；所有结点的标记 M；所有结点的父结点 P。

辅助数据结构：FIFO 队列结构 Q。

1. 初始化 ∀ t∈I 的结点，令 L(t)<-0，C(t)<-f(<t>)；

2. 选取种子集 R 作为森林生长的根结点；

3. 初始化种子点集内的所有结点 r∈R，令 V(r)<-0，对 M(r)赋值相应的标记值 M(r)<-1，并将种子点集内的所有结点插入 Q；

4. 若队列 Q 非空 while(!QueueEmpty(Q))：

　　4.1 将队列 Q 按 V(s)值进行从小到大的顺序排序，查找 Q 中优先级最高的(V(s)值最小)结点 s 的位置，并将其移出 Q；

　　4.2 对 ∀ (s，t)∈A 的结点 t：

　　　　4.2.1 计算 V'=f_sum(P*(s) · <s，t>)；

　　　　4.2.2 若 V'≤V(t)，令 V(t)=V'，M(t)<-M(s)；

　　　　　　1) 若 t∉Q，根据 V(t)值将 t 插入 Q；

　　　　　　2) 若 t∈Q，先将 t 从队列 Q 中移除，再根据新计算的 V(t)值将 t 插入 Q，从而实现更新 t 在 Q 中位置的更新；

END

图 5.87　IFT 算法实现图像分割

在 IFT 框架里，一幅图像被映射为一幅图，每一个像素是一个结点，在定义了邻接关系 A 之后，弧线被放置在邻接的像素之间。给定一幅图像和通过交互式手工选取的种子像素集合 R，IFT 计算了最小代价树中的像素结点的一个最佳分割，同时形成了一个由众多树生成的森林。首先将所有的种子结点插入队列 Q，然后将那些具有较小路径代价值对应的具有较高优先级的结点 s 从队列 Q 中移出，最后估计 $\forall\,(s, t) \in A$ 的结点 t 的路径代价值 V。本文中，估计代价值 V 是 s 与 t 的灰度差值和 s 的代价 V(s)之间的加和。对于 s 的所有满足邻域关系的像素 t (步骤 4.2)，执行步骤 4.2.1 及 4.2.2，结点 t 根据设定的路径代价函数计算其路径代价值，若 t 不在队列 Q 中(步骤 4.2.2 中的 1))，则根据 V(t)值将 t 插入 Q；如果 t 在队列 Q 中(步骤 4.2.2 中的 2))，则结点 t 在 Q 中位置被更新，反之，则不更新。当队列为空时，算法结束。最终，从每个种子出发将图中所有的结点根据其最小代价准则形成若干棵结点树，整合所有结点树形成森林。

4. 算法中的数据结构

1) 定义队列结构

首先需要定义结点信息，如图 5.88 所示。

```
typedef struct node
{
    int next;   //下一个结点
    int prev;   //上一个结点
    char color; /*WHITE = 0, GRAY = 1, BLACK = 2*/
}Node;
```

图 5.88 定义结点的代码

双向链表中则存放指向上述结点的指针及相关信息。定义双向链表的代码如图 5.89 所示。

```
typedef struct doublylinkedlists
{
    Node* elem; //指向所有可能的双向链表
    int nelems; //元素个数
    int* cost;  //结点代价
}DoublyLinkedLists;
```

图 5.89 定义双向链表的代码

接下来需要定义环形队列，如图 5.90 所示。

```
typedef struct circularqueue
{
    int* first;      //指向双向链表的头部
    int* last;       //指向双向链表的尾部
    int nbuckets;
    int mincost;     //结点的最小代价
    int maxcost;     //结点的最大代价
    char tiebreak;   //指示类型，1 表示 LIFO，0 表示 FIFO(默认)
}CircularQueue;
```

图 5.90 定义环形队列的代码

最后根据上述信息定义图像森林变换所需要的队列结构，如图 5.91 所示。

```
typedef struct queue
{
    CircularQueue C;
    DoublyLinkedLists L;
}Queue;
```

图 5.91　图像森林变换的队列结构定义代码

根据上述定义，所形成的 IFT 循环有序队列示意图如图 5.92 所示。

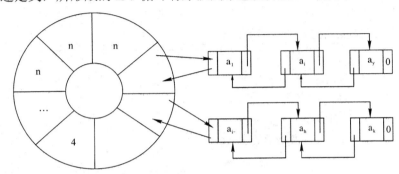

图 5.92　IFT 循环有序队列示意图

图 5.92 中，IFT 森林变换的数据结构实际上是一个环形队列，队列的成员变量中包含指向双向链表头部和尾部的两个指针，还有结点的最小代价和最大代价。通过队列的每一个结点都可以访问到一个双向链表。

2) 队列的操作

将上述结构类型自定义完成后，需要对队列 Queue 结构进行必要的操作，这些操作在 5.3 节中出现过一部分，另外一些是 IFT 独有的操作，如图 5.93 所示。

```
Queue* CreateQueue(int nbuckets, int nelems, int* cost); //创建队列
void DestroyQueue(Queue** Q); //销毁队列
void ResetQueue(Queue* Q); //初始化队列
int EmptyQueue(Queue* Q); //清空队列
void InsertQueue(Queue** Q, int elem); //插入元素
int RemoveQueue(Queue* Q); //删除队列
void RemoveQueueElem(Queue* Q, int elem); //移除队列元素
void UpdateQueue(Queue* Q, int elem, int newcost); //更新队列
Queue* GrowQueue(Queue** Q, int nbuckets); //队列生长函数
```

图 5.93　IFT 队列结构的基本操作

5. 算法应用举例

在集成电路制造中，成品率下降与缺陷密切相关，因此缺陷的分割对于提高电路制造成品率及其可靠性极其重要，而其中的光刻工艺涉及的缺陷形状多种多样，因此需要准确有效地分割出缺陷以检测描述缺陷，确定缺陷的来源及其粒径分布与形状，并对其进行分

类统计，为后续实现版图优化及成品率的提升提供一定的理论依据。IC 真实缺陷分割是图像分割在集成电路中的一个重要的应用，IFT 在该领域起到了很关键的作用。

　　手动选取 IC 缺陷版图中的分割种子点，方法是手工画线，将线上的所有像素视为种子点。图 5.94 所示是随机选取的包含单一缺陷的灰度图像，其中黑色部分是手工画线选取的种子点。根据阈值限定 IFT 的生长准则进行生长，将种子点附近满足该生长规则的所有结点一一包含进来，从而生长成一棵几乎包含所有缺陷结点的 IFT 树，如图 5.94(b)所示。

(a) 选定种子点的原始图像　　　　　　　(b) IFT 缺陷提取图

图 5.94　IC 缺陷版图的 IFT 分割结果

　　从分割结果来看，IC 版图缺陷与版图中的噪音、互联线以及线网有明显的边界，把缺陷的边缘部分精准地分割出来，既没有过分割，也没有分割不足，同时提取的缺陷区域内部是均匀的，没有太多的空洞。因此，利用队列和链表的 IFT 是进行版图缺陷分割的有效工具。

本 章 小 结

　　本章介绍了线性表、栈和队列的相关知识。线性表是基础，栈和队列是对插入和删除有特殊限制的线性表。栈只能在线性表尾部进行插入和删除的线性表；队列是只能在一端进行插入操作，另一端进行删除操作。线性表、栈和队列可以由顺序存储结构或者链式存储结构实现。顺序存储结构必须提前分配空间，不利于插入和删除元素，但是内存的利用效率高，查找的效率高；链式存储结构没有内存空间的限制，插入和删除比较快，但是由于每个结点都有指向下一结点的指针，对内存的利用率不高。本章还给出了三种结构的 IFT 变换的典型应用场景，它是线性数据结构的应用范例。

练 习 题

一、翻译与解释

结合计算机语言相关知识翻译并解释下列词的含义(其解释用中英文均可)。

list, linked list, dummy node, stack, lifo, top-of-stack, push, pop, top, queue, fifo, dequeue, enqueue, front, rear

二、简答题

1. 顺序存储结构和链式存储结构各有什么优缺点？

2. 栈和队列的特性分别是什么？

3. 三个元素按照顺序 1，2，3 入栈再出栈，出栈的结果一共有几种可能？

4. 链表的插入和删除都是对指针指向的操作，调整指向的时候有一定的顺序，如果顺序反了会造成什么后果？

三、思考题

查资料回答下列问题：

1. 在实现链栈的时候，采用了不带头结点的结构，因此需要通过实质上的二级指针才能达到插入和删除等需要改变链表的操作，如果采用带有头结点的结构，用一级指针是否能达到上述同样的目的？为什么？如果可以，应该怎么做？

2. 和上一题同样的场景，如果是链队列结构，结果又会怎样？

3. 子函数调用或者中断过程中，系统是如何利用栈结构的？

四、编程及上机实现

1. 参考 6.2.2 节、6.3.2 节最后的综合代码，实现 6.1.2 节中的顺序表从建表到相应的运算，并完成上机调试，给出运行结果。

2. 参考 6.2.3 节、6.3.3 节最后的综合代码，实现 6.1.3 节中的单向链表从建表到相应的运算，并完成上机调试，给出运行结果。

3. 编程实现单向链表的反转。例如，原本的单向链表是 1，2，3，4，反转之后的链表为 4，3，2，1。

4. 有两个单向链表 A 和 B，编程实现 A 和 B 的交叉合并。例如，A 是 1，3，2，B 是 4，5，6，7，8，则合并之后的结果是 1，4，3，5，2，6，7，8。

5. 如果有两个都为升序(或者都为降序)排列的单链表 A 和 B，编程实现 A 和 B 的合并，使合并之后的链表依然是排序的。

6. 编写仅用一个数组实现两个栈的程序。(提示：两个栈共用一个长度为 n 的数组，两个栈的栈底分别是下标为 0 和下标为 n-1 的位置，栈顶定义为 top1 和 top2，当需要入栈时，首先要判断是哪个栈入栈；如果是栈 1 入栈，将 top1++，然后元素入栈；如果是栈 2 入栈，将 top2--，然后元素入栈；如果是栈 1 出栈，将元素出栈，然后 top1--；如果是栈 2 出栈，将元素出栈，然后 top2++。在执行上述两个操作时，需要判断栈 1 和栈 2 是否已满或者为空，同时思考两个栈共用的空间使用完时 top1 和 top2 的关系。)

第6章　非线性数据结构

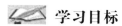 **学习目标**

在实际问题解决中，基于非线性数据结构的解决方案取得了很好的成效。例如：计算机系统中实现的文件目录结构，通信过程中对于通信信息的编码，网络中两点之间最短路径的计算，数字图像处理中像素的变化等。本章介绍非线性数据结构二叉树与图的基本定义与存储结构，讨论二叉树与图的各种遍历算法及其各种应用算法。同时，对超图的定义与基本理论进行了简要的介绍，并将其应用于图像处理中。

6.1　二叉树数据结构

树形结构普遍存在。例如：自然界中的植物树是一种树形结构，动物界的猴群之间的关系是一种树形结构，人类社会中的家族是一种树形结构；在国家、企业、学校、研究所的管理机构也呈现出一种树形结构。树形结构的例子数不胜数，如书的目录也是一种树形结构，手机和计算机中的文件组织与管理也采用树形结构。

利用树形结构解决实际问题的方案方兴未艾。在互联网上如以二叉树"binary tree"为关键字进行学术搜索，可以发现如表 6-1 和表 6-2 所示的相关内容。

表 6-1　Binary tree 期刊发表的论文数量(2017.12.12)

年代	2018	2017	2016	2015	2014	2013	2012	2011	2010	2009
数量	6	509	676	733	850	880	902	801	773	691

表 6-2　Binary tree 会议发表的论文数量(2017.12.12)

年代	2017	2016	2015	2014	2013	2012	2011	2010	2009	2008
数量	121	234	179	214	212	301	426	643	564	455

可以看出，树形结构在科学、工程技术、社会、心理和哲学等方面有广泛的应用。如何能够在未来的实际问题中使用树形结构呢？万丈高楼平地起，首先还是从树的逻辑结构及运算谈起。

6.1.1　树与二叉树的定义

1. 树

正像自然界树的形状一样，树由树根、树枝和树叶组成，图 6.1 所示为自然界中的树。

可见树的形状千变万化。但是在逻辑上，我们可抽取其最本质的特质，即结点和连接关系。根据这样的特点，我们给出树的逻辑定义如下：

 • **树的定义 1**：由根结点、树枝和树叶结点组成的有限集称为树。其中根结点只有一个，即树叶结点或终端结点或者是子树。树的定义举例如图 6.2 所示。

| (a) 银杏树 | (b) 胡杨林 | (c) 白杨 |

图 6.1　自然界中的树

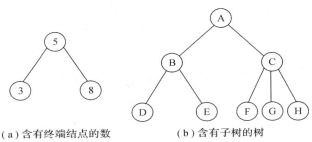

（a）含有终端结点的数　　　　　（b）含有子树的树

图 6.2　树的定义举例

依据上述定义，在图 6.2 中，根为结点 A，叶子结点为结点 D、E、F 和 G；而 B、C 结点为 A 结点的子结点。

为了更好地介绍树的结构，下面对树中的一些术语进行介绍。

1) 术语介绍

(1) 结点：指树中的一个数据元素，包含数据项及若干指向其子树的分支。它体现数据元素及数据元素的后继信息。从这个概念出发，可以看出树由结点构成，即树是结点的集合。

(2) 结点的度：指结点拥有的子树个数。

(3) 树的度：指树中最大结点的度数。

(4) 树的深度：树中结点的最大层次数。

(5) 叶子：树中度为零的结点，又称为终端结点。

(6) 孩子：一个结点的子树的根称为该结点的孩子。

(7) 双亲：一个结点的直接上层结点称为该结点的双亲。

(8) 兄弟：同一双亲的孩子互称为兄弟。

2) 树结构的性质

对于一个树结构，其具有以下性质：

(1) 树中只有仅有一个根结点，没有前驱结点。

(2) 终端结点没有后继结点。

(3) 除根结点和终端结点外，其他结点只能有一个前驱结点，但可以有多个后继结点。

在图 6.2 中，A 为根结点，没有前驱结点；D、E、F、G 为终端结点，没有后继结点；B 结点有一个前驱结点 A，两个后继结点 D 和 E；C 结点有一个前驱结点 A，两个后继结点 F 和 G。

如果将处理的数据对象看成集合，则树定义如下：

- **树的定义 2**：树(Tree)是 n(n > 0) 个结点的有限集合 T，满足两个条件。

(1) 有且仅有一个特定的结点称为根(Root)，同时它没有前驱结点。

(2) 其余的结点可分成 m 个互不相交的有限集合 T_1，T_2，…，T_m，其中每个集合又是一棵树，并称为根的子树。

当 n = 0 时的空集合定义为空树。

2. 二叉树

二叉树是包含有 n 个结点的有限集合，此集合或为空集，或是由一个根结点和两棵互不相交的左子树与右子树组成，且左子树与右子树都为二叉树。

一棵深度为 k 且有 2^k-1 个结点的二叉树称为满二叉树。在满二叉树中，每一层的结点数都达到了此层的最大结点数。同时，如果一个二叉树的结点编号与同深度满二叉树的位置上结点编号完全一致，则称此二叉树为完全二叉树。二叉树示意图如图 6.3 所示。

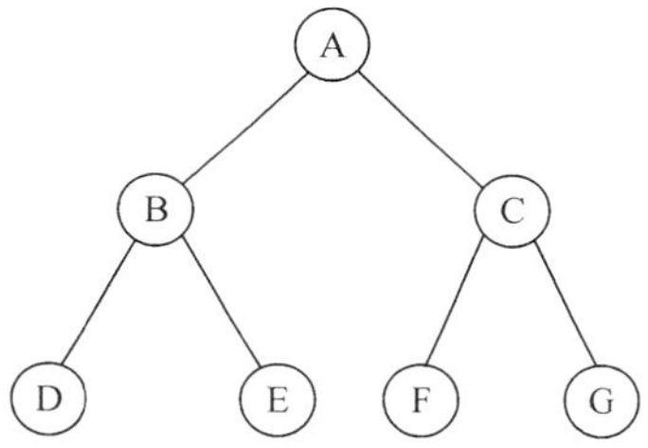

同时，二叉树具有以下性质：

性质 1：在二叉树的第 i 层上至多有 2^i-1 个结点($i \geq 1$)。

性质 2：深度为 k 的二叉树至多有 2^k-1 个结点($k \geq 1$)。

图 6.3　二叉树示意图

性质 3：对任何一棵二叉树，如果其终端结点数为 n_0，度为 2 的结点数为 n_2，则 $n_0 = n_2 + 1$。

性质 4：具有 n 个结点的完全二叉树的深度为 $(\log_2 n) + 1$ 或 $\log_2(n+1)$。

6.1.2　二叉树的存储结构与建立

1. 顺序存储结构

对二叉树进行顺序存储，应先将二叉树线性化，其次再运用一维数组对其进行存储，同时运用数组的下标也可以体现二叉树中的逻辑结构，如父子结点、兄弟结点等关系。

对于一个完全二叉树，其顺序存储的结构为按照从根结点起，自上而下，从左至右的方式对结点进行顺序编号存储。图 6.4 所示为一个完全二叉树，其顺序存储结构如表 6-3 所示。

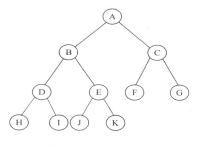

图 6.4　完全二叉树

表 6-3　　二叉数的顺序存储

数组下标	1	2	3	4	5	6	7	8	9	10	11
结点	A	B	C	D	E	F	G	H	I	J	K

由此可以看出，对完全二叉树进行顺序存储是简单有效的。

而对于一般的二叉树，对其进行顺序结构存储时，首先必须引入虚结点将其映射为完全二叉树；其次，按照完全二叉树的存储方法对二叉树进行顺序存储，并将不存在的虚结点用 "∧" 代替。

图 6.5 所示为一个普通二叉树结构，图中用虚线表示了不存在的结点，即虚结点 H、I、J，从而构造出一个完全二叉树。对其进行顺序存储，其具体存储结构如表 6-4 所示。

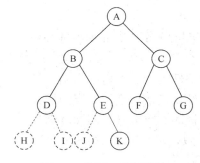

图 6.5　普通二叉树结构

表 6-4　　普通二叉树的顺序存储

数组下标	1	2	3	4	5	6	7	8	9	10	11
结点	A	B	C	D	E	F	G	∧	∧	∧	K

2. 链式存储结构

在二叉树的链式存储结构中，链表由两个指针域和一个数据域构成，两个指针域分别指向结点的左孩子和右孩子，数据域表示结点的数据，而这样的链表也被称为二叉链表，如表 6-5 所示。

表 6-5　　二叉链表的结点结构

lchild	Data	rchild

表 6-5 所示为链表中结点的具体结构。同时，其结点的存储结构也可以用 C 语言代码表示，如图 6.6 所示。

```
typedef int datatype;
typedef struct bitnode{              /* 二叉树的结点结构 */
    datatype data;                   /* 结点数据 */
    struct   node *lchild, *rchild;  /* 左右子结点指针 */
}bitnode, *bitree;
```

图 6.6　链表结点的结构代码

为了更清晰地理解二叉树的链式存储结构，我们再给出一个二叉树的链式存储示意图。如图 6.7 所示，图(a)所示为一普通二叉树，图(b)所示为其链式的存储示意图。图中，当一个结点没有左孩子或右孩子时，其对应的指针域为空，即指向 NULL。

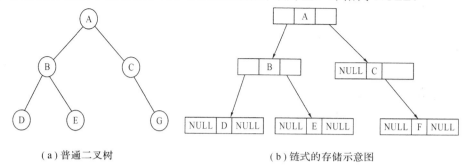

（a）普通二叉树　　　　　　　　　　（b）链式的存储示意图

图 6.7　二叉树的链式存储

3. 二叉树的建立

二叉树的顺序存储结构的建立较简单。这里仅讨论如何建立二叉树的链式存储结构，以及对链式二叉树进行构造与建立。其基本思想为：首先依次输入结点信息，若输入的结点不是虚结点，则建立一个新结点。如果新结点是第 1 个结点，则令其为根结点，否则将新结点作为孩子链接到它的双亲结点上。如此反复进行，直到输入结束标志" # "为止。在实际编程中，其具体的建立算法的伪代码如图 6.8 所示。

```
输入：树中各结点值
功能：建立二叉链表
输出：二叉链表的根结点地址
void creatbitree( bitree *T){
    char    ch; /*结点的值为一个字符*/
    scanf ("%c", &ch);
    if (ch=='#')
        *T=NULL;
    else
    {
        *T= (bitree) malloc ( sizeof( bitnode));    /* 新建一个结点*/
        (*T)->data=ch;          /* 结点的值*/
        creatbitree( &(*T)->lchild );    /* 递归建立左子树*/
        creatbitree( &(*T)->rchild );    /* 递归建立右子树*/
    }
}
```

图 6.8　二叉链表的建立算法的伪代码

6.1.3　二叉树的遍历

二叉树的遍历是指按照一定的搜索顺序对二叉树中所有的结点进行巡访，且树中的每一个结点只能被访问一次。而这种搜索的算法被称为二叉树的遍历算法。二叉树的遍历算法有两种：深度优先遍历和广度优先遍历。

1. 深度优先遍历

深度优先遍历分为三种方法，即先序遍历、中序遍历和后序遍历。

1) 先序遍历

二叉树的先序遍历的主要思想为：当一个二叉树非空时，先访问根结点，其次对其左子树进行遍历，最后遍历其右子树。

其具体的算法代码如图 6.9 所示。

```
void preordertraverse(bitree *p)
/* 先序遍历二叉树，p 指向二叉树的根结点 */
{
    if (p!=NULL)      /* 二叉树 p 非空，则执行以下操作 */
    {
        printf (" %c ", p->data);   /* 访问 p 所结点 */
        preorder (p->lchild);       /* 先序遍历左子树 */
        preorder (p->rchild);       /* 先序遍历右子树 */
    }
    return;           /* 返回 */
}   /* preordertraverse */
```

图 6.9　先序遍历二叉链表的代码

如图 6.10 所示，图中二叉树的先序遍历顺序用编号进行表示，其先序遍历顺序即为 ABDECG。

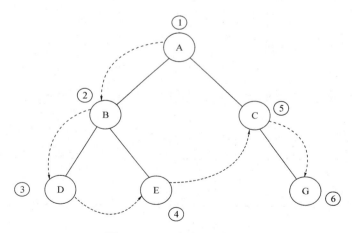

图 6.10　二叉树的先序遍历

2) 中序遍历

中序遍历的主要思想为：当一个二叉树非空时，先对其左子树进行遍历，其次访问根结点，最后遍历其右子树。其具体的算法代码如图 6.11 所示。

```
void inordertraverse (bitree *p)    /* 中序遍历二叉树，p 指向二叉树的根结点  */
{
    if (p!=NULL)
    {
        inorder (p->lchild);
        printf (" %c ", p->data);
            inorder (p->rchild);
    }
    return;
}    /* inordertraverse */
```

图 6.11　二叉树的中序遍历算法的代码

图 6.12 所示为二叉树中序遍历的过程，其遍历顺序为 DBEACG。

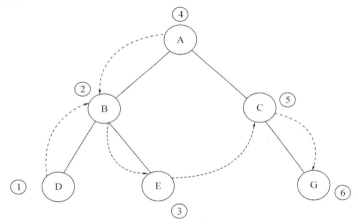

图 6.12　二叉树的中序遍历

3) 后序遍历

后序遍历的主要思想为：当一个二叉树非空时，先对其左子树进行遍历，其次遍历其右子树，最后访问根结点。其具体的算法代码如图 6.13 所示。

```
void postordertraverse (bitree *p)        /* p 指向二叉树的根结点  */
  {
    if (p!=NULL)
    {
        postorder (p->lchild);
        postorder (p->rchild);
        printf (" %c ", p->data); }
    return;
}    /* postordertraverse */
```

图 6.13　二叉树的后序遍历算法的代码

图 6.14 所示为二叉树后序遍历的过程，其遍历顺序为 DEBGCA。

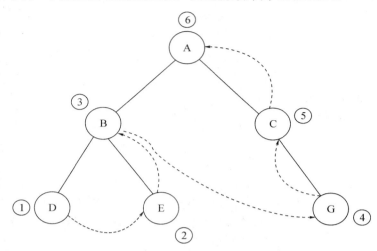

图 6.14　二叉树的后序遍历

2. 广度优先遍历

广度优先遍历对二叉树按照树的层次来进行遍历，即此算法从左到右先对二叉树的第一层结点进行遍历，然后对第二层结点进行遍历，依此类推进行遍历，直到遍历完树的最后一层结点。

图 6.15 所示为二叉树广度优先遍历的过程，其遍历顺序为 ABCDEG。

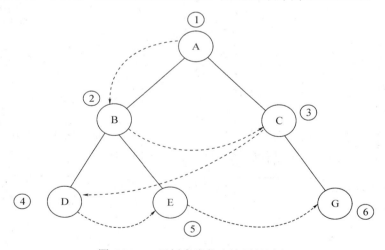

图 6.15　二叉树广度优先遍历的过程

6.1.4　哈夫曼树

1. 哈夫曼树的定义

树中两个结点之间存在一条路径，而对于路径的长度，则是指这条路径经过的连接两个结点的边的个数。树中的路径长度即为从树的根结点到树的每一个结点的路径长度的总和。如图 6.16 所示，图中二叉树的路径长度为 $1 + 2 + 2 + 3 + 3 + 1 + 2 = 14$。

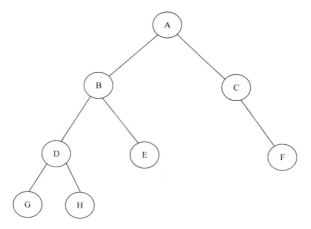

图 6.16　二叉树

对于结点带权值的二叉树，此结点的带权路径长度为从根结点到该结点的路径长度和结点处权值的乘积。而树的带权路径长度则是从根结点到树的每个叶子结点的路径长度和结点处权值的乘积的总和。具体公式见下式。

$$WPL = \sum_{i=1}^{n} w_i l_i \tag{6-1}$$

式中：WPL 为树的带权路径长度；n 为树中的叶子结点个数；w_i 为该叶子结点 i 的权重；l_i 为叶子结点 i 的路径长度。

如图 6.17 所示，图中二叉树的 WPL $= 5 \times 3 + 6 \times 3 + 3 \times 2 + 4 \times 3 + 10 \times 3 + 5 \times 2 = 91$。

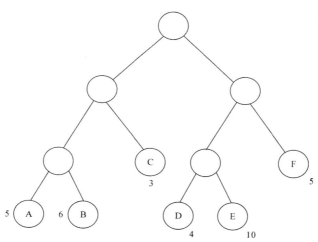

图 6.17　带权二叉树

哈夫曼树的定义：对于 n 个带权的叶子结点的所有二叉树而言，其带权路径长度最小的二叉树被称为哈夫曼树。其存储的数据结构代码如图 6.18 所示。

```
typedef    char datatype;
typedef    struct
```

```
{   float weight;           /*结点的权值*/
    datatype data;
    int lchild, rchild, parent; /*父结点与左右孩子的权值*/
} hufmtree;
hufmtree    tree[m];
```

图 6.18　哈夫曼树存储的数据结构代码

2. 哈夫曼树构造

给定 n 个叶子结点的权值{w_1，w_2，w_3，…，w_n}，对其进行哈夫曼树构造的过程如图 6.19 所示。

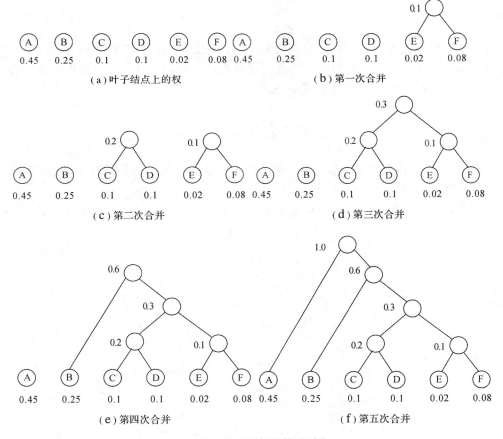

图 6.19　哈夫曼树的构造过程

步骤如下：

(1) 首先将 n 个叶子结点的权值构造成为一个包含 n 棵二叉树的集合。其中，每一棵二叉树只有一个结点，且其左、右子结点为空，即 n 棵树分别对应 n 个结点的权值。

(2) 在集合内寻找根结点权值最小的两棵树，用其构造一棵新二叉树，新二叉树的左、右结点为选取出来的两棵树，并将根结点的权值设为左、右子树根结点权值之和。

(3) 将集合中所选取的两棵树进行删除，同时将新树添加到集合中。

(4) 重复(2)与(3)步操作，直到集合中只剩下一棵树，而这棵树被称为哈夫曼树。

3. 哈夫曼编码与译码

哈夫曼编码的定义：对于一颗哈夫曼树，从其根结点开始，对左子树分配代码 0，对其右子树分配代码 1，直到到达叶子结点为止，并将从根结点到每一个叶子结点的代码按顺序排列，从而得到树的哈夫曼编码。哈夫曼编码是一种前缀编码。前缀编码即在编码中，任何一个字符的编码都不会是另一个字符的前缀，这样也就保证了编码的唯一性。

哈夫曼编码的结点存储结构由编码数组与结点值构成。其具体代码如图 6.20 所示。

```
typedef char datatype;
typedef struct
{   char    array[n];    /* 编码数组位串，其中 n 为叶子结点数目*/
    int   begin;        /* 编码在位串的起始位置 */
    datatype    data;   /* 结点值 */
} codetype;
codetype code[n];
```

图 6.20　哈夫曼编码的具体代码

图 6.18 中，各个叶子结点的哈夫曼编码分别如表 6-6 所示。

表 6-6　哈夫曼编码

A	0
B	10
C	1100
D	1101
E	1110
F	1111

对于只有 ABCDEF 六种字母的文字内容，如含有 20 个字母的一段内容"BACBABEFACABCFDACDBE"，要对其进行哈夫曼编码，首先对其出现的频率进行统计，即 A:25，B:25，C:20，D:10，E:10，F:10，对其进行哈夫曼树的构造，如图 6.21 所示；其次，分别对这六种字母进行哈夫曼编码，结果如表 6-7 所示。

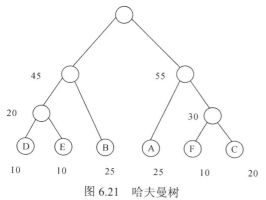

图 6.21　哈夫曼树

表 6-7　图 6.21 的叶子结点的哈夫曼编码

A	10
B	01
C	111
D	000
E	001
F	110

哈夫曼编码的具体算法实现代码如图 6.22 所示。

```
void Huffmancode (codetype hufcode[ ],  hufmtree T[ ] )
/* hufcode 用来存储哈夫曼编码后的数组，T 为已知的哈夫曼树  */
{
    int s, p;
    codetype temp;                      /*  缓冲变量  */
    for ( int i=0; i<n; i++ )            /*n 为叶子结点数目  */
    {
        temp. begin = n;
        s = i;                          /*  从叶子结点出发向上回溯  */
        P = T[s].parent;
        temp.data = T[s].data;
        while( p != 0 )
        {
            temp.begin--;
            if( T[p]. lchild == s)
                temp.array[temp.begin] = '0';
             else
                temp.array [temp.begin] = '1';
            s = p;
            p = T[s].parent;
        }
        hufcode[i] = temp;              /*  一个字符的编码存入 code[i] */
    }
}       /* Huffmancode */
```

图 6.22　哈夫曼树编码的实现代码

哈夫曼译码：通过哈夫曼编码规则，对已经编码的代码数据进行其代表的结点值的求解过程即为哈夫曼译码过程。从哈夫曼树的根结点出发，逐一读入二进制代码，如果代码为 1 则走向右子树，代码为 0 则走向左子树；如果到达叶子结点即为译出该段代码所对应的字符，然后返回根结点对后续代码进行译码，直到二进制代码译完为止。

6.1.5　二叉排序树

1. 二叉排序树的定义与构造

对于一棵二叉树，其每一个结点对应一个关键值，如果每一个结点的关键值大于其左子树的所有结点所对应的关键值，且小于其右子树的所有结点的关键值，则将这样的二叉树称为二叉排序树。对于一棵二叉排序树，对其进行中序遍历，可以发现所得到的序列为递增有序的序列。

对于一棵二叉排序树，其存储结构描述如图 6.23 所示。

```
typedef int keytype;
typedef struct{
    keytype key;         /* 关键字项 */
    struct bitnode *lchild, *rchild;        /* 左、右指针 */
} bitnode, *bitree;
```

图 6.23　二叉排序树的存储结构描述

二叉排序树的构造是指将一个给定的数据元素序列构造为相应的二叉排序树。

对于任意的一组数据序列$\{R_1, R_2, \cdots, R_n\}$，可按以下方法来构造二叉排序树：

(1) 令 R_1 为二叉树的根。

(2) 如果 $R_2 < R_1$，则令 R_2 为 R_1 左子树的根结点，否则 R_2 为 R_1 右子树的根结点。

(3) 对 R_3，$\cdots$，R_n 结点也是依次与前面生成的结点进行比较以确定输入结点的位置。

例如：对一组数据$\{5, 3, 8, 9, 4, 6, 11\}$进行二叉排序树的建立。图 6.24 所示即为序列$\{5, 3, 8, 9, 4, 6, 11\}$所对应的二叉排序树的具体建立过程。图 6.24(g)所示为最终完成构造的二叉排序树。

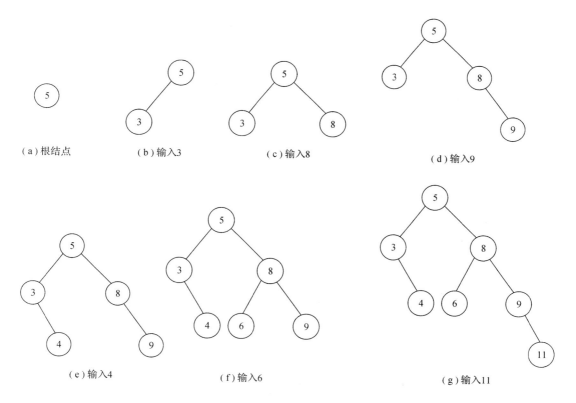

图 6.24　二叉排序树的建立过程

如果要在二叉排序树中查找某一值是否存在，则其函数代码如图 6.25 所示。

```
int search(bitree T, int key, bitree s, bitree *f)
{ /*T 为所查找的二叉树，key 为所查找的值，s 指向 T 的前驱结点，f 指向查找到的结点，函数返回
1 则查找成功，否则未能找到 key*/
    if (T == NULL)     /*查找失败*/
    {
        *f = s;
        return 0;
    }
    else if (key == T->data)    /*查找成功*/
    {   *f = T;
        return 1;
    }
    else if (key < T->data)      /*查找左子树*/
        return search(T->lchild, key, T, f);
    else
        return search(T->rchild, key, T, f); /*查找右子树*/
}
```

图 6.25　在二叉排序树中查找某一值的函数代码

以二叉排序树查找函数为基础，可以完成对二叉排序树的结点插入函数的建立。具体代码如图 6.26 所示。

```
int insert(bitree *T, int key)
{   bitree f, s;
    if (search(*T, key, NULL, &f) == 0)      /*查找失败*/
    {   s = (bitree)malloc(sizeof(bitnode));
        s->data = key;
        s->lchild = NULL;
        s->rchild = NULL;
        if (f == NULL)
            *T = s;     /*插入 s 结点*/
        else if (key < f->data)
            p->lchild = f;    /*插入 s 为左孩子*/
        else
            p->rchild = f;    /*插入 s 为右孩子*/
            return 1;}
    else
        return 0;    /*二叉排序树中已有相同关键字的结点，不再插入*/
}
```

图 6.26　二叉排序树的结点插入函数的代码

因此，利用二叉排序树插入函数，可以十分容易地建立起图 6.24 所示的二叉排序树。具体代码如图 6.27 所示。

```
int array[7]=[5, 3, 8, 9, 4, 6, 11];
    bitree T = NULL;
    for (int i = 0; i < 7; i++)
        insert(&T, array[i]);
```

图 6.27　二叉排序树的建立部分代码

2. 二叉排序树的结点删除

在二叉排序树中，删除某一个结点之后，剩余的结点所组成的二叉排序树仍需要保持排序树的特点，即树中的每个结点的左子树中所有结点所对应的关键值都小于此结点的关键值，其右子树中所有结点所对应的关键值都大于此结点的关键值。

对一棵二叉排序树中结点 p 的子结点 q 进行删除时，可以分为以下三种情况进行操作：

(1) 如果结点 q 为叶子结点，则可以直接进行删除操作。

(2) 如果结点 q 只有左子树 q_l 或者只有右子树 q_r，则直接让其左子树 q_l 或右子树 q_r 成为结点 p 的左子树或右子树即可。

(3) 若 q 结点的左子树 q_l 和右子树 q_r 均非空，则需要将 q_l 和 q_r 链接到合适的位置上，即应使中序遍历该二叉树所得序列的相对位置不变。具体做法有两种：一是令 q_l 直接链接到 p 结点的左(或右)孩子链域上，而 q_r 则下接到 q 结点中序前驱结点 s 上(s 是 q_l 最右下的结点)；二是以 q 结点的直接中序前驱或后继替代 q 所指结点，然后再从原二叉排序树中删去该直接前驱或后继。

6.2　图的数据结构

6.2.1　图的基本定义

图 G 是一种非线性数据结构，它由两个集合 V 和 E 组成，形式上记为：G(V，E)，其中 V 是图的顶点非空有限集合，E 是 V 中任意两个顶点之间的关系集合，又称为边的有限集合。

(1) 有向边：在图中，如果一个顶点到另一个顶点的边是有方向的，则称这条边为有向边。有向边也称为弧，弧的起始顶点称为弧尾，终止顶点称为弧头。有向边用 "<" 表示起始顶点，终止顶点用 ">" 来表示。当且仅当图 G 中每条边都为有向边时，则称图 G 为有向图。顶点数 n 和边数 e 的有向图满足 $0 \leqslant e \leqslant n(n-1)$ 的关系。

(2) 无向边：在图中，如果一个顶点到另一个顶点的边是无方向的，则称这条边为无向边，用(顶点 1，顶点 2)来表示。当且仅当图 G 中每条边都为无向边时，则称图 G 为有向图。顶点数 n 和边数 e 的无向图满足 $0 \leqslant e \leqslant n(n-1)/2$ 的关系。而 $e = n(n-1)/2$ 的无向图则称为完全无向图，$e = n(n-1)$ 的有向图则称为完全有向图，$e = n\log n$ 的图称为稀疏图。如果两个同类型的图 $G_1 = (V_1，E_1)$ 和 $G_2 = (V_2，E_2)$ 存在关系 $V_1 \subseteq V_2，E_1 \subseteq E_2$，则称 G_1 是

G_2 的子图。

无向图 G 中，若边$(v_i，v_j)$则称顶点 v_i 和 v_j 相互邻接，互为邻接点；并称边$(v_i，v_j)$关联于顶点 v_i 和 v_j 或称边$(v_i，v_j)$与顶点 v_i 和 v_j 相关联。同时，关联于某一顶点的边的数目称为该顶点的度。

在有向图 G 中，若边$<v_i，v_j>$则称为顶点 v_i 邻接到 v_j 或 v_j 邻接于 v_i；并称边$<v_i，v_j>$关联于顶点 v_i 和 v_j 或称边$<v_i，v_j>$与顶点 v_i 和 v_j 相关联。同时，将以顶点 v_i 为起始顶点的边的数目称为入度，将 v_j 为终止顶点的边的数目称为出度，顶点 v_i 的度即为入度与出度之和。

在图中，如果图的边或弧有着一个与其相关的数值，则称此数为该边或弧的权。

6.2.2　图的存储结构

1. 图的邻接矩阵存储

由于图中一个顶点可以连接多条边，因此比其他数据结构更为复杂，同时也不能用简单的顺序存储结构来进行存储与表示。邻接矩阵采用一个一维数组对图中的顶点信息进行存储，用一个二维数组来存储图中的边或弧的信息。如对于一个有着 n 个顶点的图，采用一个大小为 n×n 的二维矩阵来表示顶点间的关系，即图的边或弧的信息。对于二维矩阵中的元素取值见下式。

$$arc[i][j]=\begin{cases} 1, (v_i，v_j)\in E 或 <v_i，v_j> \in E \\ 0, (v_i，v_j)\notin E 或 <v_i，v_j> \notin E \end{cases} \tag{6-2}$$

图 6.28 所示为一无向图和有向图及其分别所对应的邻接矩阵。

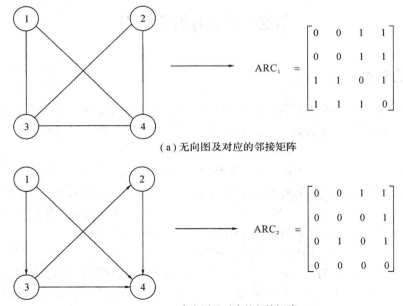

（a）无向图及对应的邻接矩阵

（b）有向图及对应的邻接矩阵

图 6.28　无向图和有向图及其分别所对应的邻接矩阵

对于每一条边都具有权值的图即带权图称为网络，网络的邻接矩阵与普通图稍有不同，其矩阵中元素的取值见下式。

$$arc[i][j]=\begin{cases} W_{i,j}, & 当(v_i,\ v_j)\in E或<v_i,\ v_j>\in E \\ 0, & 当i=j \\ \infty & 其他情况 \end{cases} \qquad (6\text{-}3)$$

其中，$W_{i,j}$ 表示$(v_i,\ v_j)$或者$<v_i,\ v_j>$的权值。

图的邻接矩阵存储结果的具体代码如图 6.29 所示。

```
#define        maxvex    100        //图的最大顶点数，由用户定义
typedef   char   vextype;           //顶点的数据类型
typedef   int    edgetype;          //顶点权值的数据类型
typedef   struct
{  vextype   vexs[maxvex];          //顶点数组
      adjtype   arcs[maxvex][maxvex];   //邻接矩阵
      int n,e;                      //图中当前顶点数与边数
} graph;
```

图 6.29　图的邻接矩阵存储结果的具体代码

图的邻接矩阵建立算法函数代码如图 6.30。

```
void creatgraph(graph * G)
{
   printf("输入图的顶点数与边数：\n");
   scanf("%d, %d", &G->n, &G->e);        //输入顶点数与边数
   for(int i =0; i<G->n; i++)
      scanf(&G->vexs[i]);                //读入顶点信息
   for(int i = 0; i < G->n; i++)
      for(int j = 0; j < G->n; j++)
      {
      G->arc[i][j] = 10000;              //初始化邻接矩阵
      if(i==j)
        {
         G->arc[i][j] = 0;               //邻接矩阵对角线的值为0
        }
      }
   int i, j,w;
   for(int k = 0; k < G->e; k++)
   {
   printf("输入边(v_i,  v_j)的两端顶点下标i, j 以及其权值 w ：\n");
   scanf("%d, %d, %d", &i, &j, &w);      //输入边(v_i,  v_j)的权值 w
```

```
        G->arc[i][j] = w;

        G->arc[j][i] = w;

      }

}
```

图 6.30　图的邻接矩阵建立算法函数代码

图 6.31 所示为无向带权图和有向带权图及其分别所对应的邻接矩阵。

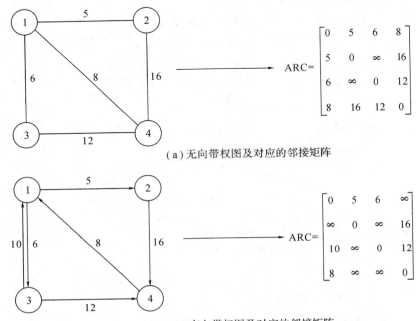

（a）无向带权图及对应的邻接矩阵

（b）有向带权图及对应的邻接矩阵

图 6.31　无向带权图和有向带权图及其分别所对应的邻接矩阵

2. 邻接表存储

图的邻接表由一个顶点表以及对应的单链表所组成。顶点表是一个结构体数组，包含顶点域以及指针域，顶点域是用来对顶点的自身信息进行存储，指针域则指向该顶点所对应的单链表的头结点的地址。单链表的每个结点中包含两个域，即邻接点域以及链域，邻接点域将与对应顶点表中顶点相连的顶点进行存储，链域可以将邻接链表中的各个结点连接起来。其具体的存储结构代码如图 6.32 所示。

```
#define maxvex    100          //图的最大顶点数，由用户定义
typedef   char vextype;        /* 定义顶点数据信息类型 */
typedef   int edgetype;        /* 定义边的权值数据信息类型 */
typedef struct                 /* 邻接链表结点 */
{   int adjvex;                /* 邻接点域，存储此顶点所对应的下标 */
    edgetype w;                //存储权值
    struct edgenode*next;      /* 链域 */
} edgenode;
```

```
typedef struct                          /* 顶点表结构 */
{   vextype vexs;                       /* 顶点域，存储顶点信息 */
    edgenode* firstedge;                /* 指针域，边表头指针 */
} vexnode, g[maxvex];
typedef struct                          /* 图的邻接表结构 */
{   g list;
    int n,e;                            /* 图中当前顶点数与边数 */
} graphlist;
```

图 6.32　图的邻接表存储结构代码

创建邻接表存储结构的函数代码如图 6.33 所示。

```
void creatgraph(graphlist * G)
{
    int i, j,w;
    edge* node;
    printf("输入图的顶点数与边数：\n");
    scanf("%d, %d", &G-> n, &G-> e);                 //输入顶点数与边数
    for(int k=0; k<G-> n; k++)
    {
        scanf(&G-> list[k].vexs);                    //读入顶点信息
        G-> list[k].firstedge=NULL;                  //将边表初始化为空
    }
    for( int k=0; k< G-> n; k++)
    {
        printf("输入边(vi，vj)的两端顶点下标i, j：\n");
        scanf("%d, %d", &i, &j);                     //输入边(vi，vj)的顶点序号
        node = (edgenode*) malloc(sizeof(edgenode)); //申请内存，生成边表结点
        node->   adjvex = j;                         //邻接序号为 j
        node-> next = G-> list[i].firstedge;         //将 node 指针指向当前顶点指向的结点
        G-> list[i].firstedge = node;                //将当前顶点的指针指向 node
        node = (edgenode*) malloc(sizeof(edgenode)); //申请内存，生成边表结点
        node-> adjvex=i;                             //邻接序号为 i
        node-> next = G-> list[i].firstedge;         //将 node 指针指向当前顶点指向的结点
        G-> list[i].firstedge = node;                //将当前顶点的指针指向 node
    }
}
```

图 6.33　创建邻接表存储结构的函数代码

图 6.34 所示分别为无向图与有向图以及其所对应的邻接表存储结构。

　　对于邻接表与邻接矩阵两种存储图的结构，其各有优势与特点。首先，对于一个图，其邻接矩阵是唯一的，而其邻接表的表示却不是唯一的。其次，如果需要判断图中两个顶点 v_i，v_j 之间是否有一条边，只需在邻接矩阵中查询矩阵中第 i 行第 j 列是否为 0 即可；而在邻接表中，需要对顶点 v_i 的邻接链表结点进行逐一查询，最坏情况的时间复杂度为 O(n)。如果需要求图中边的总数目，则对于邻接矩阵来说，需要检测整个矩阵才可以确定，其时间复杂度为 $O(n^2)$；而在邻接表中，只需要统计各个边表的结点个数即可计算出图中的总边数，当图中边数较少时，运用邻接表可以节省大量时间。

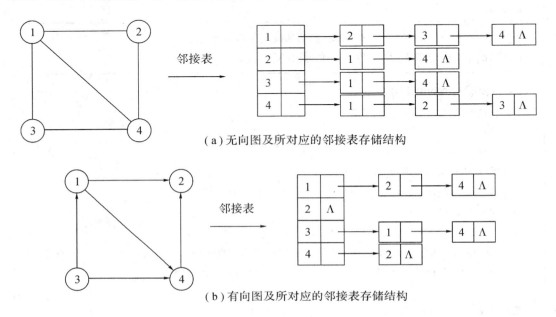

图 6.34　无向图与有向图以及其所对应的邻接表存储结构

6.2.3　图的遍历

　　图的遍历即指从图中的某一个顶点出发，沿着某条路径对图中的每个顶点访问一次，且每个顶点只能被访问一次。图的遍历主要包括深度优先遍历和广度优先遍历。

1. 深度优先遍历

　　深度优先遍历也被称为深度优先搜索，简称为 DFS。其主要思想为：首先在图中找一个顶点 v_0 作为起始顶点，并访问和标记此顶点；其次搜索 v_0 的各个邻接顶点，如果其邻接顶点 v_i 还未被访问，则对此邻接顶点 v_i 进行访问与标记，并对 v_i 的邻接顶点进行搜索；若未被标记，则访问并标记，依此进行访问，直到图中所有与 v_0 相通的顶点都被访问到。对于非连通图，对顶点 v_0 进行一次深度优先遍历后仍有顶点未被访问，则再选取一个未被访问的顶点进行深度优先遍历，重复上述操作，直到图中所有的顶点都被访问为止。对于图的两种不同的存储结构，其深度优先遍历的具体实现也是不相同的。

　　图 6.35 所示为图的深度优先遍历示意图，图中所示为以顶点 1 为起始点的遍历的顺序。

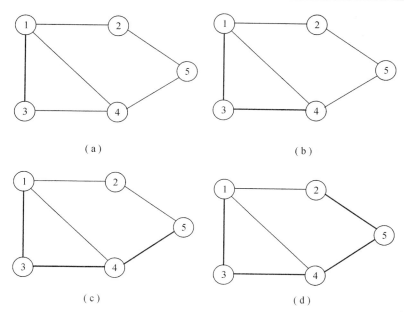

图 6.35　图的深度优先遍历

邻接矩阵存储结构的深度优先遍历函数代码如图 6.36 所示。

```
int visited[maxvex];              /* 定义 visited 为全局变量，maxvex 为最大顶点数 */
DFS(graph g, int i)               /* 从 vi 出发深度优先搜索图 g，g 用邻接矩阵表示 */
{   int   j;
    printf("%c\n", G.vexs[i]);        /* 打印顶点 */
    visited[i] = 1;                   /* 标记此顶点已经被访问 */
    for(j = 0; j < n; j++)            /* 依次搜索 vi 的邻接点 */
    {
        if( (g.arcs[i][j]==1)&&(visited[j]==0))
            DFS(g, j);        /* 若 vi 的邻接点 vj 未被访问过，则从 vj 出发进行深度优先搜索遍历 */
    }
}
void dfsTraverse(graph g)          //深度优先遍历函数
{
    for(int i = 0; i<g.n; i++)
        visited[i] = 0;
    for(int i =0; i<g.n; i++)      //防止非连通图情况
    {   if(visited[i]==0)
        DFS(g, i);
    }
}
```

图 6.36　邻接矩阵存储结构的图的深度优先遍历算法函数代码

邻接表存储结构的深度优先遍历函数代码如图 6.37 所示。

```
Int visited[maxvex];      /* 定义 visited 为全局变量，n 为顶点数 */
DFSL(graphlist G, int i)   /*从顶点 vi 出发深度优先搜索遍历图 G，G 用邻接表表示*/
{   edgenode *p;
    visited[i]=1;
    printf("%c\n", G-> list[i]. vexs);          /* 访问顶点 vi */
    visited[i] = 1;                             /* 标记 vi 已被访问 */
    p = G-> list[i].firstedge;                  /* 取 vi 的边表头指针 */
    while( p != NULL )                          /* 依次搜索 vi 的邻接点 */
    {   if (visited[p->vexs] == 0)
        DFSL(G, p->vexs);               /*从 vi 的未曾访问过的邻接点出发进行深度优先搜索遍历 */
        p = p-> next;
    }
}
void dfslTraverse(graphlist G)        //深度优先遍历函数
{
    for(int i = 0; i < G.n; i++)
    visited[i] = 0;
    for(int i = 0; i < G.n; i++)          //防止非连通图情况
    {   if(visited[i] == 0)
    DFSL(G, i);     }
}
```

图 6.37　邻接表存储结构的图的深度优先遍历算法函数代码

2. 广度优先遍历

广度优先遍历的主要思想为：首先在图中找一顶点 v_0 作为起始顶点，并访问和标记此顶点；其次搜索 v_0 的各个邻接顶点，如果其邻接顶点 v_i 还未被访问，则对此邻接顶点 v_i 进行访问与标记，将所有的 v_i 访问后，再对每一个 v_i 的邻接顶点 v_j 进行搜索；若未被标记，则访问并标记，依此进行访问，直到图中所有与起始顶点 v_0 相通的顶点都被访问到。对于非连通图，对顶点 v_0 进行一次深度优先遍历后若仍有顶点未被访问，则再选取一个未被访问的顶点进行广度优先遍历，重复上述操作，直到图中所有的顶点都被访问为止。

图 6.38 所示为图的广度优先遍历示意图,图中所示为以顶点 1 为起始点的遍历的顺序。

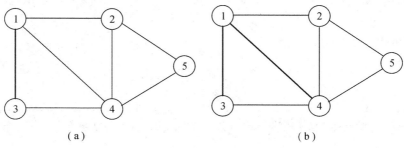

（a）　　　　　　　　　　　　　　　　　　（b）

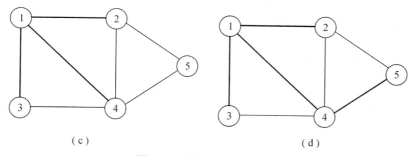

图 6.38　图的广度优先遍历

邻接矩阵存储结构的广度优先遍历函数代码如图 6.39 所示。

```
int visited[maxvex];
BFSA(graph G) /*邻接矩阵广度优先搜索遍历图 G */
{
    Queue Q; //建立辅助队列
    for (int i = 0; i < G.n; i++)
        visited[i] = 0;
    SETNULL(Q);                    /* 置空队 */
    for (int i = 0; i < G.n; i++)   /*对顶点逐一循环*/
    {
        if (visited[i] == 0)
        {
            visited[i] = 1;   /* 若没有访问标记过，则进行标记*/
            printf("%c", G.vexs[i]); /*打印顶点*/
            EnQueue(&Q, i);           /*将此顶点入队*/
            while (!QueueEmpty(Q)) /*若当前队列为非空*/
            {
                DeQueue(&Q, &i);/* 使队中元素出队列，并赋给 i*/
                for (int j = 0; j < G.n; j++)
                { if (G.arcs[i][j] == 1 && visited[i] == 0)
                /*判断与此顶点存在边的顶点是否还未被访问*/
                    {   visited[j] = 1;
                        printf("%c", G.vexs[i]);       /*打印顶点*/
                        EnQueue(&Q, j);    }           /*将此顶点入队*/
                }
            }
        }
    }
}
```

图 6.39　邻接矩阵存储结构的广度优先遍历函数代码

6.2.4　最短路径算法

在实际应用中，交通网络路由、基站等问题都可以用带有权值的图结构来表示，即网图。在网图中，最短路径即在两个顶点之间选择出经过边的权值且最小的一条路径，同时，将这条路径中的起始顶点称为源点，路径最终到达的顶点称为终点。网图中求取最短路径具有十分重要的意义，如在一座城市中，从学校到家有许多条路径，一般人都希望所走的路是最近的，即将每一条路视为网图中的边，每条路的实际距离视为图中边的权值，这样可以将地图视为我们这里讲的图，从而在图中求取学校到家中的最短路径。当前单源点最短路径算法中最常用的算法是 Dijkstra 算法。Dijkstra 算法的主要特点是，以起始点为中心向外层扩展，直到扩展到最后一个顶点为止。

设图 $G = (V，E)$ 为一无向图，则在 Dijkstra 算法中，将顶点集合 V 分为两组，一组为已求出最短路径顶点的集合 S，另一组为还未求出最短路径的顶点集合 U。按照路径长度逐步递增的顺序将 U 中的顶点加入集合 S 中，加入过程中，保持源点到 S 中顶点的最短路径长度小于等于以 S 中元素为中间点的源点到 U 中顶点的当前最短路径长度。

Dijkstra 算法步骤如下：

(1) 建立集合 S 与 U，集合 S 中只包含源点 v_0，集合 U 中包含其他所有顶点。如果 U 中顶点 v_i 与 v_0 直接相连，则 v_0 到 v_i 的最短路径初始化为$(v_0，v_i)$或$<v_0，v_i>$，否则初始化为无穷大。

(2) 将集合 U 中距离顶点 v_0 最近的顶点移除集合 U，并放入集合 S 中，然后以此顶点为中间点，对 v_0 到集合 U 中顶点的最短路径长度进行更新。

(3) 重复步骤(2)中直到集合 S 中包含图中所有的顶点为止。

Dijkstra 算法步骤如图 6.40 所示。图 6.40(a)为图 G 的示意图，则以图 G 中的顶点 3 作为源点，求其到图中其他各个顶点的最短路径。

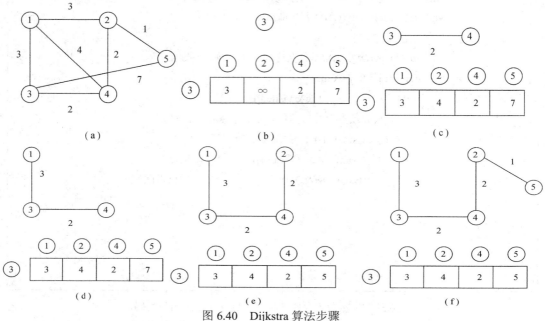

图 6.40　Dijkstra 算法步骤

　　首先将源点加入集合 S 中，其他点放入集合 U 中；其次将与源点间路径长度最短的顶点 4 加入集合 S 中，以集合 S 中的顶点为中间点，对源点到集合 U 中的顶点最短路径进行更新，如图 6.40(c)所示将到顶点 2 的路径长度更新为 4；然后将顶点 1 放入集合 S 中，再次更新 U 中顶点的路径长度；再将顶点 2 放入集合 S 中，U 中顶点 5 的路径长度更新为 5，接着将顶点 5 放入集合 S 中，则可求出顶点 2 到所有顶点的最短路径长度。

　　Dijkstra 算法函数代码分别如图 6.41(a)和图 6.41(b)所示。

```
#define maxvex 10
#define maxnum 10000
int p[maxvex], s[maxvex];    /* p 为存储最短路径下标的数组，s 为存储到各个顶点的权值之和*/
int temp[maxvex];            /*标记是否已求出最短路径*/
void Dijkstra(graph g, int v0)    /* Dijkstra 算法函数*/
{   int k,min;
    for (int i = 0; i < maxvex; i++)    /*初始化数组*/
    {   temp[i] = 0;    s[i] = g.arcs[v0][i];    /*将与 v0 相连的顶点赋予权值*/        p[i] = 0;    }
    s[v0] = 0;        /* v0 到 v0 的距离为 0*/
    temp[v0] = 1;    /* v0 到 v0 不需求路径*/
    for (int i = 1; i < g.n; i++)    /*开始主循环*/
    {   min = maxnum;
```

(a) Dijkstra 算法的部分函数代码

```
    for (int j = 0; j < g.n; j++)    /*  寻找出与 v0 距离最短的顶点*/
    {
        if (temp[j] == 0 && s[j] < min)
        {   k = j;
            min = s[j];
        }
    }
    temp[k] = 1;        /*将目前找到的最近顶点标记为 1*/
    for (int j = 0; j < g.n; j++)    /*通过顶点 k 来修正从 v0 到其他未标记的顶点的最短路径距离*/
    {
        if (temp[j] == 0 && (min + g.arcs[k][j] < s[j]))
        {   s[j] = min + g.arcs[k][j];
            p[j] = k;
        }
    }
    }
}
```

(b)　Dijkstra 算法的部分函数代码

图 6.41　Dijkstra 算法的函数代码

6.3　超　　图

超图是图的一种拓展，也是顶点子集的集合结构，是对广义图理论以及其相关理论的简化。为了将图论进行推广，从而解决组合数学和其他科技发展问题，在 1960 年，由法国数学家 Berge 正式提出了超图概念。在超图中，一条边是顶点集合的任意子集，而不像普通图中只是包含一两个元素的顶点集合的子集。运用超图理论可以有效解决图的理论所不能解决的问题。因此，超图理论有着十分重要的研究意义与价值，也成为现今科学研究中的一大热点，并被广泛应用于各个领域中，如图像处理学科、生物学、人工智能、医学、信号处理以及计算机视觉等。

6.3.1　超图的基本定义

简单来说，超图作为图的推广与发展，其边可以包含一个或者多个顶点，而图的一条边只能包含两个顶点。和图的结构类似，可以用一对集合 H=(V，E)来表示，其中 V 是顶点的集合，E 是超边的集合，即由顶点集中的非空子集所组成的集合，而这些子集就被称作超边。下面对超图中的一些术语进行相应的介绍：

(1) 超图的顶点：集合 V 中所包含的元素即被称作超图 H 中的顶点。

(2) 超图的超边：集合 E 中所包含的元素被称作超图 H 中的超边。

(3) 超图的阶：顶点集合 V 中元素的个数被称为超图 H 的阶，若超图 H 的阶等于 n，则可以通过|V|=n 来进行表示。

(4) 超图的规模：超图 H 中的超边集合 E 中所包含的超边的数量被称为超图的规模，若超图 H 的规模等于 m，则可以用|E|=m 来表示。

(5) 子超图：设超图 H′ = (V′，E′)为超图 H = (V，E)的一个子超图，则子超图 H′中的超边集合 E′必须为 E 的子集，V′是超图 H 中顶点的非空集合。

在普通图中，一条边是一对顶点的集合，而对于超图，一条超边是一组任意数量顶点所构成的非空集合。一个超图可以如普通图一样，通过边和顶点的关系进行表示。图 6.42 所示的超图中有 4 条超边，9 个顶点，同时每一条超边又包含了一个或者多个顶点。

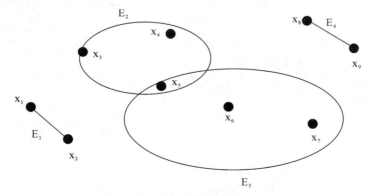

图 6.42　超图的表示

6.3.2　超图的存储结构

由于超图的结构较为复杂，每条超边对应多个顶点，无法直接用邻接矩阵进行存储，因此用顶点超边对应结构的关联矩阵进行存储。关联矩阵中，行对应顶点，列对应超边，如果第 j 列的超边包含第 i 行所对应的顶点，则将矩阵中 i 行 j 列的元素取值为 1，若不包含，则取值为 0，见下式。

$$\text{arc}[i][j] = \begin{cases} 1, & \text{当 } v_i \in E_j \\ 0, & \text{当 } v_i \notin E_j \end{cases} \tag{6-4}$$

通过关联矩阵 A 来对超图 H 进行相应的结构存储，在关联矩阵 A 中的 m 列分别与超图 H 的 m 条超边 E_1，E_2，…，E_m 互相对应，n 行分别与超图 H 的 n 个顶点 x_1，x_2，…，x_n 相对应。且当 $x_i \notin E_j$ 时，$a_{ij} = 0$；当 $x_i \in E_j$ 时，$a_{ij} = 1$。运用关联矩阵形式对图 6.42 所示的超图进行表示，见下式。

$$A = \begin{array}{c} x_1 \\ x_2 \\ x_3 \\ x_4 \\ x_5 \\ x_6 \\ x_7 \\ x_8 \\ x_9 \end{array} \begin{bmatrix} E_1 & E_2 & E_3 & E_4 \\ 1 & 0 & 0 & 0 \\ 1 & 0 & 0 & 0 \\ 0 & 1 & 0 & 0 \\ 0 & 1 & 0 & 0 \\ 0 & 1 & 1 & 0 \\ 0 & 0 & 1 & 0 \\ 0 & 0 & 1 & 0 \\ 0 & 0 & 0 & 1 \\ 0 & 0 & 0 & 1 \end{bmatrix} \tag{6-5}$$

6.3.3　超图的应用

由于超图比图可以更好地结构化信息，因此可以运用超图对一些复杂的问题进行相应的处理，如对包含大量信息的数字图像进行处理。以数字图像中最为简单的二值图像为例，二值图像只包含"0"和"1"两种数据，分别代表图像中的黑色与白色。如果将二值图像中的所有黑色即数据"0"视为前景，则可以将前景中所有的像素点对应为超图的顶点，将前景中每一个相连通的区域中顶点的集合作为超边，于是可以成功地将二值图像转化为超图。图 6.43 所示为一小块二值图像中的像素点，可以看出，图中有一块是连通区域，可以将这个连通域包含在一条超边内，设为 E，如此，可以建立一个 20×1 的超图关联矩阵 A(下见式)。通过关联矩阵式可以对图像进行存储。

$$A = (0\,0\,1\,0\,0\,0\,1\,1\,0\,0\,0\,1\,1\,0\,0\,0\,0\,0\,0\,0)^T \tag{6-6}$$

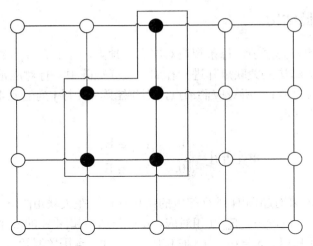

图 6.43　超图中的超边选取

对二值图像建立好超图的关联矩阵后，由于每条超边对应一个连通域，因此可以通过对其超图矩阵的处理从而达到边缘提取的效果。要实现基于超图的二值图像的边缘提取，首先要在超图上建立与二值图像相对应的邻域结构。二值图像的邻域结构如图 6.44 所示。

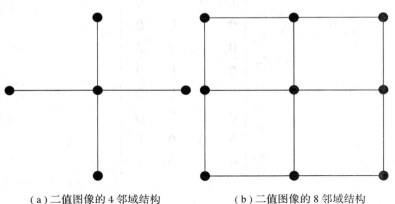

（a）二值图像的 4 邻域结构　　　　　　（b）二值图像的 8 邻域结构

图 6.44　二值图像的邻域结构

如果一个二值图像大小为(m，n)，且在二值图像上划分出的超边为 k 条，则创建的超图矩阵大小为(m×n，k)，二值图像中像素点(i，j)的邻域就为(i+1，j)，(i，j+1)，(i−1，j)，(i，j−1)，其对应到超图矩阵中(i，j)的邻域就为(i+1，j)，(1+n，j)，(i−1，j)，(i−n，j)。

在超图上建立与图像上相对应的邻域结构之后，再将超图矩阵进行邻域结构中的元素是否为零的判断来判断此点是不是边缘上的点。在超图上的一条边上的点中，即一个连通域中的点，借助其结构元素的邻域点来判断此点是不是此连通域的边缘点。依次判断出每条边的边缘点，再将所有的边缘点转换为图像中所对应的像素点的位置，至此，图像上的边缘提取就完成了。

二值图像处理实验的仿真结果如图 6.45 所示。图 6.45(a)所示为原二值图像，图 6.45(b)所示为通过二值图像处理之后所得的边缘提取图像。

（a）原二值图像　　　　　　　（b）实现边缘提取后的图像

图 6.45　实验仿真结果

本 章 小 结

　　非线性数据结构主要包括树与图，在树中首先介绍了树的基本定义，其次学习了二叉树的基本理论和存储结构，并详细讨论了二叉树的遍历算法，最后对二叉树的应用哈夫曼树以及二叉排序树进行了介绍。在图中介绍了图的基本定义及其存储结构，并讨论了图的各种遍历算法以及最短路径算法，最后简要介绍了超图的基本理论以及其在图像处理上的应用。这些非线性结构是复杂问题求解的数据组织的基础和保证。

练 习 题

一、翻译与解释

结合数据结构相关知识翻译并解释下列词的含义(其解释用中英文均可)。

binary tree, Huffman tree, Huffman coding, graph, hypergraph, DFS, BFS, complete binary tree, node, vertex, edge

二、简答题

1. 简单叙述二叉树的基本定义，并写出二叉树的链式存储结构。
2. 对比分析二叉树链式存储结构与顺序存储结构的优缺点。
3. 简述二叉树前序、中序以及后序遍历的主要思想。
4. 简述图的两种存储结构，并分析两种方法的优缺点。
5. 简述 Dijkstra 算法的基本思想，并自己画出示意图，显示出算法的每一步骤所求出的路径。

三、思考题

查资料回答下列问题：

1. 已知二叉树中度为 2 的结点数，是否可以求出二叉树中度为 0 的结点(即叶子结点)数？说明原因。
2. 除了 Dijkstra 算法还有什么最短路径算法？请对比分析各自的优缺点。

四、编程及上机实现

1. 用 C 语言编程实现二叉树的建立以及遍历算法，并完成上机调试，给出运行结果。

2. 编程实现序列{5，3，36，6，9，16，7，11，20，42，50}的二叉排序树的建立，并对其进行二叉树的前序、中序、后序遍历。

3. 分别用邻接表与邻接矩阵的存储结构编程实现图 6.46 的建立。对编程建立的图数据结构进行遍历，并运用 Dijkstra 算法对顶点 1 进行最短路径求解。

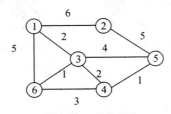

图 6.46　带权图

第 7 章　基于 C 语言的软件开发过程

学习目标

通过第 1 章的学习，我们认知了问题解决的工具计算机系统；在第 2 章基于计算机系统尤其是内存的相关概念，对于解决问题的步骤——基础算法及其相关内容进行了相应的学习；第 3 章和第 4 章主要是计算机语言——C 语言的介绍及基于 C 语言的简单问题的编程实现；第 5 章和第 6 章是关于解决问题的数据的组织。然而，随着与计算机相关的硬件技术的不断发展，计算机解决问题的难度和广度在不断拓展，导致软件的需求越来越复杂，仅靠以上知识单人编程来解决问题已经难以满足软件开发的规模和速度的要求。基于此，本章学习软件工程的相关内容，以指导软件项目产品的开发和维护。

7.1　软件工程概论

7.1.1　软件工程的引入

软件工程术语的出现。随着半导体硅芯片技术的不断发展，与计算机系统相关的应用越来越普及，导致软件几乎充满了世界各处。软件具有再生成本低、质量问题难以发现、容易被修改、非物理等特点，其开发的费用越来越高。于是，研究人员使用建造工程项目方法指导软件项目的开发，这就是软件工程术语出现的渊源。一般来讲，建造工程项目需要多人组成的团队进行相应的多项工作，如研究、开发、设计、施工、生产、操作和管理等。通过多人团队，经过一定时间，将一定的实体建造为可使用的人造产品。如图 7.1(a)和图 7.1(b)所示，建造大楼工程，该工程完成后可以交付能居住的建筑。在软件开发中，科技人员运用建设以上工程项目的思路来开发软件，取得了良好成效，形成了软件工程这一门学科。

（a）建造大楼的工程

（b）工程团队

图 7.1　工程的概念

　　软件工程的概念。软件工程就是用工程的方法指导大型软件开发的一门学科。尽管不同的研究人员对软件工程的定义各不相同，但都从不同侧面反映了开发软件的工程特性。Ghezzi、Jazayeri 和 Mandrioli 指出软件工程是一个学科，研究软件系统的构建，大到需要由工程师团队来建立。Schach 则指出软件工程是一门学科，其目标是生产无错误的软件产品，该产品在财政预算范围内按时交付并能满足用户需求。为了进一步理解软件工程的概念，表 7-1 列出了编程和软件工程的区别。可以看出，软件项目的开发和单人编写程序完成的小项目是不同的。在人员上，编程一般由新人进行，而软件工程项目由有经验的人员进行；从开发过程来看，编程的过程不太正式，而软件工程项目是正式的软件开发过程；从使用的工具来看，编程软件使用简单的开发工具，而软件项目使用高级的工具。

表 7-1　编程和软件工程的区别

编　程	软件工程
小项目	大工程
单个人	团队
单人建立	团队建立
一个产品	系列产品
时间短	长时间存在
便宜	贵
小的代码	大的序列

　　软件工程的作用。从解决问题的层面来看，软件工程为开发高质量的软件提供了工具和技术，如图 7.2 所示。图 7.2(a)所示是利用一般的计算机系统解决问题的简单过程，所形成的解决方案仅能用于简单的小问题。在图 7.2(b)中，基于软件工程驱动下的问题解决方案的结果是由团队开发的软件产品。可以说，和计算机语言及算法描述一样，软件工程可以看成是有效解决复杂问题的工具和方法。

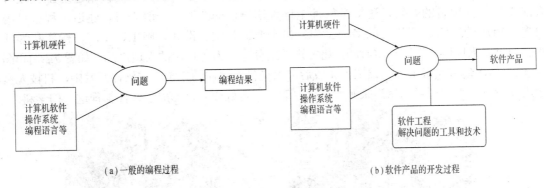

(a) 一般的编程过程　　　　　　　　(b) 软件产品的开发过程

图 7.2　软件产品开发过程

7.1.2　软件产品质量

　　软件的质量。为了开发出高质量的软件，必须明确软件质量的度量标准。通常以可用性、可靠性、有效性、可维护性、可重用性几个方面来衡量。可用性是指用户可以使用并快速学会软件的使用；可靠性是指软件失效率低；有效性是指开发的软件占用较少的计算机运行时间和内存存储空间；可维护性是指便于修改升级；可重用性指其部分可用于其他功能的软件中。在 ISO/IEC 25010 标准中，更详细地列出了八个方面的属性以评价软件产品质量。它们分别是功能适合性(functional suitability)、可靠性(reliability)、性能有效性(performance efficiency)、可用性(usability)、安全性 (security)、通用性(compatibility)、可维护性和可移植性(maintainability and portability)。以上各属性的具体含义如下：

(1) 功能适合性：是指软件产品应该完成的功能要完整、正确和适当。

(2) 可靠性：是指失效率低，包括完备、容错、可恢复和可用性。

(3) 性能有效性：是指占用较少的计算机资源，包括时间和空间少。

(4) 可用性：是从用户角度上来看软件的质量，包括用户易于学习，用户操作出错的防护，用户使用的界面美观，用户容易使用、操作简单和易于识别。

(5) 安全性：包括可信、保密、健全、不可替代、可以度量和确定性。

(6) 通用性：包括共同存在和协作性。

(7) 可维护性：包括软件设计的模块化、可分析、重用、可修改和可测试。

(8) 可移植性：指在不同系统上可安装、替代和自适应性。

以上的软件产品质量属性一方面为高质量软件产品提供了标准，另一方面也是利用软件工程方法完成产品的目标。

值得注意的是，在以上属性中，有些属性之间会有矛盾。如增加效率，则可维护性和重用性可能会降低；而适用性增加，则可能会引起效率的减少。一般在实际软件产品开发中可以根据需要折中。

7.1.3　软件生命周期

1. 软件生命周期

软件生命周期是指从软件项目的提出到软件产品完成使命而报废的整个时期。如图 7.3 所示，软件生命周期分为开发和修改两个阶段。

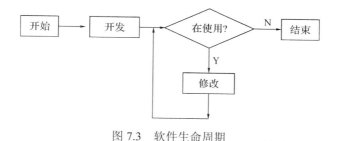

图 7.3　软件生命周期

2. 软件开发的过程

在软件生命周期中，**软件开发的过程**就是将用户需要转化软件产品的过程。软件开发过程主要有四个阶段：软件分析、软件设计、软件编码(实现)及软件测试，如图 7.4 所示。软件分析阶段将用户需要转化为软件需求；软件设计阶段将软件需求转化为设计；软件实现阶段是对设计的编码；软件测试阶段是对编码的测试和调试。

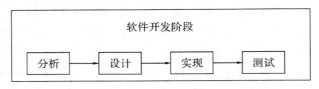

图 7.4　软件开发的四个阶段

3. 软件的修改过程

在软件生命周期中，**软件的修改过程**就是在软件交付用户后，根据各种变化对软件所做的修改，一般也称这个过程为软件的维护。软件维护主要解决两个方面的问题：一是软件在使用过程中软件本身暴露的问题； 二是外部环境变化(包括用户需求变化和软硬件系统更新换代等)所引起的软件变化。在软件的维护阶段，一般还会用到开发的几个阶段的方法与工具。从整个软件生命周期中，维护阶段的开销很大，占总开发费用的 70%左右，因此要求在开发时就要考虑后续的维护性。

7.1.4　软件的开发模型

在软件生命周期中，各种各样的软件开发方法用于指导软件产品的开发，这些方法也可以称为软件开发模型。目前，常用的软件开发模型有瀑布模型、增量模型、敏捷快速开发模型、V 模型、喷泉模型和混合开发模型等。下面介绍几种常用的开发模型。

1. 瀑布模型

瀑布模型是最经典、最传统、最常用的软件开发模型。该模型就是按照软件生命周期的几个阶段对软件进行开发，如图 7.5 所示。该模型的最大特点是在每一个阶段后形成说明开发文档，并在每一个阶段开始时对前一个阶段的工作进行复审。

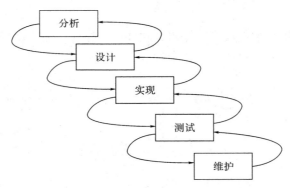

图 7.5　软件开发的瀑布模型

瀑布模型的开发过程是通过设计一系列阶段顺序展开的，从需求分析开始到软件产品的发布和维护，每个阶段都会产生循环反馈。因此，当前一阶段的工作未结束时，下一阶段的工作不能开始。但是，如果在生命周期中的某一阶段出现问题，则很可能需要追溯到它之前的某些阶段。因此，瀑布模型的缺点显而易见。例如，对于规模较大的软件项目来说，前面阶段的工作做得不扎实或者没做，会导致大量返工，有时甚至产生无法弥补的错误，带来灾难性的后果。所以，瀑布模型不适用于用户需求的变化较多的软件开发。

2. 增量模型

增量模型是将待开发的软件产品模块化，通过一系列的增量构件分批次地进行分析、设计、编码和测试环节，从而完成软件产品。在增量模型中，从一组给定的需求开始，构造一系列可执行的中间版本来实施开发活动。一般地，第一个版本表示整个软件系统，但不包括具体的细节；依次在下一个版本中加入更多的细节，直到最后产生完善的软件产品，每个版本必须是可测试的，如图 7.6 所示。

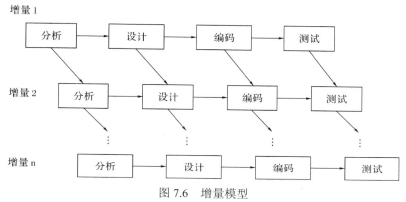

图 7.6　增量模型

增量模型的最大特点就是将待开发的软件系统模块化和组件化。不同于瀑布模型的一次性将一个满足所有需求的产品提交给用户的特点，增量模型是分批地向用户提交产品，每次提交一个满足需求子集的可运行产品。整个软件产品可分解成许多个增量组件，开发人员可以一个组件接一个组件地向用户提交软件产品，使用户及时了解软件项目的进展。同时，以组件为单位进行开发降低了软件开发的风险，一个组件开发周期内的错误不会影响到整个软件系统。但是，如果待开发的软件系统很难被模块化，那么将会给增量开发带来很多麻烦。

3. V 模型

V 模型是一个比较新的模型，也是软件开发中的一个重要模型，如图 7.7 所示。V 模型通过开发和测试同时进行的方式来缩短开发周期，从而提高开发效率。

V 模型主要划分为几个阶段：需求分析 (包括用户需求和规格定义)、概要设计、详细设计、编码、单元测试、集成测试、系统测试和验收测试。

V 模型的优点是详细表示了开发生命周期中的每个阶段与测试阶段的对应关系。一般来讲，单元测试所对应的是详细设计环节。也就是说，单元测试的测试用例和详细设计一起出现的，在研发人员作详细设计的时

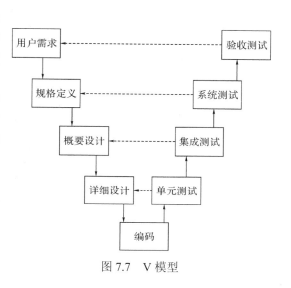

图 7.7　V 模型

候，相应的测试人员也就把测试用例写了出来；集成测试对应概要设计，在作模块功能分析及模块接口、数据传输方法的时候，就把集成测试用例根据概要设计中模块功能及接口等实现方法编写出来，以备以后作集成测试的时候可以直接引用；而系统测试，就是根据需求分析而来，在系统分析人员作系统分析，编写需求说明书的时候测试人员就根据客户需求说明书，把最后能实现系统功能的各种测试用例写出来，为最后系统测试做准备。

V 模型仅仅把测试过程作为在需求分析、系统设计及编码之后的一个阶段，忽视了测试对需求分析、系统设计的验证，需求的满足情况一直到后期的验收测试才被验证。

7.2　软件需求分析

软件开发一般涉及两方面人员：用户和开发人员。软件系统的开发一般由用户提出问题开始，开发人员根据用户的要求开发出相应的软件来解决问题，但是一般用户和开发人员缺乏共同的语言，用户熟悉本身的业务但是不懂技术，开发人员擅长计算机知识但对用户的业务并不十分了解。为了开发出用户满意的软件系统，首先要开发人员正确地认识问题，然后针对问题寻找合适的解决方式。这一阶段也就是软件需求分析，在大型公司中一般由专业的分析员完成这部分工作。软件需求分析也是软件开发的第一步，通过需求分析后才能顺利地进行接下来的具体软件设计。下面就软件需求分析的相关问题进行介绍。

7.2.1　软件需求分析概述

软件需求是用户对软件功能和性能的要求，也就是用户希望软件做什么，拥有什么样的功能，达到什么样的性能。软件开发人员准确地理解用户的需求，用户和软件开发人员一起来充分地理解用户的需求，并把双方共同理解的需求明确地表述为一份书面文档——需求说明书。软件需求分析也就是由"理解"和"表述"两部分组成，即"理解"问题，然后按某种标准把问题准确地"表述"出来。

IEEE1998 将软件需求分为 5 类：功能需求、性能需求、质量属性、对外接口和约束。其中，功能需求是指用户希望系统能够完成的工作，这些工作可以帮助用户完成任务，是最主要的需求；性能需求是指系统的整体或者系统的组成部分需要满足的性能要求，如内存使用率、时间效率，等等；质量属性是指系统所完成工作的质量，如可靠性、可维护性等；对外接口是指开发的系统和其他系统之间需要建立的接口，一般包括硬件接口、软件接口等；约束是指在系统设计时应该遵循的约束，如编程语言、硬件设备等。从软件开发的角度上，软件需求中的功能需求是最主要的需求，其他一些需求为非功能需求，是一些限制性的限制，是对实际使用环境所做的要求，如性能需求、安全性需求等。

需求分析是将要解决的问题进行详细的分析，明确问题的要求，包括需要输入什么样的数据，要得到什么样的结果等。需求分析的过程也是需求建模的过程，即为用户所看到的系统建立一个概念模型，也是对需求的抽象描述，并尽可能多地捕获现实世界的语义。

需求建模的过程如图 7.8 所示。

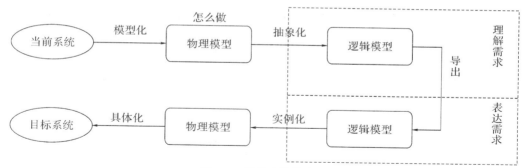

图 7.8　需求建模的过程

7.2.2　结构化需求分析方法

软件需求分析是保证软件质量的第一步，它的任务是复杂的，如何分析用户要求，需求说明书用什么形式表示等都需要一定的技术来支持。由于分析阶段是和用户共同商讨的，所以这个阶段的方法、模型、语言和工具都要考虑用户，要保证他们能看懂。20 世纪70 年代，逐渐出现了多种适合分析阶段的技术，主要分为结构化分析方法和面向对象分析方法。分析阶段采用的方法和实现阶段的程序语言的编程模式相关。如果采用结构化编程语言，则采用结构化分析方法；如果采用面向对象的编程语言，则采用面向对象的分析方法。前面几章讨论的 C 语言是基于面向过程的编程语言，因此下面主要介绍结构化分析方法，同样在设计阶段也采用面向过程的设计方法。

结构化需求分析是广泛使用于软件需求分析过程中的简单实用的方法。下面给出结构化分析方法中的三种常用方法。

1. 数据流图方法

结构化分析方法采用"分解"的方式来理解一个复杂的系统，分解需要有描述的手段。数据流图就是作为分解的手段引入的。

数据流图显示了系统的数据的流动，描述了一个系统有哪几部分组成，也描述了各个部分的数据流向。数据流图有四种基本的成分：

(1) 数据流：使用箭头表示。

(2) 过程：使用圆表示。

(3) 数据存储的地方：使用末端开口的矩形表示。

(4) 数据源或数据目的：使用方框表示。

数据流图分析关注的重点是数据，包括了系统的所有数据，能准确地抽象系统数据的流向和处理的过程，概括地描述数据在系统流程中的流动和处理的移动变换过程。数据流图是通过分层进行分析的，对顶层图的分析可以发现是否有输入信息或需要输出的信息被遗漏，容易及早发现系统各部分的逻辑错误，也容易修正；每一层都明确强调"需要什么"，"干了什么"，"给出什么"，这样逐层分解下去，系统被严密地展开，于是系统的框架就展现出来了。采用数据流图进行分析，可以提高分析的可见性和可控性，更容易理解软件要完成什么功能、数据来源于哪里、结果要输出到哪里，等等，相对清晰明了地展现出系统的功能。

下面通过一个例子来简单介绍该方法。图 7.9 显示了某培训中心的管理系统，它接受旅客订票，根据是否有余票来接受预订或者拒绝预订。

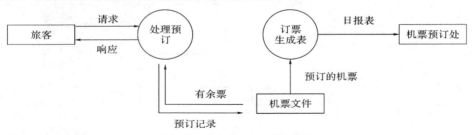

图 7.9　某航空公司订票系统

2. 状态图方法

状态图通常用于系统中的实体状态在响应时间时会改变的情况，是通过描述系统的状态及引起系统状态转换的事件来表示系统的行为的。此外，状态图还指明了作为特定事件的结果系统将做哪些动作，如处理数据。

为了具体说明怎样用状态图建立系统的行为模型，下面举一个例子。图 7.10 是人们非常熟悉的电话系统的状态图。电话可以有四种状态：闲置、拨号、超时和通话，每种状态在状态图中使用圆角矩形表示。当没有人打电话时电话处于闲置状态；有人拿起听筒则进入拨号状态，并计时；当电话接通后进入通话状态；如果拿起听筒的人改变主意不想打电话了，他把听筒放下(挂断)，电话又回到闲置状态；如果拿起听筒很长时间不拨号，则进入超时状态。

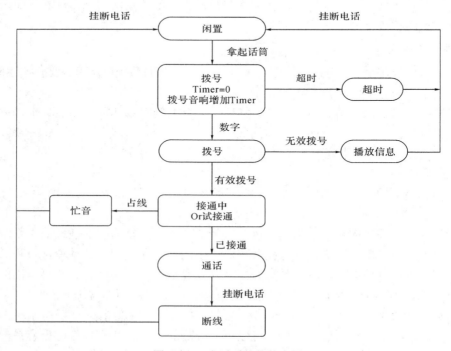

图 7.10　电话系统的状态图

3. 实体关系图

实体关系图提供了表示实体型、属性和联系的方法，用来描述现实世界的概念模型。这种关系图在数据库的设计中被广泛使用，因此在本章中不作详细说明。

7.2.3　需求说明文档

经过上述的软件需求分析之后，分析员在分析过程中，不断加深对目标系统的认识，更加理解用户的真实需求。需求分析的最终目的是形成一套用户和程序员都能看得懂的需求分析文档。将需求阶段分析获得的信息用一种容易修改、易于更新的形式记录下来，可为之后的软件设计以及软件验收提供良好的依据。

一个系统会涉及很多人，他们之间彼此理解十分重要，而文档无疑就是良好的沟通工具。结构化分析方法要求在需求分析阶段完成正式的文档书写，形成软件需求说明书。软件需求说明书有助于用户和软件开发人员进行理解以及交流，可以反映出用户的问题，也是软件开发人员工作的基础和依据，并且作为之后的确认测试和验收的依据。软件需求说明书一般包含硬件、软件功能、系统性能、输入/输出、警告信息、保密安全、数据和数据库、文档和法规的要求，等等。

软件需求包括业务需求、用户需求和功能需求(也包括非功能需求)。软件需求说明书应该对上述需求进行详细的说明和记录。业务需求反映了组织机构或客户对系统、产品高层次的目标要求，它们在项目视图与软件需求说明书中应该被详细说明；用户需求描述了用户使用产品必须要完成的任务，这在使用实例文档或方案脚本说明中予以说明；功能需求定义了开发人员必须实现的软件功能，使用户能完成他们的任务，从而满足业务需求。

在软件需求说明书中，说明的功能需求充分描述了软件系统所应具有的外部行为。软件需求说明书在开发、测试、质量保证、项目管理以及相关项目功能中都起了重要的作用。作为功能需求的补充，软件需求规格说明还应包括非功能需求，它描述了系统展现给用户的行为和执行的操作等，包括产品必须遵从的标准、规范和合约、外部界面的具体细节、性能要求、设计或实现的约束条件及质量属性等。所谓约束是指对开发人员在软件产品设计和构造上的限制。质量属性是通过多种角度对产品的特点进行描述，从而反映产品功能。多角度描述产品对用户和开发人员都极为重要。

需求说明书在写成之后，用户和开发人员应该对它共同进行复查，争取在分析阶段就纠正错误，防止在系统验收时才出现"这不是我们需要的"等问题。开发人员应该检查文档是否具有完整性、一致性、正确性和清晰性。经过反复检查最终形成用户和开发人员共同接受的需求说明书；需求说明书的篇幅一般较大，可以将各种图形和文字材料适当地装订起来，分成章节，加上前言、目录等，编成一本易于阅读的手册，最后将作为最终的软件系统设计、实现和验收的标准和基础。

7.2.4　项目案例分析

一个好的软件系统开发离不开精确的需求分析，只有正确地认识了用户的需求，才能开发出令用户满意的系统。这里结合上述知识，将本课题组的一个项目作为一个例子来进行简单的需求分析。

本案例针对图像质量评价项目，通过面向结构化需求分析方法确定项目的需求，包括功能需求和非功能需求。首先确定项目的问题模型，然后针对各个子系统，按照角色分别给出模型，再描述各个详细需求。简要说明如下。

1. 系统目标

本项目针对现实生活中的各种各样的图片设计一种图像质量评价系统，对图像进行评分，并对图像的质量进行一个客观的评价。

2. 系统角色

本系统的角色主要分为使用者和管理者两种角色。

3. 主示例

系统主要分为客户端子系统和管理端子系统，前者的参与者是用户，后者的参与人员是系统的管理人员。具体系统的主示例图如图 7.11 所示。

图 7.11　系统主示例图

4. 示例分解

为了更加清晰地描述项目需求，需要对需求示例进行分解。客户端系统主要由用户操作。用户可以注册账号，登录之后使用图像质量评价系统，可以上传图片，最终由评分界面给出图像质量分数。图 7.12 是客户端子系统的需求分析示例图。

管理端子系统主要由管理员操作。管理员可以管理用户信息，可以上传图像，提取图像的非平坦区域，对图像进行特征提取，另外还可以使用神经网络系统对图像进行学习更新图像质量评价模型。图 7.13 是管理端子系统的需求分析示例图。

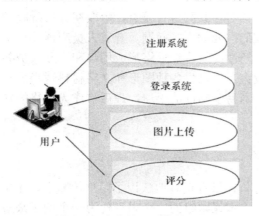

图 7.12　客户端子系统的示例图

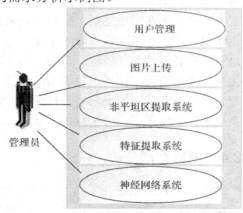

图 7.13　管理端子系统的示例图

5. 需求分析的示例描述

需求分析需要对相应的示例进行描述。例如，"登录系统"的描述内容如表 7-2 所示。

表 7-2　登录系统用例描述

角　色	用　　户
目的	用户登录系统
前置条件	用户身份是使用质量评价系统的大众
示例描述	(1) 用户进入系统首页； (2) 系统显示登录界面，用户输入用户名和密码，单击"确定"按钮； (3) 系统检测是否有此用户，若存在此用户，则用户进入系统；若不存在此用户，本页面显示相应的错误信息

另外，针对各个模块系统还有相应的需求规定，包括对功能的规定、对性能的规定(精度、时间特性要求、灵活性)、输入/输出要求、数据管理能力要求、故障处理要求、其他专门要求。由于篇幅的限制，这里不再详细说明。

在需求分析阶段，我们应该集中考虑软件应该做什么，而尽可能少地考虑系统具体怎么实现的问题，这些问题应该在以后的具体软件设计阶段去解决。软件开发的第一步是软件需求分析，在软件需求分析之后就开始了正式设计阶段。

7.3　软件设计与实现

通过 7.2 节的需求分析可以得出软件设计的需求说明书，可以明确用户对于软件系统的具体要求，并为软件系统的设计指明了方向与目标，进而进行软件系统的建立。然而对于一般的大型系统，明确需求后并不能直接进行程序的编写，而是首先要做出详细周密的计划，以保证程序开发工作的顺利，而对程序开发进行计划工作的这一过程称为软件设计过程。在软件程序设计过程中，通常运用概要设计以及详细设计两个步骤对软件程序进行设计。

7.3.1　概要设计

概要设计也被称为总体设计，在概要设计中，首先需要将一个整体的系统划分成为一些小的单元，这些小的单元称为模块，并确定每一个模块的功能；其次确定模块之间的调用关系；最后再确定出模块的界面以及模块之间传递的数据信息。对于 C 语言程序而言，一个模块通常指一个子程序或者是一个函数。一个模块具有四种特性，即输入/输出、内部数据、程序代码、功能。输入与输出即一个模块所需要的数据与可以产生的数据，功能即为模块所能做的工作，这两个特性为模块的外部特性。模块通过程序代码实现功能，内部数据为模块已有的数据与信息，这二者为模块的内部特性。

结构化设计(SD 方法)是众多设计方法中应用最广的设计方法，常用于软件系统的概要设计中；同时，其也与需求分析中的 SA 方法相对应，可以很好地衔接运用。SD 方法的基本思想是将系统设计为相对独立、功能单一的模块组成的结构，其目标是建立结构良好的软件系统，同时有两个评价设计质量的标准，即耦合与内聚。耦合是指对一个系统中模块互相之间的联系紧密程度的度量；内聚是指对一个模块内部各个元素互相之间的联系紧密程度的度量。

在结构化设计中，既然将系统划分为多个模块，则需要模块间是尽可能独立的，然而在一个系统中不可能所有模块间都是没有联系的，因此需要让其松散耦合，使系统模块之间的耦合达到最小值。同时，在 SD 方法中，内聚和耦合是息息相关的，如果将密切联系的部分分散在各个模块，肯定会造成模块间的高耦合。因此，要注意模块内部的各个元素的紧密联系，达到模块内部的高内聚。

结构化设计方法中所使用的描述方式为结构图，它可以描绘程序的模块结构。图 7.14 为图书馆管理系统的结构图。图中的一个方框表示一个模块，方框内注明了模块的名字或者主要功能，方框之间的箭头表示了前一模块调用后一模块，调用箭头边的小箭头表示调用的数据与信息，同时也表明了传送的方向。通过箭头尾部的形状可以进一步区分所传递的信息，尾部如果为空心则表明传递的是数据，如果是实心则表明传递的是控制信息。

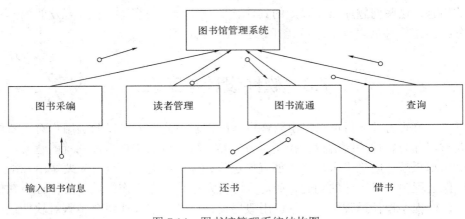

图 7.14　图书馆管理系统结构图

7.3.2　详细设计

概要设计主要将一个软件系统划分为许多较小的模块，并确定模块的功能与输入/输出，同时决定了各个模块之间的关系；而详细设计是对模块内部的程序进行进一步的细化设计，针对每一个模块的内部特征进行确定，即确定每一模块的内部程序具体执行的过程。在详细设计中，每一个模块是单独进行考虑的，并确定详细的执行过程，主要包括内部数据、控制流、每一步骤的加工要求等。

结构化程序设计(SP)是详细设计中最为典型的一种方法，其主要思想是运用顺序、选择、循环三种基本方式对模块进行分解处理。

(1) 一个模块起初是复杂模糊的，于是首先对模糊的地方进行顺序方式分解，确定出各个过程的时间顺序。

(2) 其次运用选择方式进行分解，确定过程的条件。

(3) 最后通过循环方式，确定模糊过程的主体部分重复开始以及结束的条件。

通过详细设计，可以使编程人员对所要编写的程序结构更加清晰，有利于后期的编码实现，增加了软件系统中程序的可阅读性，也方便了系统后期的操作、修改以及维护。同时，在设计过程中良好的设计结构可以降低程序编写时出现安全问题，并提升了程序执行的高效性以及可靠性。

详细设计的表示方式主要有流程图，N-S 图、PAD 图、PDL、伪代码等方法。流程图与伪代码方法在第 2 章已经介绍过，可以用于设计过程中算法描述。

7.3.3　编码实现

在编码实现中，主要对每一个模块进行程序代码的编写，即对详细设计后的结果通过某一种编程语言编写为程序，且最终编码得到的程序不能包含语法等错误，同时在程序中必须含有一些必要的说明性的材料。编码实现时需要考虑的重点为语言的选择以及软件的质量。

在语言方面，由于 C 语言程序具有良好的程序结构和模块化，同时书写简单自由，易于理解，可阅读性高，并且相较于其他面向过程的编程语言而言基本语言更加具有优势，因此在本书中，统一使用 C 语言进行程序的实现。

软件质量是软件程序实现过程中十分重要的一个问题。软件质量是软件生命周期的普遍特征，通常被定义为软件产品应该是什么以及它必须包含什么。一个高质量的软件系统不仅可以满足用户需求以及代码操作规范，还可以在与其对应的硬件上高效运行。许多因素都可以影响软件系统的质量，如简单标准化的代码、编程风格等，如表 7-3 所示。

表 7-3　编码因素对软件质量的影响

编码因素	质量属性
编程风格	可读性、可维护性
标准化代码	可维护性、稳定性
代码克隆	可靠性、可维护性

编程过程中，编程的风格、标准化的代码以及代码的克隆可以影响大量的软件质量属性。编程的风格主要为编程代码的整体特征，可以影响程序的可读性与可维护性。标准化的代码提供了期望产品的说明并增加结果的可比性，运用标准化的代码可以提升软件的可维护性以及稳定性。希望的程序结果代码重用为通过复制已有的程序代码节省大量的时间与精力，并提升了代码的可重用性，且代码的重用可以提升程序的可靠性与可维护性。

代码的可读性主要体现在代码注释以及风格上。在程序中适当地加入注释可以增加程序的可读性，原则上注释可以出现在程序中的任意位置，而在程序中如果能将注释与程序的结构搭配使用，可以使程序更加清晰易懂。注释主要包含了对相关模块功能的解释说明，对程序中参数或语句作用的解释，模块或函数调用的说明，开发历史、作者、修改维护等信息的阐述以及变量的状态信息等的说明。但是，在注释时也要注意一些基本事项。首先，注释必须与程序相对应，否则只会影响程序的可读性；其次，注释必须为程序中较难获取的信息，不能直接复制程序中的代码；同时，不需要对每一句代码都进行注释，而是对一个语句段整体进行注释。

在代码的风格方面,需要注意许多问题。首先,对程序中的变量命名时,需要采用具备实际意义的变量名,比如一个代表距离的变量,distance 比简单的一个字母 d 更加易于理解与记忆;其次,在程序中不要使用比较相似的变量名,否则容易将各个变量混淆,而且不便于后期的阅读与维护;对每一个出现的变量进行注释,可以更加方便理解与维护修改;同时在编写程序时,应该注意自己的代码可以简单明了地反映出功能与意图。因此可以看出,代码的风格不仅直接可以影响到软件程序的可读性,还影响到软件的维护性等方面。

同时,在编码实现过程中,程序的安全性也是十分重要的。变量的初值未赋、数组的越界、指针使用不当、申请空间不足、打开文件不存在等问题都会造成软件程序的安全隐患。图 7.15 所示是一些 C 语言编码不当引起的安全隐患问题,要注意避免。

```
#include<stdio.h>
void main()
{   int i, a[3], b;
    for(i = 0; i < 3; i++)
    {   a[i] = i;
    }
    a[i] = a[i]/2+b;
    printf("%d, %d", a[i],b);
}
```
整型变量b未被赋初值

(a)　变量未初始化情况

```
#include<stdio.h>
void main()
{   int i, a[3], b=0;
    for(i=0; i<3; i++)
    {   a[i] = i;
    }
    a[i] = a[i]/2+b;
    printf("%d, %d", a[i], b);
}
```
循环结束后,i=3,因此造成了越界

(b)　数组越界情况

```
#include<stdio.h>
void main()
{   int i, a[3], *p;
    *p = 5;
    printf("%d, %d", *p);
}
```
指针 p 未初始化,造成程序出现异常

(c)　指针未初始化情况

```
#include<stdio.h>
typedef int datatype;
typedef struct node
{   datatype date;
    Struct node *next;
}   linklist;
main()
{   linklist *s;
    s = (linklist *)calloc(sizeof(linklist), 100000000000);
    s -> data=10;
    s -> next=0;
}
```

申请内存空间太大，申请不成功，程序出现异常

(d)　申请空间不足情况

图 7.15　程序安全性问题

7.3.4　示例分析

在设计阶段，首先对图像质量评价系统进行概要设计，图 7.16 为图像质量评价软件系统的概要设计的结构图。软件系统分为两部分：一部分为神经网络的训练系统，如结构图中右边模块所示；另一部分将训练好的神经网络系统用于待处理图像的质量评价中去，如结构图中左边模块所示。

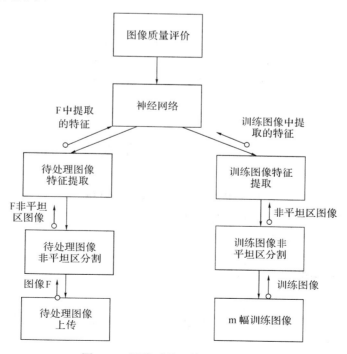

图 7.16　图像质量评价系统结构图

　　详细设计主要是对每一个模块内部程序具体执行步骤进行设计，在图像质量评价系统中，以特征提取模块为例，进行详细设计。图 7.17 为图片上传模块的详细设计流程图。主要为读取图像时需要注意的问题，即判断给出位置的图片是否存在，如果存在，是否为要求的格式。

　　同时，对非平坦区分割模块进行详细设计。图 7.18 为非平坦区分割模块流程图，在模块中，首先将输入图像进行高斯平滑处理，从而防止了噪声对平坦区的影响；其次通过图像的梯度计算，定位出平坦区与非平坦区的边界，通过图像二值化进一步对非平坦区与平坦区进行划分；最后对图像进行形态学闭运算，防止图像分割的不稳定。

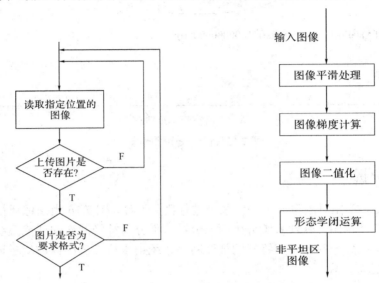

图 7.17　上传模块的详细设计流程图　　　　图 7.18　非平坦区分割模块流程图

　　通过对图像质量评价系统的概要设计与详细设计，就可以清晰地得到质量评价系统所需要编写程序的结构，从而可以开始对整个软件系统进行编码实现。在编码实现的过程中，要注意程序代码的风格以及安全性，同时对代码进行合理的注释，尽可能地提升整个质量评价系统的软件质量。

7.4　软　件　测　试

　　软件产品从分析、设计到编码阶段后，需要进行测试以确保设计的软件产品满足用户需求。因此，测试是对软件开发人员在前面阶段工作的一个检验，同时也是软件产品质量的保证。本节主要介绍软件测试的概念和基本方法。

7.4.1　软件测试基础

　　软件测试是使用人工操作或者软件自动运行的方式来检验它是否满足规定的需求，或明确预期结果与实际结果之间的差别的过程。Glenford J.Myers 曾对软件测试进行定义：测试的目的就是发现程序中的错误。因此，一个好的测试应该是尽可能发现迄今为止尚未发现的错误。

常用的软件测试方法分为黑盒测试和白盒测试。黑盒测试是将被测的程序看成一个黑盒子，完全不考虑程序的内部结构和处理过程，只关心输入和输出，如图 7.19 所示。白盒测试是指将程序装在透明的白盒子里面，也就是完全了解程序的源代码和处理过程，如图 7.20 所示。在实际的软件开发中，通常采用黑盒和白盒技术相结合的方法。采用黑盒测试对软件的整体功能和性能进行测试，对软件的源代码则采用白盒测试。

图 7.19　黑盒测试　　　　　　　　　　图 7.20　白盒测试

依据是否运行程序，将软件测试分为静态测试和动态测试。静态测试(Static Testing)是指不实际运行被测软件，而只是静态地检查程序代码、界面或文档中可能存在的错误的过程。动态测试(Dynamic Testing)是指实际运行被测程序，输入相应的测试数据，检查实际输出结果和预期结果是否相符的过程。因此，判断一个测试属于静态测试还是动态测试，唯一的标准就是观看是否运行程序。

黑盒/白盒和动态/静态测试，是一个测试的不同分类角度。同一个测试，既可能属于黑盒测试，也可能属于动态测试；既有可能属于静态测试，也有可能属于白盒测试。它们之间的关系如下：

(1) 黑盒测试既可能是动态测试(运行程序，只看输入和输出)，也可能是静态测试(不运行程序，只是查看界面)。

(2) 白盒测试既可能是动态测试(运行程序，并分析内部代码结构)，也可能是静态测试(不运行程序，只是静态查看代码)。

(3) 动态测试既可能是黑盒测试(运行程序，只看输入和输出)，也可能是白盒测试(运行程序，并分析代码结构)。

(4) 静态测试既可能是黑盒测试(不运行程序，只是查看界面)，也可能是白盒测试(不运行程序，只是静态查看代码)。

7.4.2　黑盒测试

黑盒测试不考虑程序内部结构和逻辑结构，主要是用来测试系统的功能是否满足需求规格说明书。一般会有一个输入值和期望值做比较。黑盒测试也称功能测试，它是通过测试来检测每个功能是否都能正常使用。在测试中，把程序看作一个不能打开的黑盒子，在完全不考虑程序内部结构和内部特性的情况下，在程序接口进行测试，它只检查程序功能是否按照需求规格说明书的规定正常使用，程序是否能适当地接收输入数据而产生正确的输出信息。目前，黑盒测试主要有等价类划分、边界值分析、错误推测法、因果图法等。下面重点介绍几种常见的黑盒测试方法。

1. 等价类划分

穷尽测试在实际中是不可能实现的，因此在设计测试用例时，常常把输入域划分成几个子集。划分的子集应该满足以下因素：

◆ 每个子集内部所有的数据都是等价的。

◆ 子集之间互不相交。

◆ 所有子集的并集是整个输入域或输出域。

等价类划分法是一种黑盒测试技术，它不考虑程序的内部结构，只是根据软件的需求说明来对输入的范围进行细分，然后再从分出的每一个区域内选取一个有代表性的测试数据。划分的子集也可分为有效等价类和无效等价类。

(1) 有效等价类：符合《需求规格说明书》，合理的、正确的、有意义的输入数据构成的集合。

(2) 无效等价类：不符合《需求规格说明书》，不合理的、错误的、无意义的输入数据构成的集合。

理论上说，如果等价类里面的一个数值能够发现缺陷，那么该等价类中的其他数值也能够发现该缺陷。但在实际测试过程中，由于测试人员的能力和经验所限，导致等价类的划分就是错误的，因而得不到正确的结果。

2. 边界值分析

由于大量的错误是发生在输入/输出范围的边界上，而不是发生在输入/输出范围的内部。因此，针对各种边界情况设计测试用例，可以查出更多的错误。

使用边界值分析方法设计测试用例，首先应确定边界情况。通常，输入和输出等价类的边界就是应着重测试的边界情况。应当选取正好等于、刚刚大于或刚刚小于边界的值作为测试数据，而不是选取等价类中的典型值或任意值作为测试数据。

边界值分析方法是一种最基本的黑盒测试方法，它是"等价类划分"这种测试方法的良好补充，但该方法会有较大的冗余和漏洞。然而，大量的软件缺陷发生在输入域和输出域的边界上。所以，在设计测试用例的时候，应该将等价类划分和边界值分析这两种测试方法结合起来。

3. 错误推测法

错误推测法是凭借测试人员的直觉和经验来推测软件系统中可能出现的各种缺陷。常常是列举出系统中所有可能的缺陷和容易发生缺陷的特殊情况，并根据它们来设计测试用例。

4. 因果图法

等价类划分方法和边界值分析方法都着重考虑输入条件，但未考虑输入条件之间的联系。因果图法中的因指的是输入，果指的是输出。因果图法是适用于输入条件较多的一种黑盒测试技术，测试所有的输入条件的排列组合。

7.4.3　白盒测试

与黑盒测试不同，白盒测试需要深入到软件的内部，去查看源代码，去分析程序的内部结构，如数据类型、算法、异常处理等。根据是否运行源代码，白盒测试又可分为静态分析和动态测试。静态分析是指不实际运行程序，只是静态地分析程序的代码是否符合相应的编码规范或是检查程序里面的逻辑错误；动态测试是白盒测试的重点，也是发现缺陷的主要手段。

白盒测试设计用例应该能够实现的功能是：

◆ 保证一个模块中的所有独立路径至少被使用一次。

◆ 对所有逻辑值均需测试 true 和 false。

◆ 在上下边界及可操作范围内运行所有循环。

◆ 检查内部数据结构以确保其有效性。

目前，白盒测试技术有静态分析法、基本路径测试法、逻辑覆盖、控制结构测试法、域测试、符号测试等。本节重点介绍几种常用的动态测试方法。

1. 基本路径测试法

基本路径测试是由 Tom McCabe 提出的一种白盒测试技术。基本路径测试应该遵循的原则有二：一是保证每条语句至少执行一次测试用例；二是等价于流程图中的每条路径执行一次。

基本路径测试步骤如下：

(1) 以详细设计或源代码作为基础，导出程序的控制流图。

(2) 通过计算得到控制流图的环路复杂性 V(G)。

(3) 确定线性无关的路径的基本集。

(4) 生成测试用例，确保基本路径集中每条路径的执行。

下面举例说明程序的路径测试。

[例 7.1]　某软件系统的一个求最大值模块的程序流程图如图 7.21 所示。

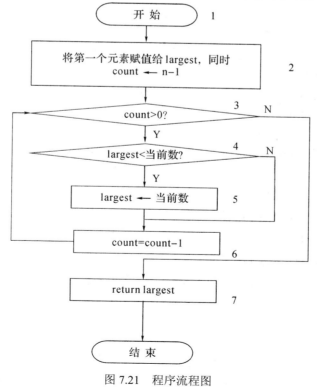

图 7.21　程序流程图

程序代码实现如图 7.22 所示。

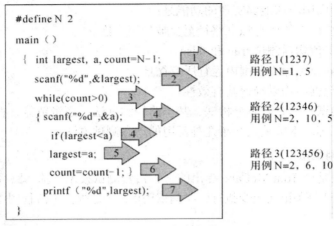

图 7.22　程序代码

1) 画控制流图

根据设计结果画出相应的控制流图，如图 7.23 所示。

在流图中用圆表示结点，一个圆代表一条或多条语句。程序流程图中的一个处理框序列和一个菱形判定框可以映射成流图中的一个结点。流图中的箭头线称为边，代表控制流；由边和结点围成的面积称为区域，当计算区域数时应该包括图外部未被围起来的那个区域。

2) 计算流图的环形复杂度

环形复杂度是一种为程序逻辑复杂性提供定量测度的软件度量，将该度量用于计算程序基本的独立路径数目，是确保所有语句至少执行一次的测试数量的上界。独立路径必须包含一条在定义之前不曾用到的边。计算环形复杂度有以下三种方法：

(1) 流图中区域的数量对应于环型的复杂性。

(2) 环形复杂度 V(G) = E−N+2，E 是流图中边的数量，N 是流图中结点的数量。

环形复杂度 V(G) = 8−7+2 = 3

(3) 环形复杂度 V(G) = P+1，P 是流图 G 中判定结点的数量。

环形复杂度 V(G) = 2+1 = 3

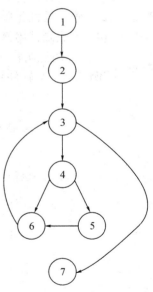

图 7.23　控制流图

3) 确立线性独立路径的基本集合

根据上面的计算方法，可得出 3 条独立的路径，如下：

路径 1：1-2-3-7；

路径 2：1-2-3-4-6；

路径 3：1-2-3-4-5-6。

从控制流图可看出，程序只有一个单循环和一个条件判断，每个判断有两个分支，所以有 3 条独立路径(如图 7.23 所示)：第一条跳出循环(1，2，3，7)；第二条进入循环并通

过条件判断的 False 分支(1，2，3，4，6)；第三条进入循环并通过条件判断的 True 分支
(1，2，3，4，5，6)。

因此，测试用例的设计应覆盖这 3 条路径，使其中的语句都至少被执行一次。

2. 逻辑覆盖

白盒测试是一种结构测试方法，按照程序的内部结构去测试程序，检查程序中每条通路是否能按照预定要求工作，因此逻辑覆盖是白盒测试的常用技术。

逻辑覆盖包括语句覆盖、判定覆盖、条件覆盖、判定/条件覆盖、条件组合覆盖和路径覆盖等。这些技术可以是静态分析，也可以是动态分析。

逻辑覆盖必须遵循下列覆盖准则：

(1) 语句覆盖每条语句至少执行一次。

(2) 判定覆盖每个判定的每个分支至少执行一次。

(3) 条件覆盖每个判定的每个条件应取到各种可能的值。

(4) 判定/条件覆盖同时满足判定覆盖和条件覆盖。

(5) 条件组合覆盖每个判定中各条件的每一种组合至少出现一次。

(6) 路径覆盖使程序中每一条可能的路径至少执行一次。

7.4.4　单元测试、集成测试、系统测试和验收测试

按照软件测试的阶段划分，软件测试可分为单元测试、集成测试、系统测试和验收测试。依据软件生命周期的 V 模型，每一个测试阶段都与开发阶段相对应。

1. 单元测试

单元测试(Unit Testing)，是指对软件中的最小可测试单元(设计阶段的模块)进行检查和验证，它是详细设计阶段工作的一个检验。关于单元的定义，一般需要根据实际情况去判定单元的具体含义。例如，在 C 语言中，单元一般指 1 个函数；在图形化软件中，单元也可以指 1 个窗口、1 个菜单等。总体来说，单元是人为规定的、最小的被测功能模块，如图 7.24 所示。

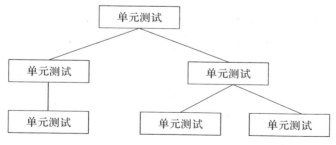

图 7.24　单元测试

单元测试通常在程序员编码后，代码通过编译后进行。而且，在前期应该做一些准备工作，如撰写单元测试计划、编写单元测试用例等。单元测试一般由白盒测试工程师或开发人员来测试，其测试依据主要有源程序本身和软件项目的"详细设计"文档。

单元测试主要用白盒测试方法，测试人员一般先静态地检查代码是否符合规范，然后动态地运行代码，检查实际运行结果。

2．集成测试

集成测试(Integration Testing)也叫组装测试或联合测试，是在单元测试后进行的。在单元测试的基础上，将单元按照概要设计规格说明的要求组装成系统或子系统，进行集成测试，重点测试不同模块的接口部分。一些模块虽然能够单独工作，但不能保证连接起来也能正常的工作。因此，集成测试是用来检查各个单元模块结合到一起能否协同配合，正常运行。

集成测试理论上是在单元测试之后进行，但实际上，不能等到所有单元模块都测试完后再进行集成测试，这样效率太低。因此，很多时候单元和集成是同步进行的，在单元测试中先测试几个函数的自身功能，然后再集成测试一下这几个函数的接口(即参数传递)。

集成测试一般是由白盒测试工程师或者开发人员进行，它的依据是单元测试的模块和"概要设计"文档。

3．系统测试和验收测试

系统测试和验收测试在集成测试之后进行，它们也是软件测试的重点。

系统测试(System Testing)是将整个软件系统看做一个整体进行测试，包括对功能、性能以及软件所运行的软硬件环境进行测试。其目的是通过与系统的需求相比较，发现所开发的系统与用户需求不符或矛盾的地方，从而提出更加完善的方案。

系统测试阶段又可分为三个步骤：模块测试，即测试每个模块的程序是否有错误；组装测试，即测试模块之间的接口是否正确；确认测试，即测试整个软件系统是否满足用户功能和性能的要求。该阶段结束应交付测试报告，说明测试数据的选择、测试用例以及测试结果是否符合预期结果。测试发现问题之后要经过调试找出错误原因和位置，然后进行改正。系统测试一般由黑盒测试工程师完成，主要依据系统"需求规格说明书"文档。

验收测试与系统测试相似，主要区别是测试人员的不同。验收测试(Acceptance Testing)指的是在系统测试的后期，以用户测试为主，或有测试人员等质量保障人员共同参与的测试，它也是软件正式交给用户使用的最后一道工序。验收测试又分为 α 测试和 β 测试，其中 α 测试指的是由用户、测试人员、开发人员等共同参与的内部测试，而 β 测试指的是内侧后的公测，即完全交给最终用户测试。

综上所述，对软件测试的四个阶段的总结如表 7-4 所示。

表 7-4　单元、集成、系统、验收测试比较

测试名称	测试对象	测试依据	人员	测试方法
单元测试	最小模块，如函数，类等	详细设计	白盒测试工程师或开发人员	主要采用白盒测试
集成测试	模块间的接口，如参数传递	概要设计	白盒测试工程师或开发人员	黑盒和白盒测试相结合
系统测试	整个系统，包括软硬件	需求规格说明书	黑盒测试工程师	黑盒测试
验收测试	整个系统，包括软硬件	需求规格说明书和验收标准	主要为用户，还可能有测试工程师等	黑盒测试

7.4.5　项目案例分析

本节针对前面 7.2.4 节中提出的图像质量评价项目进行设计测试用例。

在测试阶段，主要是对前面阶段工作的一个检验。针对详细设计阶段的工作，进行单元测试。在图像质量评价系统中，对每个模块进行单元测试。对于图像上传模块，主要采用黑盒测试，上传不同格式的图片，检查是否读取成功，测试用例如表 7-5 所示；对于非平坦区域分割模块，采取黑盒与白盒技术相结合的测试方法，输入的是读取成功的图片，输出的是非平坦区域分割后的图片，根据分割后的图像效果来分析和修改程序代码；对于特征提取模块，采取白盒测试，输入待测图片，检测是否能输出特征数据；对于神经网络模块，采取白盒测试，测试神经网络系统功能是否正常。

表 7-5　上传图片测试用例(等价类划分)

用例编号	所属等价类	上传图片格式	输　　出
1	有效等价类	JPG	正常显示
2	有效等价类	BMP	正常显示
3	无效等价类	mp4	不能显示
4	有效等价类	PNG	正常显示
5	无效等价类	gif	不能显示
6	无效等价类	flv	不能显示

在集成测试阶段，主要测试两个模块之间的接口。当上述图像上传模块和非平坦区分割模块单元测试完成之后，便开始对它们两个进行集成测试，检验这两个模块能否共同工作。当特征提取模块单元测试完成之后，就可以对非平坦区域模块和特征提取模块进行集成测试，检验它们能否正常工作。

在系统测试和验收阶段，对图像质量评价系统的整体功能进行测试。此时，将图像库中的所有图片分为两部分，一部分作为训练图片，另一部分用于测试图片。这个划分方法要保证所有的组合既不重复也不遗漏，测试用例如表 7-6 所示。

表 7-6　图像质量评分测试用例

用例编号	输入数据	预期结果
1	测试图片 1	[0-100]之间的分数
2	测试图片 2	[0-100]之间的分数
3	测试图片 3	[0-100]之间的分数
4	测试图片 4	[0-100]之间的分数
5	测试图片 5	[0-100]之间的分数
6	测试图片 6	[0-100]之间的分数
7	测试图片 6	[0-100]之间的分数
8	测试图片 6	[0-100]之间的分数
9	测试图片 6	[0-100]之间的分数
10	测试图片 6	[0-100]之间的分数

本 章 小 结

本章主要对软件工程的整体结构进行了详细的论述，从而可以指导软件项目产品的开发和维护。本章首先讨论了软件工程的基本概念，并对软件产品的质量、生命周期以及开发模型进行了详细的介绍；其次，对软件需求分析中的各种方法以及需求说明文档进行了详细的介绍；同时，在软件设计与实现方面，重点介绍了概要设计与详细设计的基本内容与表示方法，并对编程实现中影响软件质量的一些问题进行了分析；最后，详细介绍了软件测试基本理论，并重点对黑盒测试与白盒测试进行了介绍与分析。以上理论和方法可用于指导软件需求分析、设计、实现以及测试所有的软件开发过程。

练 习 题

一、 翻译与解释

结合计算机语言相关知识翻译并解释下列词的含义(其解释用中英文均可)。

software requirement analysis, business requirement, user requirement, use case, functional requirement, structured design, structure chart, structured programming, software quality, modularity, readability, maintainability, stability, reliability, changeability, static testing, dynamic testing, unit testing, integration testing, system Testing, acceptance Testing

二、 简答题

1. 什么是软件开发的生命周期？
2. 分析瀑布模型与增量模型的优缺点。
3. 软件需求包括哪些？并作简单解释。
4. 结构化分析工具有哪些？需求说明书一般包含哪几方面？
5. 简要说明概要设计与详细设计的区别与联系。
6. 程序设计中模块化的优势是什么？模块间的耦合与内聚的区别及联系是什么？
7. 编码实现过程中需要注意哪些问题，对软件的质量有什么影响？
8. 黑盒测试和白盒测试的区别是什么？
9. 单元测试、集成测试、系统测试和验收测试的依据是什么？

三、 思考题

查资料回答下列问题：

以本章的软件开发的方法为指导，基于 C 语言完成一个自选项目的软件开发，提交各阶段的文档资料。

第8章　认识操作系统及编程环境

软件设计好后，必须能够在计算机系统上实现。第 1 章到第 7 章是与软件设计相关的分析、设计、编程及测试工作。本章给出编程后的实现环境及调试环境的介绍，同时也简单介绍了基于键盘命令行的 DOS、操作系统和基于图形窗口的 Windows 操作系统，它们是编程人员的实现代码的基础。此外，本章还给出目前教学及实践开发过程中常用的 C 语言代码的调程环境和调试技术介绍，它们是代码实现的重要环境。

8.1　Windows 系统及其基本操作

Windows 系统(也被称做"微软视窗操作系统")是美国微软公司开发的一套操作系统，它问世于 1985 年。起初，Windows 仅仅是 Microsoft-DOS 模拟环境，后续的系统版本由于微软不断地更新升级，逐渐发展成为个人电脑和服务器的操作系统。Windows 系统可以在几种不同类型的平台上运行，如个人电脑、服务器和嵌入式系统，等等，其中在个人电脑上的应用最为普遍。

8.1.1　Windows 系统的发展

第一个版本的 Windows1.0 于 1985 年问世，它是一个具有图形用户界面的系统软件。1987 年，推出了 Windows 2.0 版，最明显的变化是采用了相互叠盖的多窗口界面形式。1990 年，推出了 Windows 3.0 版，这是一个重要的里程碑。现今流行的 Windows 窗口界面的基本形式也是从 Windows 3.0 开始基本确定的。1992 年，主要针对 Windows 3.0 的缺点推出了 Windows3.1，为程序开发提供了功能强大的窗口控制能力，使 Windows 和在其环境下运行的应用程序具有了风格统一、操纵灵活、使用简便的用户界面。Windows 3.1 还提供了一定程度的网络支持、多媒体管理、超文本形式的联机帮助设施等，对应用程序的开发有很大影响。

Windows 3.1 及以前版本均为 16 位系统，它们只能在 MS-DOS 上运行，而且必须与 MS-DOS 共同管理系统资源，故它们还不是独立的、完整的操作系统。1995 年推出的 Windows 95 已摆脱 MS-DOS 的控制，是一个完整的集成化的 32 位操作系统，采用抢占多任务的设计技术，对 MS-DOS 的应用程序和 Windows 应用程序提供了良好的兼容性。它提供了全新的桌面形式，使用户对系统各种资源的浏览及操作变得更容易。1998 年，推出 Windows 98，全面增强了 Windows 95 功能，采用 32 位抢先式多任务管理，拥有全新的图形界面和操作环境，提供丰富的管理工具和众多的应用程序，并且，Windows 98 有先进的内存管理，有高性能的多媒体支持和网络浏览、服务功能，全面提高了稳定性，使运行速度更快，增强了管理能力，扩大了网络功能。后续又先后出现了 Windows XP，Windows 7 等版本。当前，最新的操作系统是 Windows 10，已于 2015 年 7 月 29 日正式发布。

8.1.2　Windows 系统的技术特点

(1) 图形用户界面直观、高效，易学易用。从某种意义上说，Windows 用户界面和开发环境都是面向对象的。用户采用"选择对象-操作对象"这种方式进行工作。比如要打开一个文档，首先用鼠标或键盘选择该文档，然后从右键菜单中选择"打开"操作，打开该文档。这种操作方式模拟了现实世界的行为，易于理解、学习和使用。

(2) 用户界面统一、友好、美观。Windows 应用程序大多符合 IBM 公司提出的 CUA(Common User Acess)标准，所有的程序拥有相同的或相似的基本外观，包括窗口、菜单、工具条等。

(3) 丰富的设备无关的图形操作。Windows 的图形设备接口(GDI)提供了丰富的图形操作函数，可以绘制出诸如线、圆、框等的几何图形，并支持各种输出设备。

(4) 多任务的操作环境。Windows 是一个多任务的操作环境，它允许用户同时运行多个应用程序，或在一个应用程序中有多个线程。每个程序在屏幕上占据一块矩形区域，这个区域称为窗口，窗口是可以重叠的。用户可以移动这些窗口，或在不同的应用程序之间进行切换，并可以在程序之间进行手工和自动的数据交换和通信。

8.1.3　Windows 系统的设置及维护

这里以 Windows7 系统为例，简单介绍系统的设置和维护。

控制面板是 Windows 系统图形用户界面的一部分，可通过开始菜单访问。它允许用户查看并操作基本的系统设置，如图 8.1 所示。通过控制面板可以对计算机进行设置，可以查看网络状态，可以添加/删除软件，也可以控制用户账户及更改辅助功能选项等。

图 8.1　控制面板

单击控制面板上的"系统和安全"选项，有八个功能：操作中心、Windows 防火墙、系统、Windows Update、电源选项、备份和还原、驱动器加密和管理工具。这些功能可以查看计算机的状态并解决问题，可以查看并设置防火墙，可以查看并设置计算机的系统属性，可以备份计算机，也可以释放计算机的磁盘空间。

单击控制面板上的"网络和 Internet"选项，有三个功能：网络和共享中心、家庭组和 Internet 选项。这些功能可以查看并添加网络，可以选择家庭组和共享选项，可以管理浏览器更改主页。

单击控制面板上的"硬件和声音"选项，有六个功能：设备和打印机、自动播放、声音、电源选项、显示和音频管理器。这些功能可以添加外部连接设备，可以更改媒体或设备的默认设置，可以设置电源功能，可以设置显示功能。

单击控制面板上的"程序"选项，有三个功能：程序和功能、默认程序和桌面小工具。这些功能可以安装或卸载程序，可以设置默认程序，可以添加桌面小工具。

单击控制面板上的"用户账号和家庭安全"选项，有五个功能：用户账户、家长控制、Windows CardSpace、凭据管理器和邮件。这些功能可以添加或更改账户，可以为用户设置家长控制，可以管理用于登录到联机服务的信息卡。

单击控制面板上的"外观和个性化"选项，有六个功能：个性化、显示、任务栏和菜单、访问中心、文件夹选项和字体。这些功能可以设置或更改主题，可以设置字体，可以自定义菜单。

单击控制面板上的"时钟、语言和区域"选项，有两个功能：时间和日期、区域和语言。这些功能可以设置和更改区域和语言，可以设置和更改时间和日期。

单击控制面板上的"轻松访问"选项，可以使用 Windows 建议的设置，可以更改鼠标及键盘的工作方式。

下面以 Windows 7 系统为例，具体介绍一下网络的设置和系统的维护。

(1) 对系统的网络进行设置。在控制面板上，单击"网络和 Internet"，再单击"网络和共享中心"，如图 8.2 所示。

图 8.2　网络和 Internet 设置

点击"本地连接",进入"本地连接"状态窗口,然后点击"属性(P)"按钮,进入"本地连接 属性"窗口,如图 8.3 所示。首先选中"Internet 协议版本 4(TCP/IPv4)"选项,然后点击"属性(R)"按钮,进入网络配置窗口,如图 8.4 所示。在网络配置窗口里,可以选择"自动获得 IP 地址(O)"或者"使用下面的 IP 地址(S)"。如果对自己的 IP 网段和 DNS 服务器地址不清楚,可以用"自动获得 IP 地址(O)"的设置方式。设置完成后,点击"确定"按钮提交设置,返回上一层窗口继续点击"确定"按钮保存设置。Windows 系统的网络配置就完成了。

图 8.3 "本地连接 属性"窗口   图 8.4 网络配置窗口

(2) 对系统的维护。在图 8.2 所示的控制面板上的"系统和安全"设置中单击"管理工具",如图 8.5 所示。可以利用 Windows 系统自身提供的管理工具进行日常的维护。

图 8.5 系统提供的管理工具

　　在控制面板上的"系统与安全"设置中单击"管理工具"下的"对硬盘进行碎片整理"，可定期对磁盘进行碎片整理和磁盘文件扫描，安全地删除系统各路径下存放的临时文件、无用文件、备份文件，等等，完全释放磁盘空间。

　　对系统也可以通过经常维护系统注册表，经常性地备份系统注册表，以及清理 system 路径下的无用的 dll 文件方式进行日常的维护，来提供系统的稳定性。目前，用得最多的是借助第三方软件，如 360 安全卫士、鲁大师，进行一键式的系统清理维护。

8.2　DOS 系统及主要命令

　　DOS 实际上是 Disk Operation System(磁盘操作系统)的简称。它是一个基于磁盘管理的操作系统，是一个单用户、单任务的操作系统。与 Windows 系统最大的区别在于，DOS 是命令行形式的，靠输入命令来进行人机对话，并通过命令的形式把指令传给计算机，让计算机实现操作的。

　　DOS 是 1981～1995 年的个人电脑上使用的一种主要的操作系统。从早期 1981 年不支持硬盘分层目录的 DOS1.0，到当时广泛流行的 DOS3.3，再到非常成熟支持 CD-ROM 的 DOS6.22，以及后来隐藏到 Windows 9X 下的 DOS7.X，前前后后已经经历了 20 年，至今仍然活跃在 PC 舞台上，扮演着重要的角色。

8.2.1　DOS 文件的命名

　　DOS 对计算机的管理和用户交互主要通过操作命令来体现。在 DOS 中，对文件(设备文件和数据文件)的操作之前，应先了解 DOS 中文件系统的相关知识。

　　在 DOS 中，文件的命名方式如下，主文件名由 1～8 个字符组成，扩展名由 3 个字符组成，主文件名与扩展名之间用"·"隔开。

　　DOS 的文件系统对文件的扩展名有一些约定。如.ASM 表示汇编语言源程序文件，.BAT 表示 DOS 批处理文件，.BAS 表示 BASIC 文件，.C 表示 C 源程序文件，.COM 表示可执行的系统命令文件，.DAT 表示程序的数据文件，.EXE 表示 DOS 可执行文件等。DOS 除磁盘文件外，标准的外部设备看做文件来处理(称之为设备文件)，如文件名 CON 对应键盘或显示器。

　　DOS 的文件系统使用树型目录结构，对文件操作时，需要在多级目录中检索文件的路径。路径分为绝对路径和相对路径，绝对路径是从根目录开始到文件所在目录的路径，相对路径是从当前目录(即正在使用的目录)到文件所在目录的路径。

8.2.2　常见的 DOS 命令

　　DOS 有 100 多种键盘命令供人机交互使用，DOS 命令一般分为内部命令、外部命令、批处理和系统配置命令。内部命令在执行前，命令所对应的程序已放在内存，都在文件 COMMAND.COM 中。外部命令在执行前，命令所对应的程序已放在外存，由 .COM、.EXE、.BAT 三类组成。批命令是由内外组织在一起的命令。批处理文件由一组成批执行 DOS 命令形成的一个扩展名为 .BAT 的文件，执行时，只需在 DOS 提示符下键入批文件的文件名，DOS 系统便会逐条执行该批文件中的命令。

DOS 命令不区分大小写字母，下面以大写字母的 DOS 命令为例。无论何种命令，其使用格式大致相同。

DOS 命令的一般格式：

【<盘符>】【<路径>】【<命令名>】【<参数表>】【<开关表>】

其中：

<>：要求用户输入内容。

【】：可选项。

【<盘符>】：指命令所在的磁盘驱动器，如 C：，省略时为当前驱动器。

【<路径>】：由当前目录到命令所在目录的路径。

【<命令字>】：DOS 的命令名(相当于子程序名)。

【<参数表>】：具体的命令有具体的参数，不选时为默认值。

【<开关表>】：表示一些命令的辅助功能。

常用的内部命令有 MD、CD、RD、DIR、PATH、COPY、TYPE、EDIT、REN、DEL、CLS、VER、DATE、TIME 和 PROMPT。

常用的外部命令有 DELTREE、FORMAT、DISKCOPY、LABEL、SYS、XCOPY、FC、ATTRIB、MEM 和 TREE。

常见的内部操作命令如表 8-1 所示。

表 8-1　常见的内部操作命令

命令名称	命令类型	功能简介
DIR	内部	显示目录文件列表
MD	内部	创建目录
RD	内部	删除目录
CD	内部	显示或改变当前目录
PATH	内部	搜索可执行文件的目录路径
TYRE	内部	显示文件内容
DEL	内部	删除文件
COPY	内部	复制文件
CLS	内部	清屏
DATE	内部	显示和修改日期
TIME	内部	显示和设置系统时间
VER	内部	显示当前 MS-DOS 版本号
HELP	内部	提供 DOS 命令的帮助信息

常见的专用的批处理文件命令如表 8-2 所示。

表 8-2　常见的专用的批处理文件命令

命令名称	功能简介
ECHO	显示开关命令
PAUSE	暂停命令
REM	注释命令
GOTO	转向命令
IF	条件判断命令
CHOICE	选择命令

常见的外部操作命令如表 8-3 所示。

表 8-3　常见的外部操作命令

命令名称	命令类型	功能简介
TREE	外部	用树形图显示磁盘目录结构
DELIREE	外部	删除目录树
ATTRIB	外部	显示或改变文件属性
FC	外部	比较文件
MOVE	外部	移动文件及更名
PRINT	外部	打印文件
SYS	外部	复制系统文件到磁盘
FORMAT	外部	格式化磁盘
DISKCOPY	外部	磁盘复制
CHKDSK	外部	检查磁盘当前状态

8.2.3　DOS 命令使用举例

下面给出几种命令的使用示例。

(1) 在 Windows 开始菜单中，在"搜索程序和文件"对话框中输入"cmd"命令，进入 DOS 环境的操作窗口下，如图 8.6 所示。

图 8.6　DOS 环境界面

(2) 在 DOS 窗口中，键入 DOS 命令可以完成一系列的操作。DIR：列出当前目录下的文件以及文件夹。CD：进入指定目录；CD\：退回到根目录。列出 C 目录下的文件及文件夹，如图 8.7 所示。

图 8.7　显示 C 目录下的所有文件

(3) ping：用来检查网络是否通畅或者网络连接速度的命令。在 DOS 窗口中键入"ping"，回车就可以显示 ping 命令的详细参数和用法，如图 8.8 所示。

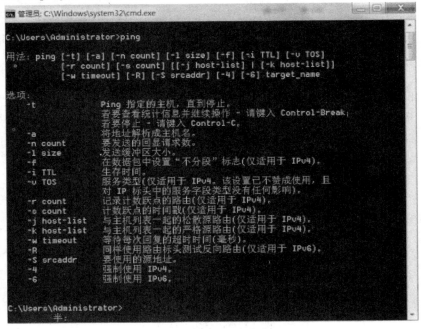

图 8.8　ping 命令

8.3　编程环境及程序调试

编程环境也叫集成开发环境(Integrated Developing Environment，IDE)，是一个综合性的工具软件，它把程序设计全过程所需的各项功能集合在一起，为程序设计人员提供完整的服务。编程环境并不是把各种功能简单地拼装在一起，而是把它们有机地结合起来，统一在一个图形化操作界面下，为程序设计人员提供尽可能高效、便利的服务。例如，程序设计过程中为了排除语法错误，需要反复执行编译—查错—修改—再编译的循环过程，编程环境使各步骤之间能够方便快捷地切换，输入源程序后用简单的菜单命令或快捷键启动编译，出现错误后又能立即转到对源程序的修改，甚至直接把光标定位到出错的位置上。再如，编程环境的编辑器除了具备一般文本编辑器的基本功能外，还能根据 C 语言的语法规则，自动识别程序文本中的不同成分，并且用不同的颜色显示不同的成分，给使用者带来很好的提示效果。

8.3.1　认识编程环境

对于编写 C 语言程序，下面简单地介绍四种常用的集成开发环境。

Visual C++ 6.0，简称 VC 或者 VC6.0，是微软推出的一款 C++编译器。Visual C++是一个功能强大的可视化软件开发工具。

Code Blocks 是一款开源的跨平台开发软件。Code Blocks 支持使用 C 语言以及 C++程序开发。Code Blocks 有着快速的反应速度，而且体积也不大。

Visual Studio 2010 其实是微软开发的一套工具集，它由各种各样的工具组成。Visual Studio 可以用于生成 Web 应用程序，也可以生成桌面应用程序，可以使用 C 语言、C++语言、C#语言或者 Basic 语言进行开发。

Dev-C++是一个可视化集成开发环境，可以实现 C/C++程序的编辑、预处理、编译、运行和调试。

本章结合具体用例，介绍以上四种编程环境的使用，包括如何建立项目工程，如何编写程序，如何运行程序，如何调试程序等。另外，考虑到使用的编程环境可能是中文汉化的，也可能是西文的，因此对于使用的菜单，同时给出英文和中文，方便对照。

本章实验用例为：输入两个圆的半径(整型)，计算这两个圆的周长以及它们的周长之比。由于圆的周长等于半径乘以 2π，故两个圆的周长的比值就等于它们的半径的比值。

8.3.2　Visual C++ 6.0 概述

Visual C++ 6.0 不仅是一个 C++ 编译器，而且是一个基于 Windows 操作系统的可视化集成开发环境，包括编辑器、调试器等开发工具。下面介绍在 Visual C++ 6.0 环境下运行一个 C 语言程序的基本步骤。

(1) 新建工程。启动 Visual C++ 6.0，执行"File"→"New"→"Project"(即"文件"→"新建"→"项目")命令，在弹出的"New"对话框中单击"Project"选项卡，建立一

个 Win32 控制台工程(即在列表框中选择"Win32 Console Application"选项)，在"Project name"(即"工程名称")文本框中输入工程名称，点击"Location"(即"位置")文本框右侧的按钮可以改变工程的保存路径，如图 8.9 所示。

图 8.9　Visual C++ 6.0 建立工程的第一步

　　(2) 然后点击"确定"按钮，弹出如图 8.10 所示的对话框，选择第一个单选按钮"An empty project"(即"一个空工程")，最后单击"完成"按钮。

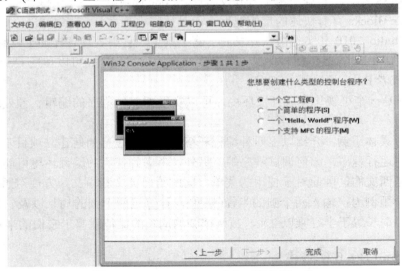

图 8.10　Visual C++ 6.0 建立工程的第二步

　　(3) 新建文件。执行"File"→"New"(即"文件"→"新建")命令，在弹出的"New"对话框中单击"Files"选项卡，建立一个 C++ 源文件(即在列表框中选择"C++ Source File"选项)，在"File"(即"文件名")文本框中输入源文件名称，点击"Location"(即"位置")文本框右侧的按钮可以改变源文件的保存路径(一般情况下，源文件与工程路径一致)，如图 8.11 所示。

图 8.11 Visual C++ 6.0 建立源文件

(4) 编辑、保存文件。在编辑窗口中输入源程序，然后执行"File"→"Save"(即"文件"→"保存")或按"Ctrl＋S"快捷键保存创建的源文件，如图 8.12 所示。

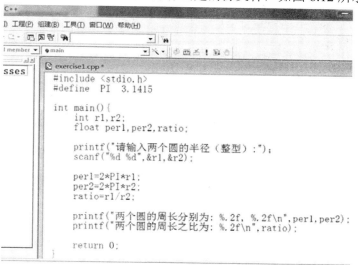

图 8.12 Visual C++ 6.0 编辑程序

(5) 编译文件。执行"Build"→"Build"(即"组建"→"生成")或按 "F7"快捷键编译源文件。如果程序没有语法错误，则生成后缀为 exe 的可执行文件。

(6) 修改和调试程序。编译完成后在信息窗口显示结果，如果程序有错误，则会在信息窗口提示并告知错误位置；在信息提示窗口点击错误信息，编辑窗口就会出现一个箭头指向程序出错的位置，如图 8.13 所示。信息提示存在语法错误，指示标识符"scanf"的前面缺少分号。这个语法错误的原因是，scanf 语句的前面语句(即 printf 语句)末尾的分号输入成了中文的分号。修改后没有其他的语法错误，编译结果如图 8.14 所示。

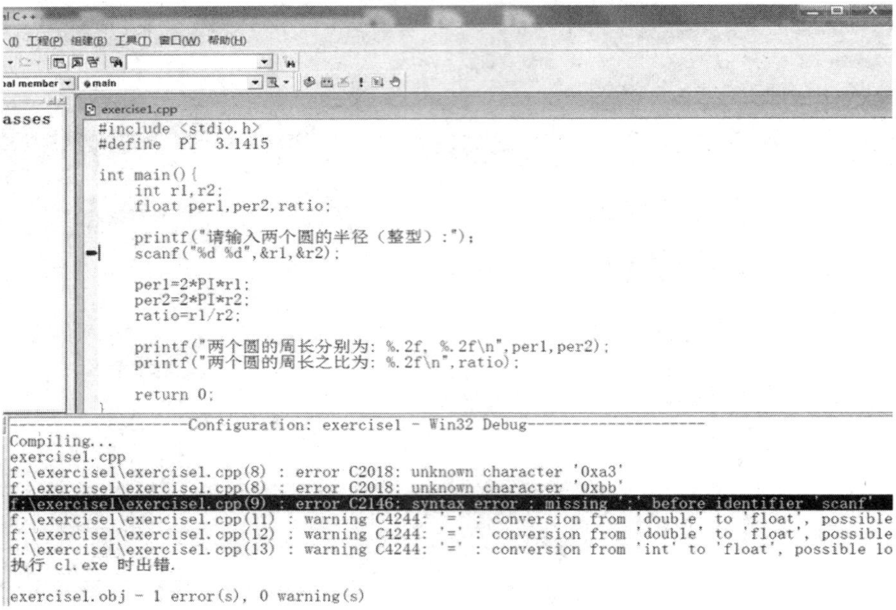

图 8.13　Visual C++ 6.0 编译产生的错误信息

图 8.14　Visual C++ 6.0 更正错误后编译和连接结果

（7）运行程序。更正源程序中的代码错误后，编译无错误，然后执行"Build"→"Execute"（即"组建"→"运行"）或按 "Ctrl + F5"快捷键运行源文件，输入两个圆的半径，最后按回车键，结果如图 8.15 所示。

图 8.15　Visual C++ 6.0 程序运行结果

(8) 调试。编译器可以发现程序的语法错误，但是却不能发现程序的逻辑错误。在这个例子中，当两个圆的半径分别为 5 和 9 时，它们周长的比值却为 0，说明程序中存在逻辑错误，这时需要借助程序调试手段来排除程序错误。调试的基本思想是，让程序运行到认为可能有错误的代码前，然后停下来，在人为的控制下逐条进行语句的运行，通过在运行过程中查看相关变量的值来判断错误产生的原因。

① 设置断点。如果想让程序运行到某一行前停下来，就需要在该行设置断点。具体方法是，在代码所在行的行首单击右键，再单击手型按钮(即 "Insert/Remove Breakpoint")，该行将被加亮，默认的加亮颜色是红色，如图 8.16 所示。如果想取消不让某行代码成为断点，则再此点击手型按钮即可。

图 8.16　Visual C++ 6.0 设置断点

② 调试程序。设置断点后，以调试模式运行程序，即执行 "Build" → "Start Debug" → "Go" (即 "组建" → "开始调试程序")或按 "F5" 快捷键，程序运行到断点处暂停，此时可以观察程序运行的情况。Visual C++ 6.0 会在程序下方出现调试框，并且根据当前执行的程序，自动显示相关的变量名称和值。由于还没有输入两个圆的半径，故变量 r1 和 r2 都是一个随机值。同理，两个周长 per1 和 per2 以及比值 ratio 也是随机值。**注意**：这些变量的值都没有初始化，是无效的值，因此不能使用，如图 8.17 所示。

图 8.17　Visual C++ 6.0 调试程序

③ 单步调试程序。通过单步调试程序的方式观察程序运行的情况。执行 "Build" →
"Start Debug" → "Step Into" (即 "组建" → "开始调试程序" → "单步调试") 或按 "F11"
快捷键来进行单步调试。本实验程序单步调试 1 次以后，输入两个半径的值，如图 8.18 所
示；各变量的值如图 8.19 所示。

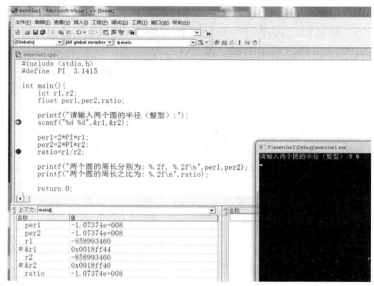

图 8.18　Visual C++ 6.0 单步调试一次

图 8.19　Visual C++ 6.0 变量的值

④ 查找程序错误。执行单步调试，查看变量 r1、r2 和 ratio 的值。此时，r1=5，r2=9，
而 ratio=0，如图 8.20 所示。通过调试，可以发现变量 r1、r2 的值是正确的，但是它们的
比值计算不正确，即比值应该是 0.56，而不应该是 0。出现此问题的原因是，除法运算符
(/)在用于两个整型数据时，只保留比值的整数部分，小数部分被忽略。如果想保留小数部

分，可以进行类型转换。例如，把变量 r1 的数据类型由整型转为浮点型。改正错误，如图 8.21 所示；然后再运行测试程序，结果正确，如图 8.22 所示。其中"Press any key to continue"表示按任意键退出运行窗口，返回编辑窗口。

图 8.20　Visual C++ 6.0 变量 ratio 的值　　　　　图 8.21　Visual C++ 6.0 更正程序

图 8.22　Visual C++ 6.0 程序运行结果

8.3.3　Code Blocks 环境

Code Blocks 是一款开源的跨平台开发软件。Code Blocks 支持使用 C 语言以及 C++程序开发，其体积不大，而且运行速度快。下面介绍一下在 Code Blocks 环境下编写和运行程序的基本步骤。

(1) 新建工程。启动 Code Blocks，执行"File"→"New"→"Project"(即"文件"→"新建"→"项目")命令，在弹出的对话框中选择"Console Application"选项(即"控制台应用程序")，如图 8.23 所示。

(2) 然后点击确定"GO"按钮，在弹出的对话框中直接点击"Next"进行下一步，然后选择建立一个 C 项目，点击"Next"进行下一步，在弹出的对话框中确定项目的位置及文件名，如图 8.24 所示。

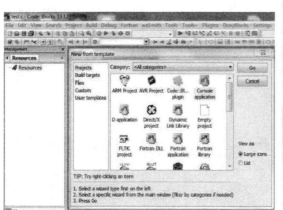
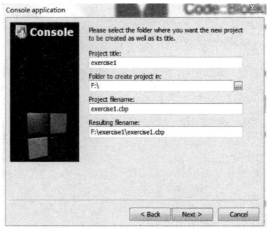

图 8.23　Code Blocks 新建项目   　　　　图 8.24　Code Blocks 确定项目名称及位置

(3) 在弹出的对话框中最后选择编译器和编译生成位置，如果安装的是自带 Mingw 的 Code Blocks，就选默认 GNU GCC 编译器；如果装了 Turbo C 或者 VisualC++等第三方编译器，还可以选择其他的对应的编译器选项。这里选择默认的编译器，如图 8.25 所示。

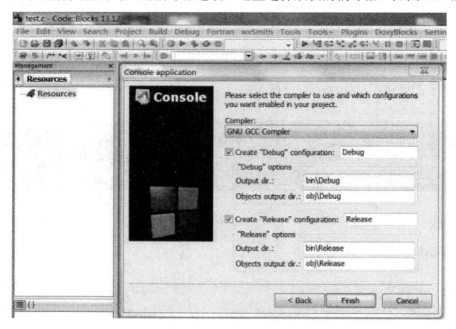

图 8.25　Code Blocks 选择编译器

(4) 新建、编辑源文件。现在很多高版本的 Code Blocks 已经不需要再手动创建文件，在创建控制台项目后，可以在左侧项目管理窗口中点开 Resources 文件夹，里面有 main.c 或 main.cpp 文件。可以直接编辑这个文件，写好代码后跳到编译运行这一步。如果没有这个文件的话，可以按以下步骤新建文件：执行"File"→"New"→"File"(即"文件"→"新建"→"文件")命令，在弹出的对话框中选择"C/C++ Source"，然后点击确定"GO"按钮，如图 8.26 所示。

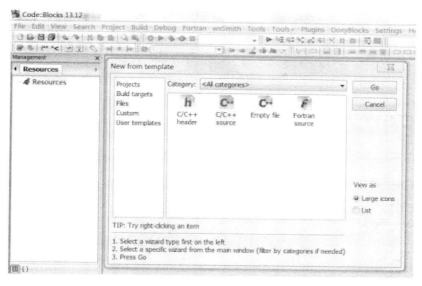

图 8.26　Code Blocks 新建源文件

(5) 选择建立一个 C 项目，在弹出的对话框中确定文件的位置及文件名，如图 8.27 所示。在新建源文件时需要选择"Add file to active project"(即"添加到活动项目")，并选中下面的"Debug"和"Release"。

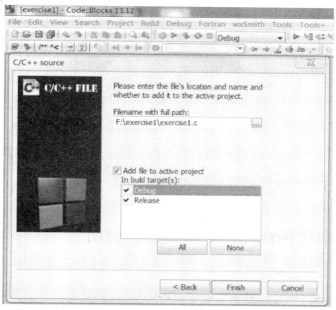

图 8.27　Code Blocks 确定源文件位置

(6) 编辑、保存文件。在编辑窗口中输入源程序后，执行"File"→"Save"(即"文件"→"保存")命令或按"Ctrl + S"快捷键保存创建的源文件，如图 8.28 所示。

(7) 编译文件。执行"Build"→"Build & Run"(即"组建"→"生成+运行")命令或按"F9"快捷键，可以一次性完成程序的预处理、编译及运行。这里先执行"Build"→"Build"(即"组建"→"生成")命令或按"Ctrl + F9"快捷键完成对程序的预处理、编译。编译完成后在信息窗口显示结果，如图 8.29 所示。

图 8.28　Code Blocks 编辑程序　　　　　　图 8.29　Code Blocks 编译程序

(8) 修改和调试程序。如果程序存在语法错误，在信息窗口"Logs & others"标签页中将会显示错误信息，并在源程序相应的错误行的前面有红色标志，如图 8.29 所示。第 8 行代码的分号错误地输入成了中文，改正错误后重新编译，结果如图 8.30 所示。

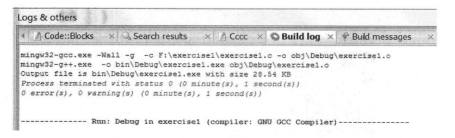

图 8.30　Code Blocks 更正错误后编译结果

(9) 运行程序。更正源程序中的代码错误后，编译无错误，然后执行"Build"→"Run" (即"组建"→"运行")或按"Ctrl＋F10"快捷键运行源文件，自动弹出运行窗口，如图 8.31 所示。

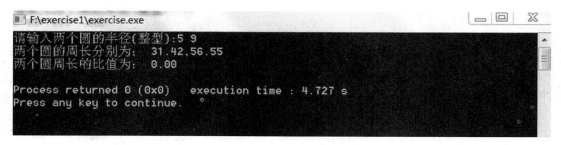

图 8.31　Code Blocks 程序运行结果

(10) 调试。

① 设置断点。如果想让程序运行到某一行前能暂停下来，就需要将该行设成断点。具体方法是，在代码所在行的行首单击左键，该行将被加亮，默认的加亮颜色是红色，如图 8.32 所示。如果想取消不让某行代码成为断点，则在代码行首位置再点击即可。

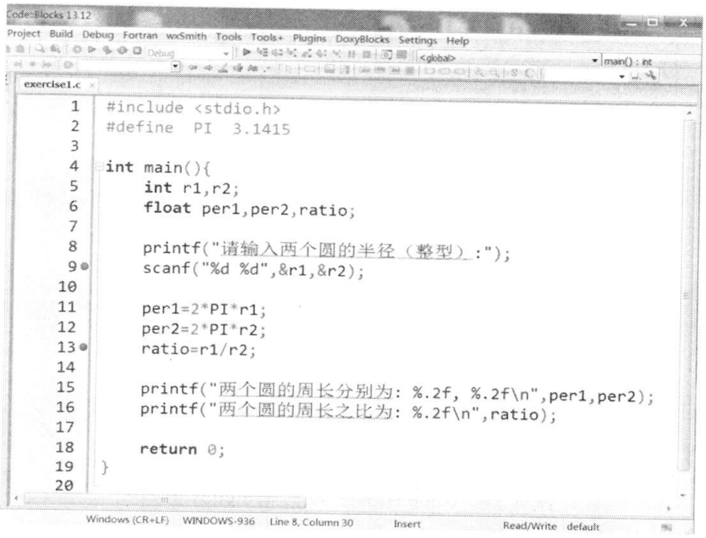

图 8.32　Code Blocks 设置断点

② 调试运行程序。设置断点后，以调试模式运行程序，即执行"Debug"→"Start/Continue"(即"调试"→"开始/继续")或按"F8"快捷键，并且运行到断点处暂停下了，此时可以观察程序运行的情况，如图 8.33 所示。

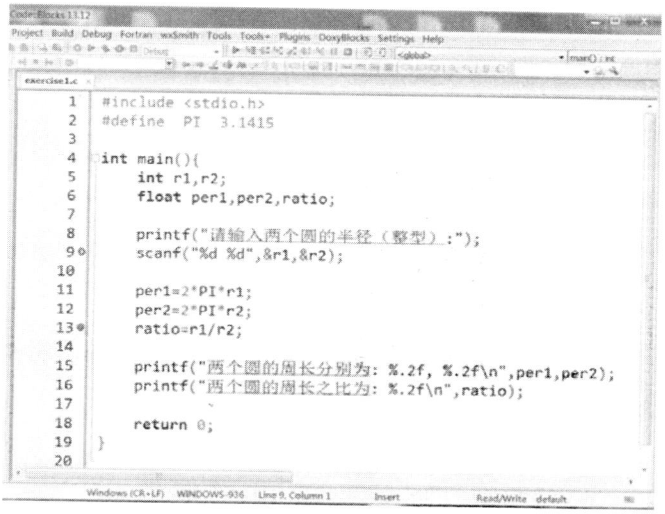

图 8.33　Code Blocks 调试程序

③ 设置 Watch 窗口。在调试程序的时候，可能需要看程序运行过程中的变量的值，以检测程序对变量的处理是否正确。执行"Debug"→"debugging Windows"→"Watches"(即"调试"→"调试窗口"→"变量")命令，会出现一个 Watches 窗口，可以查看程序

执行过程中每个变量数据值的变化，如图 8.34 所示。这里对于变量的查看和 8.2.1 节所描述的一样。

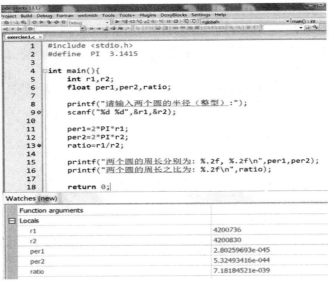

图 8.34　Code Blocks 设置 Watches 窗口

④ 单步调试程序。执行"Debug"→"Step into"(即"调试"→"单步调试")命令或按"Shift+F7"快捷键来进行单步调试，在弹出的运行框中输入两个圆的半径，然后点击回车键，各变量值的结果如图 8.35 所示。再执行单步调试，查看变量 ratio 的值，如图 8.36 所示。

图 8.35　Code Blocks 查看各变量的值　　　　图 8.36　Code Blocks 查看 ratio 的值

⑤ 查找程序错误。再执行单步调试。查找错误的过程和 8.2.1 节所描述的一样。修改

程序后，结果正确，如图 8.37 所示。

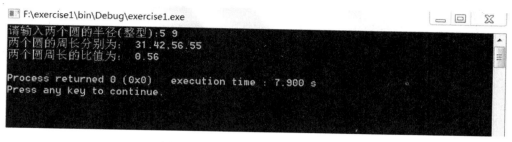

图 8.37　Code Blocks 程序运行结果

8.3.4　Visual Studio 2010 环境

Visual Studio 是微软开发的一套工具集，它由各种各样的工具组成；Visual Studio 可以用于生成 Web 应用程序，也可以生成桌面应用程序。在 Visual Studio 下面，除了 VC，还有 Visual C#等组件工具，通过这些工具可以使用 C 语言、C++语言、C#语言等进行开发。下面介绍一下在 Visual Studio 2010 环境下编写和运行程序的基本步骤。

(1) 新建工程。启动 Visual Studio 2010，执行 "File" → "New" → "Project" (即 "文件" → "新建" → "项目")命令，在弹出的对话框中选择 "Visual C++" 选项，建立一个 Win32 控制台工程(即在列表框中选择 "Win32 Console Application" 选项)，在 "Name" (即 "名称")文本框中输入工程名称，点击 "Location" (即 "位置")文本框右侧的按钮可以改变工程的保存路径，如图 8.38 所示。

图 8.38　Visual Studio 2010 新建工程的第一步

(2) 创建工程之后，弹出新的对话框，点击"Application Settings"进行应用程序设置，如图 8.39 所示。

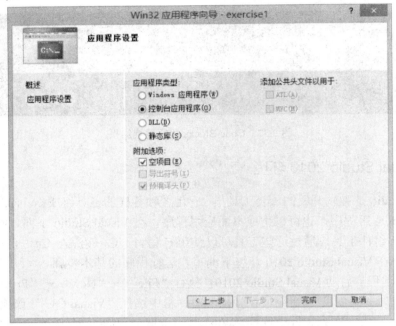

图 8.39　Visual Studio 2010 新建工程的第二步

(3) 新建 C 文件。通过鼠标右击新建的工程下的源文件，新建一个 C 源程序，在弹出的对话框中选择"Visual C++"选项，创建包含 C++源代码的文件，在"Name"文本框中输入源程序名称，点击"Location"文本框右侧的按钮可以改变源程序的保存路径(一般情况下，源文件与工程路径一致)，如图 8.40 所示。

图 8.40　Visual Studio 2010 确定源文件名称及位置

(4) 编辑、保存文件。创建源文件之后就可以进行源程序的编辑，然后执行"File"→"Save"(即"文件"→"保存")命令，保存创建的源文件，如图 8.41 所示。

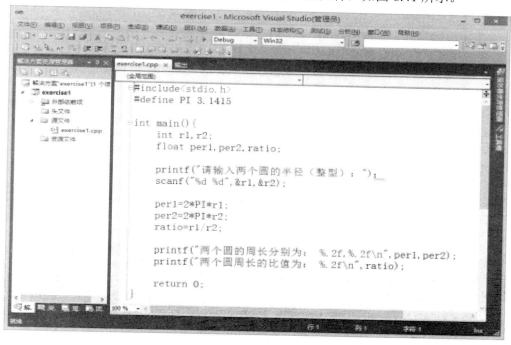

图 8.41　Visual Studio 2010 编辑程序

(5) 编译文件。执行"Build"→"Build Solution"(即"生成"→"生成解决方案")命令或按"F7"快捷键。如果程序中存在语法等错误，则编译过程失败，编译器将会在程序下方显示错误信息，如图 8.42 所示。

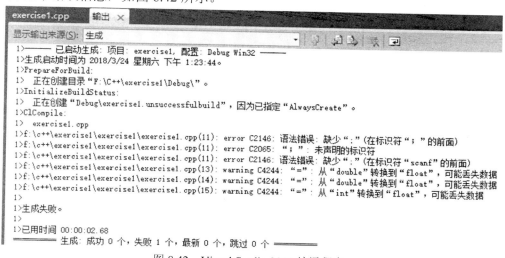

图 8.42　Visual Studio 2010 编译程序

(6) 修改和调试程序。在信息提示窗口点击错误信息，编辑窗口就会出现一个箭头指向程序出错的位置。信息提示存在语法错误，错误原因是 printf 语句后面的分号错误地输入成了中文的分号，改正错误后重新编译，结果如图 8.43 所示。

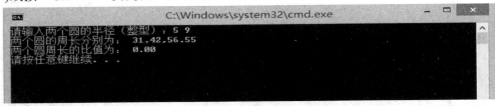

图 8.43　Visual Studio 2010 改正后程序生成结果

(7) 运行程序。执行"Debug"→"Start Without Debugging"(即"调试"→"开始执行")或按"Ctrl+F5"快捷键，自动弹出运行窗口，如图 8.44 所示。

C:\Windows\system32\cmd.exe

请输入两个圆的半径（整型）：5 9
两个圆的周长分别为：　31.42,56.55
两个圆周长的比值为：　0.00
请按任意键继续. . .

图 8.44　Visual Studio 2010 程序运行结果

(8) 调试。

① 设置断点。点击代码所在行的左边边框或通过鼠标右击，执行"Breakpoint"→"Insert Breakpoint"(即"断点"→"插入断点")命令或按"F9"快捷键，该行前面出现一个红色的圆点，如图 8.45 所示。

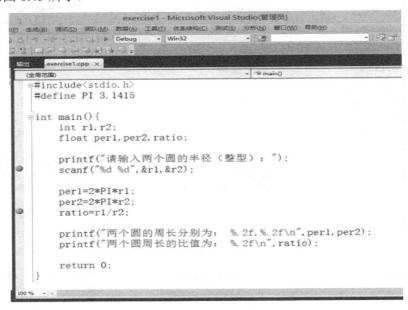

图 8.45　Visual Studio 2010 设置断点

② 设置 Watch 窗口。通过鼠标右击变量并选择"Add to Watch"，则变量的名称和值会出现在程序下方调试框中，如图 8.46 所示。这里对于变量的查看和 8.3.2 节所描述的一样。

名称	值	类型
r2	-858993460	int
per2	-1.0737418e+008	float
r1	-858993460	int
ratio	-1.0737418e+008	float
per1	-1.0737418e+008	float

图 8.46　Visual Studio 2010 设置查看变量

③ 单步调试程序。执行"Debug"→"Start Debugging"(即"调试"→"开始调试")命令或按"F5"快捷键，开始调试模式。调试程序开始并运行到断点处暂停下来，此时执行"Debug"→"Step Over"(即"调试"→"单步调试")命令或按"F10"快捷键来进行单步调试。执行一次单步调试，输入两个半径的值，按回车键，各变量的值如图 8.47 所示；再执行单步调试，查看变量 ratio 的值，如图 8.48 所示。

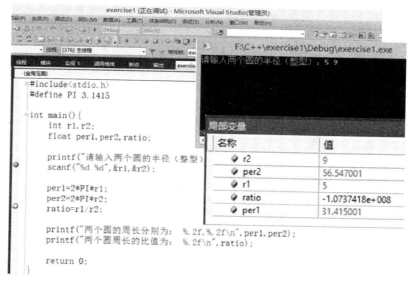

图 8.47　Visual Studio 2010 单步调试一次后变量的值

名称	值	类型
r2	9	int
per2	56.547001	float
r1	5	int
ratio	0.00000000	float
per1	31.415001	float

图 8.48　Visual Studio 2010 查看 ratio 的值

④ 查找程序错误。执行单步调试，查找错误的过程和 8.3.2 节所描述的一样。修改程序后，结果正确，如图 8.49 所示。

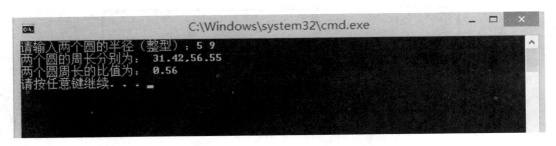

图 8.49　Visual Studio 2010 程序运行结果

8.3.5　Dev-C++环境

Dev-C++ 是一个可视化集成开发环境，可以用此软件实现 C/C++程序的编辑、预处理、编译、运行和调试。下面介绍在 Dev-C++ 环境下编写和运行程序的基本步骤。

(1) 新建工程。启动 Dev-C++，执行"File"→"New"→"Project"(即"文件"→"新建"→"项目")命令，在弹出的"New"对话框中单击"Basic"选项卡，在列表框中选择"Console Application"选项，并选择"C 项目"，在"Project name"(即"名称")文本框中输入工程名称，如图 8.50 所示。

图 8.50　Dev-C++ 新建项目的第一步

(2) 然后点击"确定"按钮，弹出如图 8.51 所示的对话框，再点击"Save as"(即"保存在")文本框右侧的按钮可以改变项目的保存路径，最后单击"保存"按钮。

(3) 新建、编辑源文件。执行"File"→"New"→"Source File"(即"文件"→"新建"→"源文件")命令，在弹出的白色区域，可以输入程序，如图 8.52 所示。

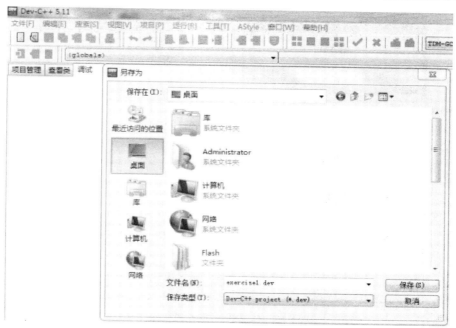

图 8.51　Dev-C++ 新建项目的第二步

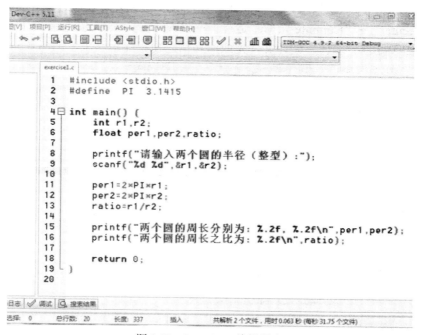

图 8.52　Dev-C++ 编辑程序

(4) 保存文件。执行"File"→"Save"(即"文件"→"保存")命令或按"Ctrl + S"快捷键保存创建的源文件(一般情况下，源文件与工程路径一致)。在"File"(即"文件名")文本框中选择输入源文件名称，保存类型选择"C++ source files(*.C)"，意思是保存一个 C文件，如图 8.53 所示。

图 8.53　Dev-C++ 保存源文件

　　(5) 编译文件。从主菜单选"Execute"→"Compile & Run"(即"运行"→"编译+运行")命令或按"F9"快捷键，可以一次性完成程序的预处理、编译及运行过程。这里先执行"Execute"→"Compile"(即"运行"→"编译")命令或按"Ctrl + F9"快捷键完成对源文件的预处理、编译。编译文件完成后在信息窗口显示结果，如图 8.54 所示。

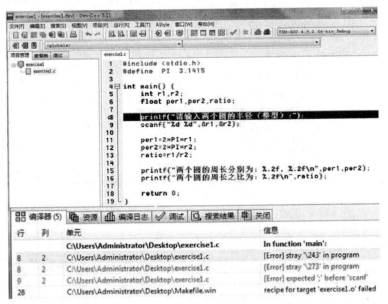

图 8.54　Dev-C++ 编译源文件

　　(6) 修改和调试程序。如果程序中存在语法等错误，则编译过程失败，编译器将会在屏幕右下角的"Compile Log"标签页中显示错误信息，并且将源程序相应的错误行的底色标为红色，如图 8.54 所示。信息提示存在语法错误，错误原因是 printf 语句后面的分号错误地输入成了中文的分号，改正错误后重新编译，结果如图 8.55 所示。

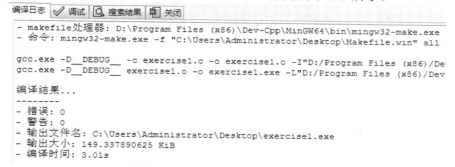

图 8.55　Dev-C++ 重新编译源文件

(7) 运行程序。更正源程序中的代码错误后，编译无错误，然后执行"Execute"→"Run"
(即"运行"→"运行")命令或按"Ctrl +F10"快捷键，运行源文件。输入两个圆的半径，
然后按回车键，如图 8.56 所示。

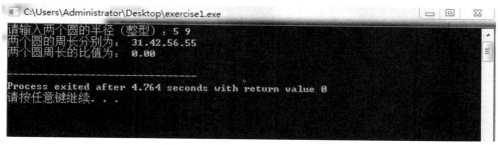

图 8.56　Dev-C++ 程序运行结果

(8) 调试。

① 设置断点。在代码所在行的行首单击左键，该行将被加亮，默认的加亮颜色是红
色，如图 8.57 所示。

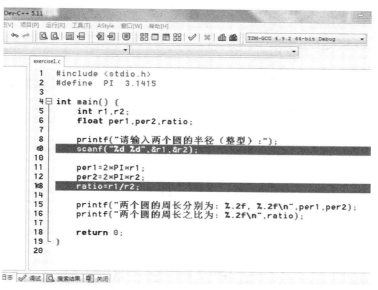

图 8.57　Dev-C++ 设置断点

② 调试运行程序。设置断点后，执行"Execute"→"Debug"(即"运行"→"调试")命令或按"F5"快捷键，开始调试程序。程序运行到断点处暂停下来，此时可以观察程序运行的情况，并且程序下方会出现调试框，如图 8.58 所示。

图 8.58　Dev-C++ 调试运行程序

③ 设置 Watch 窗口。通过调试菜单下的添加变量窗口来增加变量，新增的变量将会显示在最左边 Explore 的 Debug 页中，如图 8.59 所示。

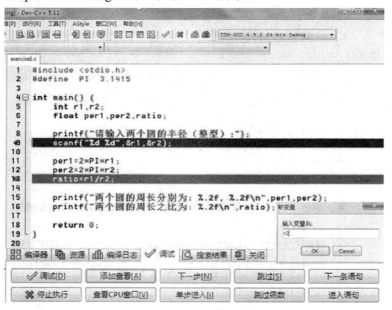

图 8.59　Dev-C++ 添加查看变量

④ 单步调试程序。通过调试框，执行"下一步"，输入两个半径的值，再执行"下一步"，各变量的值如图 8.60 所示。

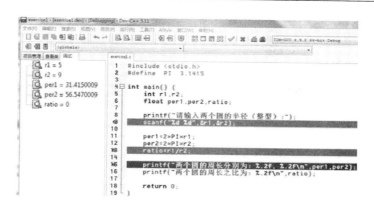

图 8.60 Dev-C++ 查看各变量的值

⑤ 查找程序错误。执行单步调试，查找错误的过程和 8.2.1 节所描述的一样。修改程序后，结果正确，如图 8.61 所示。

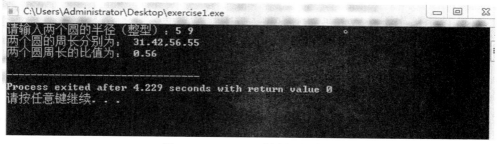

图 8.61 Dev-C++ 程序运行结果

附录一 进制转换

二进制、八进制、十进制、十六进制之间的相互转换如附表 1-1 所示。

附表 1-1 进 制 转 换

	二进制	八进制	十进制	十六进制
二进制		每 3 位二进制数按权展开相加得到 1 位八进制数(注：3 位二进制转成八进制是从右到左开始转换，不足时补 0)	把二进制数按权展开、相加即得十进制数	每 4 位二进制数按权展开相加得到 1 位八进制数(注：4 位二进制转成八进制是从右到左开始转换，不足时补 0)
八进制	每个八进制数通过除 2 取余法，得到二进制数；每个八进制对应 3 个二进制数，不足时在最左边补 0		把八进制数按权展开、相加即得十进制数	先转换为二进制，再转为十六进制(或先转换为十进制，再转换为十六进制)
十进制	十进制数通过除 2 取余法，得到二进制数	十进制数通过除 8 取余法，得到八进制数		十进制数通过除 16 取余法，得到二进制数
十六进制	每个十六进制数通过除 2 取余法，得到二进制数；每个十六进制数对应 4 个二进制数，不足时在最左边补 0	先转换为二进制，再转为八进制(或先转换为十进制，再转换为八进制)	把十六进制数按权展开、相加即得十进制数	

1. 二进制数转换为八进制、十进制、十六进制数

例如：二进制数 0110 0100 转换为八进制数为 144。

$$100 \rightarrow 0 \times 2^0 + 0 \times 2^1 + 1 \times 2^2 = 4$$
$$100 \rightarrow 0 \times 2^0 + 0 \times 2^1 + 1 \times 2^2 = 4$$
$$001 \rightarrow 1 \times 2^0 + 0 \times 2^1 + 0 \times 2^2 = 1$$

二进制数 0110 0100 转换为十进制数为 100。

$$0 \times 2^0 + 0 \times 2^1 + 1 \times 2^2 + 0 \times 2^3 + 0 \times 2^4 + 1 \times 2^5 + 1 \times 2^6 + 0 \times 2^7 = 100$$

二进制数 0110 0100 转换为十六进制数为 64。

$$0100 \rightarrow 0 \times 2^0 + 0 \times 2^1 + 1 \times 2^2 + 0 \times 2^3 = 4$$

$$0110 \rightarrow 0 \times 2^0 + 1 \times 2^1 + 1 \times 2^2 + 0 \times 2^3 = 6$$

2. 八进制数转换为二进制、十进制

例如：八进制数 144 转换为二进制数为 0110 0100。

$$4 = 0 \times 2^0 + 0 \times 2^1 + 1 \times 2^2 \rightarrow 100$$
$$4 = 0 \times 2^0 + 0 \times 2^1 + 1 \times 2^2 \rightarrow 100$$
$$1 = 1 \times 2^0 + 0 \times 2^1 + 0 \times 2^2 \rightarrow 001$$

八进制数 144 转换为十进制数为 100。

$$4 \times 8^0 + 4 \times 8^1 + 1 \times 8^2 = 100$$

3. 十进制数转换为二进制、八进制、十六进制数

例如：十进制数 100 转换为二进制数为 110 0100，如下表：

被除数	计算过程	商	余
100	100/2	50	0
50	50/2	25	0
25	25/2	12	1
12	12/2	6	0
6	6/2	3	0
3	3/2	1	1
1	1/2	0	1

十进制数 100 转换为八进制数为 144，如下表：

被除数	计算过程	商	余
100	100/8	12	4
12	12/8	1	4
1	1/8	0	1

十进制数 100 转换为十六进制数为 64，如下表：

被除数	计算过程	商	余
100	100/16	6	4
6	6/16	0	6

4. 十六进制数转换为二进制、十进制

例如：十六进制数 64 转换为二进制数为 0110 0100。

$$4 = 0 \times 2^0 + 0 \times 2^1 + 1 \times 2^2 + 0 \times 2^3 \rightarrow 0100$$
$$6 = 0 \times 2^0 + 1 \times 2^1 + 1 \times 2^2 + 0 \times 2^3 \rightarrow 0110$$

十六进制数 64 转换为十进制数为 100。

$$4 \times 16^0 + 6 \times 16^1 = 100$$

附录二　原码、补码及反码

原码、补码及反码的表示见附表 2-1 所述。

附表 2-1　原码、补码及反码

	原　码	反　码	补　码
正数的表示	是其本身	是其本身	是其本身
负数的表示	负数的绝对值转换成二进制，然后在高位补 1	是在其原码的基础上，符号位不变，其余各个位取反	是在其原码的基础上，符号位不变，其余各位取反，最后加 1
8 位二进制表示范围	$[-127, 127]$	$[-127, 127]$	$[-128, 127]$
比较结果	原码是人脑最容易理解和计算的表示方式	对于负数，人脑无法直观地看出来它的数值，通常要将其转换成原码再计算	对于负数，也是人脑无法直观看出其数值的，通常也需要转换成原码再计算

1. 原码

原码是符号位加上真值的绝对值，即用第一位表示符号，其余位表示值。正数的符号位是 0，负数的符号位是 1。

例如：$[+1] = [00000001]_原 = [00000001]_反 = [00000001]_补$

　　　　$[-1] = [10000001]_原 = [11111110]_反 = [11111111]_补$

2. 补码

例如：$[+0] = [00000000]_原$，$[-0] = [10000000]_原$

虽然人们理解上 +0 和 −0 是一样的，但是 0 带符号是没有任何意义的，而且会有[0000 0000]和[1000 0000]两个编码表示 0。使用补码，不仅仅修复了 0 的符号以及存在两个编码的问题，而且还能够多表示一个最低数；使用补码，用[0000 0000]表示 0，用[1000 0000]表示 −128。这就是为什么 8 位二进制，使用原码或反码表示的范围为$[-127, +127]$，而使用补码表示的范围为$[-128, 127]$。

例如：

$$1-1 = 1 + (-1) = [0000\ 0001]_原 + [1000\ 0001]_原$$
$$= [0000\ 0001]_补 + [1111\ 1111]_补$$
$$= [0000\ 0000]_补 = [0000\ 0000]_原$$
$$(-1) + (-127) = [1000\ 0001]_原 + [1111\ 1111]_原$$
$$= [1111\ 1111]_补 + [1000\ 0001]_补$$
$$= [1000\ 0000]_补$$

附录三　字　节　序

字节序如附表 3-1 所示。

附表 3-1　字　节　序

	little-endian	big-endian
存储顺序	地址低位存储值的低位 地址高位存储值的高位	地址低位存储值的高位 地址高位存储值的低位
比较结果	最符合人思维的字节序	最直观的字节序

不同的 CPU 有不同的字节序类型，这些字节序是指多字节数据在计算机内存中存储或在网络传输时各字节的存储顺序。

最常见的有两种：

(1) little-endian：将低序字节存储在起始地址。

(2) big-endian：将高序字节存储在起始地址。

例如：假设变量 x 类型为 int 型，存储的起始地址是 0x100，x 值的十六进制为 0x12345678，存储地址范围为 0x100~0x103。

对于 little-endian 字节序，如下表：

0x100	0x101	0x102	0x103
78	56	34	12

对于 big-endian 字节序，如下表：

0x100	0x101	0x102	0x103
12	34	56	78

附录四　ASCII 码表

ASCII 码表如附表 4-1 所示。

附表 4-1　ASCII 码表

十进制	十六进制	字符	十进制	十六进制	字符
0	00	NUL	31	1F	US
1	01	SOH	32	20	(space)
2	02	STX	33	21	!
3	03	ETX	34	22	"
4	04	EOT	35	23	#
5	05	ENQ	36	24	$
6	06	ACK	37	25	%
7	07	BEL	38	26	&
8	08	BS	39	27	'
9	09	HT	40	28	(
10	0A	LF	41	29	)
11	0B	VT	42	2A	*
12	0C	FF	43	2B	+
13	0D	CR	44	2C	,
14	0E	SO	45	2D	-
15	0F	SI	46	2E	.
16	10	DLE	47	2F	/
17	11	DC1	48	30	0
18	12	DC2	49	31	1
19	13	DC3	50	32	2
20	14	DC4	51	33	3
21	15	NAK	52	34	4
22	16	SYN	53	35	5
23	17	ETB	54	36	6
24	18	CAN	55	37	7
25	19	EM	56	38	8
26	1A	SUB	57	39	9
27	1B	ESC	58	3A	:
28	1C	FS	59	3B	;
29	1D	GS	60	3C	<
30	1E	RS	61	3D	=

续表

十进制	十六进制	字符	十进制	十六进制	字符
62	3E	>	95	5F	_
63	3F	?	96	60	`
64	40	@	97	61	a
65	41	A	98	62	b
66	42	B	99	63	c
67	43	C	100	64	d
68	44	D	101	65	e
69	45	E	102	66	f
70	46	F	103	67	g
71	47	G	104	68	h
72	48	H	105	69	i
73	49	I	106	6A	j
74	4A	J	107	6B	k
75	4B	K	108	6C	l
76	4C	L	109	6D	m
77	4D	M	110	6E	n
78	4E	N	111	6F	o
79	4F	O	112	70	p
80	50	P	113	71	q
81	51	Q	114	72	r
82	52	R	115	73	s
83	53	S	116	74	t
84	54	T	117	75	u
85	55	U	118	76	v
86	56	V	119	77	w
87	57	W	120	78	x
88	58	X	121	79	y
89	59	Y	122	7A	z
90	5A	Z	123	7B	{
91	5B	[	124	7C	|
92	5C	\	125	7D	}
93	5D	]	126	7E	~
94	5E	^	127	7F	DEL

ASCII 表上的数字 0～31 和 127 分配给了控制字符，用于控制像打印机等一些外围设备；数字 32～126 分配给了键盘上的字符。

附录五　C语言的32个关键字

C语言的32个关键字如附表5-1所示。

附表5-1　C语言的32个关键字

关键字	含　义	关键字	含　义
auto	声明自动变量	int	声明整型变量或函数
break	跳出当前循环	long	声明长整型变量或函数
case	开关语句分支	register	声明寄存器变量
char	声明字符型变量或函数	return	子程序返回语句
const	声明只读变量	short	声明短整型变量或函数
continue	结束当前循环，开始下一轮循环	signed	声明有符号类型变量或函数
default	开关语句中的"其他"分支	sizeof	计算数据类型长度
do	循环语句的循环体	static	声明静态变量
double	声明双精度浮点型变量或函数返回值类型	struct	声明结构体类型
else	条件语句否定分支	switch	用于开关语句
enum	声明枚举类型	typedef	用以给数据类型取别名
extern	声明变量是在其他文件中定义	unsigned	声明无符号类型变量或函数
float	声明浮点型变量或函数返回值类型	union	声明共用体类型
for	一种循环语句	void	声明函数无返回值或无参数，声明无类型指针
goto	无条件跳转语句	volatile	说明变量在程序执行中可被隐含地改变
if	条件语句	while	循环语句的循环条件

附录六　C常用转义字符

C常用转义字符如附表6-1所示。

附表6-1　C常用转义字符

转义字符	含　义	ASCII码(十六/十进制)
\0	空字符(NULL)	00H/0
\n	换行符(LF)	0AH/10
\r	回车符(CR)	0DH/13
\t	水平制表符(HT)	09H/9
\v	垂直制表(VT)	0BH/11
\a	响铃(BEL)	07H/7
\b	退格符(BS)	08H/8
\f	换页符(FF)	0CH/12
\'	单引号	27H/39
\"	双引号	22H/34
\\	反斜杠	5CH/92
\?	问号字符	3FH/63
\ddd	任意字符	三位八进制
\xhh	任意字符	二位十六进制

(1) 在C程序中，使用不可打印字符时，通常用转义字符表示。

(2) 转义字符中只能使用小写字母，每个转义字符只能看做一个字符。

(3) \v垂直制表和\f换页符对屏幕没有任何影响，但会影响打印机执行响应操作。

(4) \n应该叫回车换行，换行只是换一行，不改变光标的横坐标；回车只是回到行首，不改变光标的纵坐标。

(5) \t光标向前移动四格或八格，可以在编译器里设置。

附录七　C 常用控制字符

C 常用控制字符如附表 7-1 所示。

附表 7-1　C 常用控制字符

控制字符	含　义
%d	有符号十进制整数
%o	无符号八进制数
%x	无符号十六进制
%u	无符号十进制整数
%ld	长整型的十进制数
%c	输出一个字符
%s	输出一个字符串
%e	以指数形式输出实型数
%f	输出单精度的实数
%lf	输出双精度的实数
%g	自动决定输出格式为 e 和 f 中较短的一种，不打印无效的零
%%	输出%
%m.nf	输出共占 m 列，其中有 n 位小数，如数值宽度小于 m 左端补空格
%-m.nf	输出共占 n 列，其中有 n 位小数，如数值宽度小于 m 右端补空格
%md	输出的占 m 列，若数值宽度小于 m，则左补空格
%-md	输出的占 m 列，若数值宽度小于 m，则右补空格

1．长度修正符

对整型指定长整型 long。

例如：%ld , %lx , %lo , %lu

对实型指定双精度 double。

例如：%lf

2．单精度与双精度数

对于单精度数，使用%f 格式符输出时，仅前 7 位是有效数字，小数 6 位；对于双精度数，使用%lf 格式符输出时，前 16 位是有效数字，小数 6 位。

附录八　C 常用库函数表

标准输入/输出库函数，除注明外，原标准输入/输出型均在头文件 stdio.h 中，如附表 8-1 所示。

附表 8-1　标准输入/输出函数库

函数名	函数原型	功　能	返回值
fclose	int fclose(FILE *fp);	关闭 fp 所指文件	关闭成功返回 0，不成功返回非 0
feof	int feof(FILE *fp);	检查文件是否结束	遇文件结束返回非 0，否则返回 0
ferror	int ferror(FILE *fp);	检测 fp 所指文件是否有错误	无错返回 0，否则返回非 0
fflush	int fflush(FILE *fp);	清空文件缓冲区	成功返回 0，否则返回 EOF
fgetc	int fgetc(FILE *fp);	从 fp 所指文件中读取下一个字符	返回所读字符，读取出错返回 EOF
fgets	char *fgets(char *buf, int n, FILE *fp);	从 fp 所指文件中读取长度为 n−1 的字符串，存入起始地址为 buf 的空间	返回地址 buf，若出错或遇文件结束，则返回 NULL
fopen	FILE *fopen(char *filename, char *mode);	以 mode 指定的方式打开名为 filename 的文件	成功返回文件指针，否则返回 0
fprintf	int fprintf(FILE *fp, char *format, args,…);	将 args 的值以 format 指定的格式输出到 fp 所指文件中	实际输出的字符数
fputc	int fputc(char ch, FILE *fp);	将字符 ch 输出到 fp 所指文件中	成功返回该字符，否则返回 EOF
fputs	int fputs(char *str, FILE *fp);	将 str 所指字符串输出到 fp 所指文件中	成功返回 0，否则返回 EOF
fread	int fread(char *buf, unsigned size, unsigned n, FILE *fp)	从 fp 所指文件中读取长度为 size 的 n 个数据项，存到 buf 所指的内存区	返回所读数据项个数，若遇文件结束或出错，则返回 0
ftell	long ftell(FILE *fp);	返回 fp 所指文件中的读写位置	返回 fp 所指文件中的读写位置
fscanf	int fscanf(FILE *fp, char format, args,…)	从 fp 所指文件中按 format 指定格式将输入数据存放在 args 指定的内存单元	已输入的数据个数
fseek	int fseek(FILE *fp, long offset, int base)	从 fp 所指文件的位置指针移到以 base 为基准、以 offset 为位移量的位置	返回当前位置，否则返回 −1

函数名	函 数 原 型	功　　能	返 回 值
fwrite	int fwrite(char *buf, unsigned size, unsigned n, FILE *fp);	把 buf 所指的 n*size 个字节输出到 fp 所指的文件中	写入 fp 所指文件中的数据项的个数
getc	int getc(FILE *fp);	从 fp 所指文件中读入一个字符	返回所读字符，若遇文件结束或出错，则返回 EOF
getchar	int getchar(void);	从标准输入设备读取下一个字符，输入时直到回车才结束	返回所读字符，若遇文件结束或出错，则返回 −1
getch	int getch(void);	从标准输入设备读取下一字符，但不显示在屏幕上，原型在头文件 conio.h 中	返回所读字符，若遇文件结束或出错，则返回 EOF
getche	int getche(void);	从标准输入设备读取下一个字符并显示在屏幕上，原型在头文件 conio.h 中	返回所读字符，若遇文件结束或出错，则返回 EOF
getw	int getw(FILE *fp);	从 fp 所指文件中读取下一个字(整数)	返回输入的整数，如遇文件结束或出错，则返回 −1
printf	int printf(char *format, args…);	按 format 规定的格式，将 args 的值输出到标准输出设备	返回输出字符的个数，出错则返回负数
putc	int putc(int ch, FILE *fp);	把字符 ch 输出到 fp 所指的文件中	返回输出的字符 ch，出错则返回 EOF
putchar	int purchar(char ch);	把字符 ch 输出到标准输出设备	返回输出的字符 ch，出错则返回 EOF
puts	int puts(chat *str);	将 str 所指字符串输出到标准输出设备	返回换行符，出错则返回 EOF
putw	int putw(int w, FILE *fp);	将整数 w 写到 fp 所指文件中	返回输出的整数,出错则返回 EOF
remove	int remove(char *fname);	删除以 fname 为文件名的文件	成功返回 0，否则返回 −1
rename	int rename(char *oldname, char *newname);	将由 oldname 所指的文件名，改为 newname 所指的文件名	成功返回 0，否则返回 −1
rewind	void rewind(FILE *fp);	将 fp 所指文件的位置指针置于文件开头位置，并清除文件结束标志	无
scanf	int scanf(char *format, args…);	从标准输入设备按 format 规定的格式，输入数据到 args 所指单元中	返回读入数据个数,遇文件结束返回 EOF，出错则返回 0

数学运算库函数，原型均在头文件 math.h 中，如附表 8-2 所示。

附表 8-2　数字运算库函数

函数名	函 数 原 型	功　　能	返 回 值
abs	int abs(int x);	求整数 x 的绝对值	计算结果
acos	double acos(double x);	计算 arccos(x)的值	计算结果
asin	double asin(double x);	计算 arcsin (x)的值	计算结果
atan	double atan(double x);	计算 arctan (x)的值	计算结果
atan2	double atan2(double x, double y);	计算 arctan (x/y)的值	计算结果
cos	double cos(double x);	计算 cos(x)的值	计算结果
cosh	double cosh(double x);	计算 x 的双曲余弦 cosh(x)的值	计算结果
exp	double exp(double x);	计算 e^x 的值	计算结果
fabs	double fabs(double x);	求 x 的绝对值	计算结果
floor	double floor(double x);	求出不大于 x 的最大整数	返回整数的双精度实数
fmod	Double fmod(doublex,　double y);	求整除 x/y 的余数	返回余数的双精度实数
frexp	double frexp(double val, int *eptr);	将双精度数 val 分解为数字部分(尾数)和以 2 为底的指数,并把尾数部分存放到 iptr 所指的变量中	返回 val 的数字部分
log	double log(double x);	计算 $\log_e x$ 的值	计算结果
log10	double log10(double x);	计算 $\log_{10} x$ 的值	计算结果
modf	doubl emodf(double val, double *iptr);	将双精度数 val 分解为整数部分和小数部分,并把整数部分存放到 iptr 所指的变量中	返回 val 的小数部分
pow	double pow(double x, double y);	计算 x^y 的值	计算结果
rand	int rand(void)	产生 0～32 767 间的随机数	返回一个随机整数
sin	double sin(double x);	计算 sinx 的值	计算结果
sinh	double sinh(double x);	计算 x 的双曲正弦函数 sinh(x)的值	计算结果
sqrt	double sqrt(double x);	计算 x 的开方	计算结果
tan	double tan(double x);	计算 tan(x)的值	计算结果
tanh	double tanh(double x);	计算 x 的双曲正切函数 tanh(x)的值	计算结果

字符处理库函数，原型均在头文件 ctype.h 中，如附表 8-3 所示。

附表 8-3　字符处理库函数

函数名	函 数 原 型	功　　能	返 回 值
isalnum	int isalnum(int ch);	检查 ch 是否为字母或数字	是字母或数字返回 1，否则返回 0
isalpha	int isalpha(int ch);	检查 ch 是否为字母	是字母或数字返回 1，否则返回 0
iscntrl	int iscntrl(int ch);	检查 ch 是否为控制字符(ASCII 码在 0 和 0x1F 之间)	是字母或数字返回 1，否则返回 0
isdigit	int isdigit(int ch);	检查 ch 是否为数字	是字母或数字返回 1，否则返回 0
isgraph	int isgraph(int ch);	检查 ch 是否为可打印字符(ASCII 码在 33 和 126 之间，不包括空格)	是字母或数字返回 1，否则返回 0
islower	int islower(int ch);	检查 ch 是否为小写字母(a~z)	是字母或数字返回 1，否则返回 0
isprint	int isprint (int ch);	检查 ch 是否为可打印字符(ASCII 码在 32 和 126 之间，包括空格)	是字母或数字返回 1，否则返回 0
isspace	int isspace(int ch);	检查 ch 是否为空格、制表符或换行符)	是字母或数字返回 1，否则返回 0
issupper	int issupper(int ch);	检查 ch 是否为大写字母(A~Z)	是字母或数字返回 1，否则返回 0
isxdigit	int isxdigit(int ch);	检查 ch 是否为一个十六进制数字字符(即 0~9，或 A~F，或 a~f)	是字母或数字返回 1，否则返回 0
tolower	int tolower(int ch);	将 ch 转换为小写字母	ch 所代表的小写字母
toupper	int toupper(int ch);	将 ch 转换为大写字母	ch 所代表的大写字母

字符串处理库函数，原型均在头文件 string.h 中，如附表 8-4 所示。

附表 8-4　字符处理库函数

函数名	函 数 原 型	功　　能	返 回 值
memchr	void　　memchr(void *buf,char ch,unsigned n)	在 buf 的前 n 个字符里搜索字符 ch 首次出现的位置	返回指向 buf 中 ch 的第一次出现的位置指针，若没有找到 ch，则返回空针 NULL
memset	void *memset(void *buf, v char ch,unsigned n)	将字符 ch 复制到 buf 指向的数组前 n 个字符中	返回 buf

函数名	函数原型	功　能	返回值
memcmp	int memcmp(void *buf1, void *buf2,unsigned n)	按字典顺序比较由 buf1 和 buf2 指向的数组的前 n 个字符	buf1>buf2，返回正数 buf1<buf2，返回负 buf1=buf2，返回 0
memcpy	void *memcpy(void *to, void *from,unsigned n)	将 from 指向的数组中的前 n 个字符复制到 to 指向的数组中；from 和 to 指向的数组不允许重叠	返回指向 to 的指针
memove	void *memove(void *to, void *from,unsigned n)	将 from 指向的数组中的前 n 个字符复制到 to 指向的数组中；from 和 to 指向的数组不允许重叠	返回指向 to 的指针
strset	char *strset(char *str, char ch);	将 str 所指字符串中的字符都替换成字符 ch	指向字符串 str 的指针
strcat	char *strcat(char *str1, char *str2);	将字符串 str2 接到 str1 后面，并在新串 str1 后添加 '\0'	指向字符串 str1 的指针
strchr	char *strchr(char *str, int ch);	找出字符串 str 中第一次出现字符 ch 的位置	找到返回该字符位置的指针，否则返回空针 NULL
strcmp	int strcmp(char *str1, char *str2);	按字典顺序比较字符串 str1 和 str2	str1>str2，返回正数 str1<str2，返回负数 str1=str2，返回 0
strncmp	int *strncat(char *str1, char *str2, unsigned n);	比较字符串 str1 和 str2 中至多前 n 个字符	str1>str2，返回正数 str1<str2，返回负数 str1=str2，返回 0
strcpy	char *strcpy(char *str1, char *str2);	将 str2 所指字符串复制到字符串 str1 中	指向字符串 str1 的指针
strlen	int strlen(char *str);	统计字符串 str 中的字符个数('\0' 不计在内)	返回字符个数
strlwr	char strlwr(char *str);	将字符串 str 中的字母字符均转换为小写字母	指向字符串 str 的指针
strncat	char *strncat(char *str1, char *str2, unsigned n);	将字符串 str2 中不多于 n 个字符连接到 str1 后面，并在新串 str1 后添加 '\0'	指向字符串 str 的指针

续表二

函数名	函数原型	功能	返回值
strstr	char *strcmp(char *str1, char *str2);	找出字符串 str2 在字符串 str1 中第一次出现的位置	找到返回指向该位置的指针，否则返回空针 NULL
strncpy	char *strncat(char *str1, char *str2, unsigned n);	将字符串 str2 中的n个字符复制到 str1 中	指向字符串 str1 的指针
strrev	char *strrev(char *str);	将字符串 str 中的所有字符的顺序反转	指向字符串 str 的指针
strupr	char strupr(char *str);	将字符串 str 中的字母字符均转换为大写字母	指向字符串 str 的指针

随机数库函数，原型均在头文件 stdlib.h 中，如附表 8-5 所示。

附表 8-5　随机数库函数

函数名	函数原型	功能	返回值
rand	int rand();	产生 0 到 RAND_MAX 之间的随机数；RAND_MAX 在头文件中定义	返回一个随机数
srand	void seed(unsigned seed)	初始化随机数发生器，srand() 以给定数进行初始化	无

动态内存分配库函数，原型均在头文件 stdlib.h 中，如附表 8-6 所示。

附表 8-6　动态内存分配库函数

函数名	函数原型	功能	返回值
calloc	void *calloc(unsigned n, unsigned int size);	分配 n 个数据项的连续内存空间，每个数据项的大小为 size 字节	成功则返回分配内存单元的起始地址，否则返回空指针 NULL
free	void free(void *p);	释放 p 所指的内存区	无
malloc	void *malloc(unsigned int size);	分配 size 字节的内存空间	成功则返回分配内存单元的起始地址，否则返回空指针 NULL
realloc	void *realloc(void *p, unsigned int newsize);	将 p 所指的已分配的内存区的大小改为 size	成功则返回分配内存单元的起始地址，否则返回空指针 NULL

其他常用库函数，原型均在头文件 stdlib.h 中，如附表 8-7 所示。

附表 8-7　其他常用库函数

函数名	函数原型	功　能	返回值
atoi	int atoi(char *s);	将字符串 s 转换为整型数，串中必须含合法的整型数	成功则返回整数，否则返回 0
atol	long atoll(char *s);	将字符串 s 转换为长整型数，串中必须含合法的长整型数	成功则返回长整型数，否则返回 0
atof	double atof(char *s);	将字符串 s 转换为浮点数，串中必须含合法的浮点数	成功则返回双精度型数，否则返回 0
exit	void exit(int value);	程序终止，清空和关闭任何已打开的文件	无
itoa	char *itoa(int value, char *s, int radix);	将整数 value 按 radix 规定的基数(如 10 代表十进制)转换为字符串类型，存放在字符串中	返回指向存放转换结果的字符串的指针
ltoa	char *ltoa(long value, char *s, int radix);	将长整型数 value 按 radix 规定的基数(如 10 代表十进制)转换为字符串类型，存放在字符串中	返回指向存放转换结果的字符串的指针

参 考 文 献

[1]　http://www.desktx.com/news/yejie/4555.html.

[2]　http://diyitui.com/content-1486524768.66768890.html.

[3]　http://image.so.com/v?q=%E5%9C%B0%E5%9C%B0%E5%9B%BE%E7%89%87&cmsi
　　　d=19.

[4]　https://timgsa.baidu.com/timg? image&quality = 80&size = b9999_10000&sec =15165552
　　　17014&di=51fcaed0d5a17c3cd7052b3f71f67b1b&imgtype=jpg&src=http%3A%2F.

[5]　http://fjour.blyun.com/searchFJour?sw = sorting+algorithm&channel = searchFJour&ecod
　　　2018.1.9.

[6]　Idrizi F，Rustemi A，Dalipi F. A new modified sorting algorithm: A comparison with state
　　　of the art[C]. Embedded Computing. IEEE，2017.

[7]　Li Y，Sha F，Wang S，et al. The improvement of page sorting algorithm for music users in
　　　Nutch[C]. Ieee/acis，International Conference on Computer and Information Science.
　　　IEEE，2016：1-4.

[8]　Taotiamton S，Kittitornkun S. Parallel hybrid dual pivot sorting algorithm[C]. International
　　　Conference on Electrical Engineering/electronics，Computer，Telecommunications and
　　　Information Technology. 2017：377-380.

[9]　Jun-Ping Wang，Yao Wu，Teng-Wei Zhao. Short critical area model and extraction
　　　algorithm based on defect characteristics in integrated circuits，Analog Integrated Circuits
　　　and Signal Processing. 2017，88(3)：1-9.

[10]　Junping Wang，Yao Wu，Shigang Liu，Runsen Xing. A New Sensitivity Model with Blank
　　　Space for Layout Optimization. Journal of Semiconductors，2017，38(6).

[11]　王俊平，郝跃. 65～90 nm 技术结点的 WCA 模型和提取算法[J]. 物理学报：2009，
　　　58(6)：4267-4273.

[12]　C. Hongyan，W. Junwei and L. Xianli，Research and implementation of database high
　　　performance sorting algorithm with big data，2017 IEEE 2nd International Conference on
　　　Big Data Analysis (ICBDA). Beijing，2017，pp. 94-99.

[13]　Junping Wang，Pan Ning，Ruoyu Pang，Jianping Fang，COE Based on Redundancy
　　　Material Defect，Advanced Materials Research，1792-1795，Wuhan China，2012.

[14]　Omar Y M K，Osama H，Badr A. Double Hashing Sort Algorithm[J]. Computing in
　　　Science & Engineering，2017，19(2)：63-69.

[15]　Codish M，Cruz-Filipe L，Nebel M，et al. Optimizing sorting algorithms by using sorting
　　　networks[J]. Formal Aspects of Computing，2016：1-21.

[16]　Zbigniew Marszałek. Parallelization of Modified Merge Sort Algorithm[J]. Symmetry，
　　　2017，9(9)：176.

[17] Mohammed A S，Amrahov A E，Elebi F V. Bidirectional Conditional Insertion Sort algorithm：An efficient progress on the classical insertion sort[J]. Future Generation Computer Systems，2016，71：102-112.

[18] Saleh Abdel-Hafeez；Ann Gordon-Ross，IEEE Transactions on Very Large Scale Integration (VLSI) Systems，2017，1-13.

[19] Taotiamton S，Kittitornkun S. Parallel hybrid dual pivot sorting algorithm[C]. International Conference on Electrical Engineering/electronics，Computer，Telecom- munications and Information Technology. 2017：377-380.

[20] Idrizi F，Rustemi A，Dalipi F. A new modified sorting algorithm：A comparison with state of the art[C]. Embedded Computing. IEEE，2017.

[21] Lipu A R，Amin R，Mondal M N I，et al. Exploiting parallelism for faster implementation of Bubble sort algorithm using FPGA[C]. International Conference on Electrical，Computer & Telecommunication Engineering. IEEE，2017：1-4.

[22] Khatami Z，Hong S，Lee J，et al. A Load-Balanced Parallel and Distributed Sorting Algorithm Implemented with PGX.D[C]. Parallel and Distributed Processing Symposium Workshops. IEEE，2017：1317-1324.

[23] Zhou M，Wang H. An Efficient Selection Sorting Algorithm for Two-Dimensional Arrays[C]. Fourth International Conference on Genetic and Evolutionary Computing. IEEE，2011：853-855.

[24] Ullah S，Khan M A，Khan M A，et al. Optimized Selection Sort Algorithm for Two Dimensional array[C]. International Conference on Fuzzy Systems and Knowledge Discovery. IEEE，2016：2549-2553.

[25] Kumari S，Singh D P. A parallel selection sorting algorithm on GPUs using binary search[C]. International Conference on Advances in Engineering and Technology Research. IEEE，2015：1-6.

[26] Junping Wang，Ning Pan，Wang Le. Open NSO modeling for DFM[C]. 2nd International Conference on Information Engineering and Computer Science - Proceedings，2010.

[27] Yu H Y，Huang Y X. An Image Retrieval Algorithm Based on SURF for Embedded System[C]. International Conference on Intelligent Computation Technology and Automation. 2017：86-88.

[28] Setiawan R. Comparing sorting algorithm complexity based on control flow structure[C]. International Conference on Information Management and Technology. IEEE，2017：224-228.

[29] B Davey；KR Parker，The History of Computer Language Selection　Ifip Advances in Information & Communication，2017，387：166-179.

[30] Judith Good；Kate Howland，Programming language，natural language. Supporting the diverse computational activities of novice programmers，Journal of Visual Languages and Computing，2017，Vol.39，78-92.

[31] Field Cady Field Cady，The Data Science Handbook，2017，p297-310

[32] Gareth Halfacree，Programming Languages，The Official BBC User Guide，2017，39-49 .

[33]　Antti-Juhani Kaijanaho，Onward，2017：Proceedings of the 2017 ACM SIGPLAN International Symposium on New Ideas，New Paradigms，and Reflections on Programming and Software.

[34]　Cao Honghua，Wang Junping，A new Threshold-Constrained IFT algorithm for segmenting IC defects. Advances in Intelligent Systems and Computing，v 255，p 605-612，2014

[35]　Jin-Tae，Pavlo，Iezhov，et al. Weighting IFT algorithm for off-axis quantized kinoforms of binary objects[J]. Chinese Optics Letters，2011，9(12)：120007.

[36]　Alexandre E B，Chowdhury A S，Falcao A X，et al. IFT-SLIC：A General Framework for Superpixel Generation Based on Simple Linear Iterative Clustering and Image Foresting Transform[C]. Graphics，Patterns and Images. IEEE，2015：337-344.

[37]　Wang unping P，Ning Pan，Wang Le. Open NSO Modeling for DFM[C]. 2010 2nd International Conference on Information Engineering and Computer Science，2010.

[38]　王俊平，郝跃. IC 真实缺陷的边界提取和缺陷尺寸与形状的表征[J]. 计算机学报：2000，23(7)：673-678.

[39]　Aijun Hu(1)；Ling Xiang(1). An optimal selection method for morphological filter's parameters and its application in bearing fault diagnosis[J]. Journal of Mechanical Science and Technology. 2016，Vol.30(No.3)：1055-1063.

[40]　李亚宁，王俊平，高艳红. 图空间上彩色矢量形态学算子[J]. 电子学报，2015，第 43 卷(第 3 期): 424-430Wang Junping，Liang Gangming，et al. New grayscale morphological operators on hypergraph[C]. International Conference on Digital Image Processing. 2017：1042023.

[41]　Bai Ruixue，Wang unping，Liang Gangming，et al. A new color adaptive mathematical morphology operator based on distance and threshold[C]. IEEE International Conference on Anti-Counterfeiting，Security，and Identification. IEEE，2017：69-73.

[42]　马塾亮，王俊平，邓晟，等. 图空间上自适应形态学算子[J]. 电子学报：2018，46(1)：118-126.

[43]　Wang Junping，Liang Gangming，et al. New colour morphological operators on hypergraph[J]. IET Image Processing，2018，12(5)：690-695.

[44]　王俊平，李超，陈伟华. 基于图像非平坦区域 DCT 特性和 EGRNN 的盲图像质量评价[J]：计算机学报，2017，(11)：2492-2505.

[45]　冯玉颖，王俊平，马塾亮，等. COPLIP 新模型及其图像增强新算法[J]. 西安电子科技大学学报：2018，(1)：73-78

[46]　Radu-Mihai Colibana；Mihai Ivanovicia；Iuliu Szekelyb.Fast Probabilistic Pseudo-Morphology for Noise Reduction in Color Images[J]. Procedia Technology. 2016：870-877.

[47]　Agustina BouchetabAuthor Vitae；Pedro AlonsocAuthor Vitae；Juan Ignacio Pastoreab Author Vitae；Susana MontesdAuthor Vitae；Irene Díaze Author Vitae. Fuzzy mathematical morphology for color images defined by fuzzy preference relations[J]. Pattern Recognition. 2016：720-733.

[48]　Peter Sussner. Lattice fuzzy transforms from the perspective of mathematical morphology[J]. Fuzzy Sets and Systems. 2016：115-128.